高等院校“十四五”电气自动化专业系列教材

电路与电子技术实验教程

主　编　章小宝　彭岚峰　郭　斌
副主编　刘大明　代　浪

东南大学出版社
SOUTHEAST UNIVERSITY PRESS
·南京·

内 容 简 介

本书涵盖了电路理论和实践应用方面的内容，主要内容包括：1. 电路基础知识。介绍了电子元器件、基本电路理论、电路分析方法等，让学生建立对电路基础知识的理解。2. 电子元器件与仪器。介绍了常见的电子元器件（如二极管、晶体管、集成芯片等）的特性和应用，以及常用的电子测量仪器（如示波器、信号发生器等）的使用方法。3. 模拟电路实验。包括放大电路、滤波电路、振荡电路等模拟电路的实验设计与实施。4. 数字电路实验。介绍了数字电路的基本原理和应用，包括逻辑门、触发器、计数器等数字电路的实验设计与实施等。通过这些内容，学生可以系统地学习电路与电子技术的理论知识，并通过实验操作加深对知识的理解，加强对应用能力的培养。本书可作为理工信息类专业的学生或电子相关行业从业者的教材。

图书在版编目(CIP)数据

电路与电子技术实验教程 / 章小宝，彭岚峰，郭斌主编. — 南京 ：东南大学出版社，2024.2

ISBN 978-7-5766-1150-2

Ⅰ.①电… Ⅱ.①章… ②彭… ③郭… Ⅲ.①电路-实验-教材 ②电子技术-实验-教材 Ⅳ.①TM13-33 ②TN-33

中国国家版本馆 CIP 数据核字(2024)第 020557 号

责任编辑：杨 光　**责任校对**：韩小亮　**封面设计**：毕 真　**责任印制**：周荣虎

电路与电子技术实验教程

Dianlu Yu Dianzi Jishu Shiyan Jiaocheng

主　　编	章小宝　彭岚峰　郭　斌
出版发行	东南大学出版社
出 版 人	白云飞
社　　址	南京市四牌楼 2 号(邮编：210096　电话：025-83793330)
经　　销	全国各地新华书店
印　　刷	常州市武进第三印刷有限公司
开　　本	787 mm×1092 mm　1/16
印　　张	17.25
字　　数	400 千字
版 印 次	2024 年 2 月第 1 版第 1 次印刷
书　　号	ISBN　978-7-5766-1150-2
定　　价	49.80 元

本社图书若有印装质量问题，请直接与营销部联系，电话：025-83791830。

前　言

目前，在全面贯彻习近平新时代中国特色社会主义思想，以及全面提升大学生职业技能的背景下，“电路”“模拟电子技术”和“数字电子技术”已成为电子信息工程、通信工程、自动化和电气工程、自动化等理工类专业基础课。编写《电路与电子技术实验教程》一书的目的，不仅是要帮助学生巩固和进一步理解所学的理论知识，更重要的是训练学生的实验技能，使其树立工程实际观念，培养其严谨的科学作风，以及一定的动手能力和创新能力。

编者汇集了多年的实验教学成果和经验，在充分考虑到教师指导实验的难点和学生在做实验的过程中可能遇到的困难和问题的基础上编写本书。

本书实验内容分为电路实验、模拟电子技术实验、数字电子技术实验、仿真实验和附录5个模块，实验内容完整、充实，增加了一些反映新技术的内容，并对学生实验技能提出了具体的要求。每个实验的相关理论都尽量使用精练的语言阐述清楚。仿真实验部分应用的是Multisim仿真软件，我们对其中的部分实验项目进行了仿真设计，为学生更好地学习和掌握实验理论知识提供了一种新的方法和思路。

本书由南昌大学科学技术学院章小宝、彭岚峰和南昌职业大学郭斌老师担任主编，由赣州职业技术学院刘大明、武汉光谷职业学院代浪担任副主编。全书由章小宝统稿。南昌职业大学工程技术学院万彬副院长对全书进行了审阅，并提出了许多宝贵的意见，特此致谢！本书同时得到了南昌大学黄玉水，南昌大学科学技术学院陈巍、沈放、吴静进、曾萍萍、胡荣、王斌等老师的帮助，在此向各位老师表示衷心的感谢。

南昌职业大学工程技术学院万彬副院长对全书进行了审阅，并提出了许多宝贵的意见，特此致谢！本书同时得到了南昌大学黄玉水，南昌大学科学技术学院陈巍、沈放、吴静进、曾萍萍、胡荣、王斌等老师的帮助，在此向各位老师表示衷心的感谢。

由于编者水平有限，加之编写时间仓促，书中疏漏之处在所难免，敬请广大读者批评指正。

编　者

2023年12月

目 录

模块 1 电路实验

实验一 电路元件伏安特性的测绘 …………………………………… (3)

实验二 基尔霍夫定律的验证 …………………………………… (6)

实验三 叠加原理的验证 …………………………………… (8)

实验四 戴维南定理 …………………………………… (10)

实验五 最大功率传输条件测定 …………………………………… (13)

实验六 单相交流电路 …………………………………… (16)

实验七 三相交流电路电压、电流的测量 …………………………………… (20)

实验八 *RC* 一阶电路的响应测试 …………………………………… (23)

实验九 *R*、*L*、*C* 元件阻抗特性的测定 …………………………………… (26)

实验十 *RLC* 串联谐振电路的研究 …………………………………… (28)

实验十一 *RC* 串并联选频网络特性测试 …………………………………… (31)

实验十二 继电接触控制电路 …………………………………… (34)

实验十三 单相铁芯变压器特性的测试 …………………………………… (37)

实验十四 三相交流电路电压、电流的测量 …………………………………… (39)

实验十五 三相电路功率的测量 …………………………………… (42)

实验十六 功率因数及相序的测量 …………………………………… (46)

模块 2 模拟电子技术实验

实验一 晶体管共射极单管放大器 …………………………………… (51)

实验二 晶体管共基单管放大器 …………………………………… (58)

实验三 晶体管两级放大器 …………………………………… (62)

实验四 负反馈放大器 …………………………………… (65)

实验五　射极跟随器 …………………………………………………………………… (69)
实验六　场效应管放大器 ……………………………………………………………… (72)
实验七　差动放大器 …………………………………………………………………… (76)
实验八　模拟乘法器调幅 ……………………………………………………………… (81)
实验九　RC 正弦波振荡器 ……………………………………………………………… (84)
实验十　LC 正弦波振荡器 ……………………………………………………………… (87)
实验十一　低频功率放大器——OTL 功率放大器 ………………………………… (89)
实验十二　低频功率放大器——集成功率放大器 ………………………………… (93)
实验十三　集成运算放大器指标测试 ……………………………………………… (96)
实验十四　集成运放的基本应用——模拟运算电路 ……………………………… (101)
实验十五　集成运放的基本应用——波形发生器 ………………………………… (106)
实验十六　集成运放的基本应用——有源滤波器 ………………………………… (110)
实验十七　集成运放的基本应用——电压比较器 ………………………………… (114)
实验十八　电压-频率转换电路 ……………………………………………………… (118)
实验十九　直流稳压电源——晶体管稳压电源 …………………………………… (120)
实验二十　直流稳压电源——集成稳压器 ………………………………………… (126)
实验二十一　晶闸管可控整流电路 ………………………………………………… (129)
实验二十二　综合应用实验——波形变换电路 …………………………………… (132)
实验二十三　测量放大器的设计 …………………………………………………… (135)

模块 3　数字电子技术实验

实验一　TTL 门电路的逻辑功能和参数测试 ………………………………………… (141)
实验二　组合逻辑电路的设计与测试 ……………………………………………… (145)
实验三　译码器和数据选择器 ……………………………………………………… (148)
实验四　加法器与数值比较器 ……………………………………………………… (153)
实验五　数码管显示实验 …………………………………………………………… (157)
实验六　触发器实验 ………………………………………………………………… (161)
实验七　移位寄存器及其应用 ……………………………………………………… (165)
实验八　集成计数器 ………………………………………………………………… (169)

实验九　序列信号发生器 …… (173)
实验十　计数器 MSI 芯片的应用 …… (175)
实验十一　555 定时器及其应用 …… (177)
实验十二　D/A 转换实验 …… (183)
实验十三　A/D 转换实验 …… (186)
实验十四　多功能数字钟的设计 …… (189)
实验十五　数码动态显示 …… (194)
实验十六　四路彩灯显示系统的设计 …… (196)
实验十七　十字路口交通灯的设计 …… (199)
实验十八　电子密码锁设计 …… (201)
实验十九　多路智力竞赛抢答器 …… (203)

模块 4　仿真实验

实验一　基尔霍夫定律仿真实验 …… (209)
实验二　叠加定理的验证仿真实验 …… (210)
实验三　戴维南定理和诺顿定理的仿真实验 …… (212)
实验四　*RC* 一阶电路时域响应仿真实验 …… (214)
实验五　二阶电路的时域分析仿真实验 …… (215)
实验六　*RLC* 串联谐振电路仿真实验 …… (217)
实验七　三相电路仿真实验 …… (219)
实验八　半波整流滤波电路仿真实验 …… (222)
实验九　全波整流滤波电路仿真实验 …… (223)
实验十　晶体管共射极单管放大电路仿真实验 …… (224)
实验十一　负反馈放大电路仿真实验 …… (225)
实验十二　差动放大器仿真实验 …… (226)
实验十三　模拟运算电路仿真实验 …… (227)
实验十四　三人表决电路仿真实验 …… (228)
实验十五　74LS138 实现逻辑函数仿真实验 …… (230)
实验十六　74LS151 实现逻辑函数仿真实验 …… (231)

实验十七　可自启动的环形计数器仿真实验 …………………………………… (233)
实验十八　74LS192 构成十进制加法计数器仿真实验 ………………………… (234)
实验十九　向右移位寄存器仿真实验 …………………………………………… (235)
实验二十　施密特触发器波形整形仿真实验 …………………………………… (237)
实验二十一　模拟声响仿真实验 ………………………………………………… (238)

模块 5　附录

附录Ⅰ　示波器原理及使用 ……………………………………………………… (241)
附录Ⅱ　用万用电表检测常用电子元器件 ……………………………………… (249)
附录Ⅲ　电阻器的标称值及精度色环标志法 …………………………………… (253)
附录Ⅳ　放大器干扰、噪声抑制和自激振荡的消除 ……………………………… (255)
附录Ⅴ　部分集成电路引脚排列 ………………………………………………… (258)

参考文献 ……………………………………………………………………………… (266)

模块 1　电路实验

实验一　电路元件伏安特性的测绘

【实验目的】

(1) 学会识别常用电路元件的方法。

(2) 掌握线性电阻、非线性电阻元件伏安特性的测绘方法。

(3) 掌握实验台上直流电工仪表和设备的使用方法。

【相关理论】

任何一个二端元件的特性都可用该元件上的端电压 U 与通过该元件的电流 I 之间的函数关系 $I=f(U)$ 来表示，即用 I-U 平面上的一条曲线来表征，这条曲线称为该元件的伏安特性曲线。

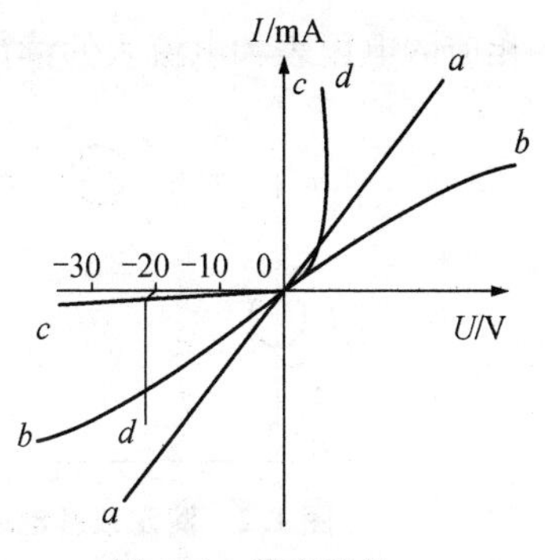

图 1.1　伏安特性

(1) 线性电阻器的伏安特性曲线是一条通过坐标原点的直线，如图 1.1 中 a 所示，该直线的斜率等于该电阻器的电阻值。

(2) 一般的白炽灯泡在工作时灯丝处于高温状态，其灯丝电阻随着温度的升高而增大，通过白炽灯的电流越大，其温度越高，阻值也越大，一般白炽灯泡的"冷电阻"与"热电阻"的阻值可相差几倍至十几倍，所以它的伏安特性如图 1.1 中 b 所示。

(3) 一般的半导体二极管是一个非线性电阻元件，其伏安特性如图 1.1 中 c 所示。正向压降很小(一般的锗管约为 0.2～0.3 V，硅管约为 0.5～0.7 V)，正向电流随正向压降的升高而急骤上升，而反向电压从零一直增加到十几至几十伏时，其反向电流增加很小，可粗略地近似为零。由此可见，二极管具有单向导电性，但反向电压如加得过高而超过管子的极限值，则会导致管子被击穿而损坏。

(4) 稳压二极管是一种特殊的半导体二极管，其正向特性与普通二极管类似，但其反向特性较特别，如图 1.1 中 d 所示。在反向电压开始增加时，其反向电流几乎为零，但当电压增加到某一数值时(称为管子的稳压值，不同稳压管有不同的稳压值)电流将突然增加，以后它的端电压将基本维持恒定，当外加的反向电压继续升高时其端电压仅有少量增加。

注意：流过二极管或稳压二极管的电流不能超过管子的极限值，否则管子会被烧坏。

【实验设备与器材】

根据实验要求，所需实验设备与器材如下：

(1) 可调直流稳压电源,0～30 V,1 个;

(2) 万用表,FM-47 或其他,1 个;

(3) 直流数字毫安表,0～200 mA,1 个;

(4) 直流数字电压表,0～200 V,1 个;

(5) 二极管,1N4007,1 个;

(6) 稳压管,2CW51,1 个;

(7) 白炽灯,12 V,0.1 A,1 个;

(8) 线性电阻器,200 Ω,1 kΩ/8 W,1 个。

【实验内容与步骤】

1. 测定线性电阻器的伏安特性

按图 1.2 接线,调节稳压电源的输出电压 U,从 0 V 开始缓慢地增加,一直到 10 V,记下相应的电压表和电流表的读数 U_R、I,并记录到表 1.1 中。

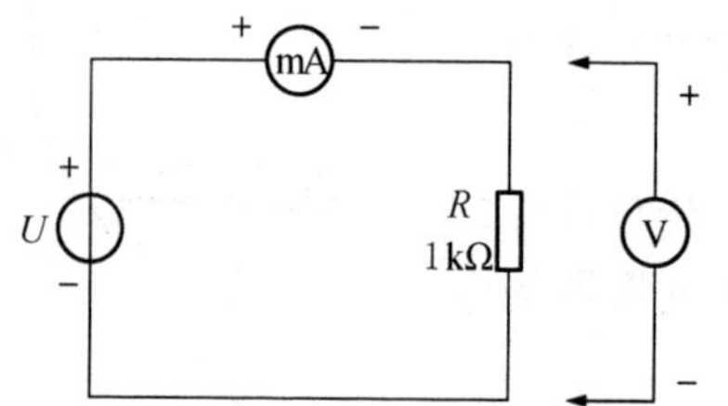

图 1.2　测定线性电阻的电压和电流

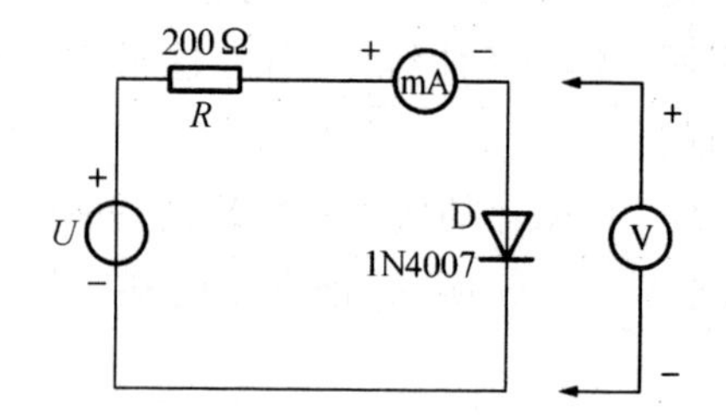

图 1.3　测定二极管的电压和电流

表 1.1　纯电阻时的电压和电流

U_R/V	0	2	4	6	8	10
I/mA						

2. 测定非线性白炽灯泡的伏安特性

将图 1.2 中的 R 换成一只 12 V、0.1 A 的灯泡,重复步骤 1。U_L 为灯泡的端电压,将所测数值记录到表 1.2 中。

表 1.2　白炽灯泡的电压和电流

U_L/V	0.1	0.5	1	2	3	4	5
I/mA							

3. 测定半导体二极管的伏安特性

按图 1.3 接线,R 为限流电阻器。测二极管的正向特性时,其正向电流不得超过 35 mA,二极管 D 的正向施压 U_{D+} 可在 0～0.75 V 之间取值。在 0.5～0.75 V 之间应多取几个测量点,并记录到表 1.3 中。测反向特性时,只需将图 1.3 中的二极管 D 反接,且其反向施压 U_{D-} 可达 30 V,将所测数值记录到表 1.4 中。

表 1.3　正向特性实验数据

U_{D+}/V	0.10	0.30	0.50	0.55	0.60	0.65	0.70	0.75
I/mA								

表 1.4　反向特性实验数据

U_{D-}/V	0	−5	−10	−15	−20	−25	−30
I/mA							

4. 测定稳压二极管的伏安特性

(1) 正向特性实验:将图 1.3 中的二极管换成稳压二极管 2CW51,重复实验步骤 3 中的正向测量。U_{Z+} 为 2CW51 的正向施压,将所测数值记录到表 1.5 中。

表 1.5　稳压二极管正向测量

U_{Z+}/V	
I/mA	

(2) 反向特性实验:将图 1.3 中的 R 换成 1 kΩ 电阻,稳压管 2CW51 反接,测量 2CW51 的反向特性。稳压电源的输出电压 U_O 为 0～20 V,测量 2CW51 两端的电压 U_{Z-} 及电流 I,由 U_{Z-} 可看出稳压二极管稳压特性,将所测数值记录到表 1.6 中。

表 1.6　稳压二极管反向测量

U_O/V	
U_{Z-}/V	
I/mA	

实验二　基尔霍夫定律的验证

【实验目的】

(1) 验证基尔霍夫定律的正确性,加深对基尔霍夫定律的理解。

(2) 学会用电流插头、插座测量各支路电流。

【相关理论】

基尔霍夫定律是电路的基本定律。某电路的各支路电流及每个元件两端的电压,应能分别满足基尔霍夫电流定律(KCL)和电压定律(KVL),即对电路中的任一个节点而言,应有$\sum I=0$;对任何一个闭合回路而言,应有$\sum U=0$。

运用上述定律时必须注意各支路或闭合回路中电流的正方向,此方向可预先任意设定。在列写节点电流方程时,各电流变量前的正、负号取决于各电流的参考方向与该节点的关系(是流入还是流出);而各电流值的正、负则反映了该电流的实际方向与参考方向的关系(是相同还是相反)。通常规定,对参考方向指向(流入)节点的电流取正号,而对参考方向背离(流出)节点的电流取负号。

KCL 定律不仅适用于电路中的节点,还可以推广应用于电路中的任一不包含电源的假设的封闭面,即在任一瞬间,通过电路中任一不包含电源的假设封闭面的电流代数和为零。

KVL 定律用于描述电路中组成任一回路的各支路(或各元件)电压之间的约束关系,即沿选定的回路方向绕行所经过的电路电位的升高之和等于电路电位的下降之和。

应用基尔霍夫定律时,应先在回路中选定一个绕行方向作为参考方向,则电动势与电流的正负号就可规定如下:电动势的方向(由负极指向正极)与绕行方向一致时取正号,反之取负号;同样,电流的方向与绕行方向一致时取正号,反之取负号。

【实验设备与器材】

根据实验要求,所需实验设备与器材如下:

(1) 直流可调稳压电源,0~30 V,2 个;

(2) 万用表,1 个;

(3) 直流数字电压表,0~200 V,1 个;

(4) 电位、电压测定实验电路板,1 个。

【实验内容与步骤】

实验线路如图 1.4 所示，采用 DGJ-03 挂箱的“基尔霍夫定律/叠加原理”线路。

(1) 实验前先任意设定三条支路和三个闭合回路的电流正方向。图 1.4 中的 I_1、I_2、I_3 的方向已设定。三个闭合回路的电流正方向可设为 $ADEFA$、$BADCB$ 和 $FBCEF$。

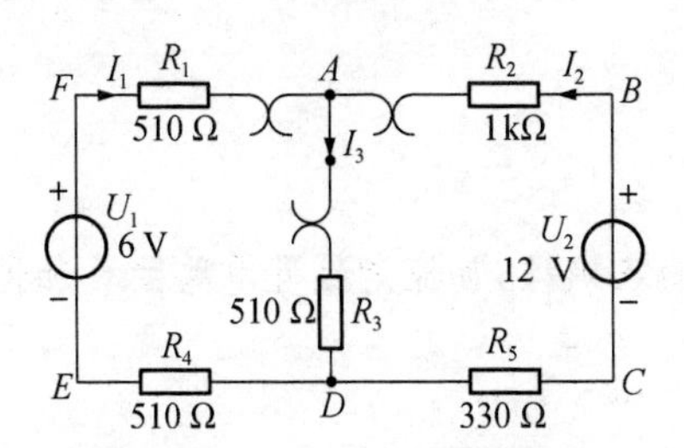

图 1.4　基尔霍夫定律电路图

(2) 分别将两路直流稳压源接入电路，令 $U_1 = 6$ V，$U_2 = 12$ V。

(3) 熟悉电流插头的结构，将电流插头的两端接至数字毫安表的“+”“−”两端。

(4) 将电流插头分别插入三条支路的三个电流插座中，读出并将电流值记录至表 1.7中。

(5) 用直流数字电压表分别测量两路电源及电阻元件上的电压值，并记录至表 1.7 中。

表 1.7　计算和测量电压、电流值

被测量	I_1/mA	I_2/mA	I_3/mA	U_1/V	U_2/V	U_{FA}/V	U_{AB}/V	U_{AD}/V	U_{CD}/V	U_{DE}/V
计算值										
测量值										
相对误差										

实验三　叠加原理的验证

【实验目的】

验证线性电路叠加原理的正确性，加深对线性电路的叠加性和齐次性的认识和理解。

【相关理论】

叠加原理：在有多个独立源的线性电路中，通过每一个元件的电流或其两端的电压，可以看成是每一个独立源单独作用时在该元件上所产生的电流或电压的代数和。

线性电路的齐次性是指当激励信号（某独立源的值）增加或减小 K 倍时，电路的响应（即在电路中各电阻元件的电流和电压值）也将增加或减小 K 倍。

在所有其他独立电压源处用短路代替（从而消除电势差，即令 $V=0$；理想电压源的内部阻抗为零（短路））；在所有其他独立电流源处用开路代替（从而消除电流，即令 $I=0$；理想的电流源的内部阻抗为无穷大）。依次对每个电源进行以上操作，然后将所得的响应相加以确定电路的真实操作。所得到的电路操作是不同电压源和电流源的叠加。

叠加原理在电路分析中非常重要。它可以用来将任何电路转换为诺顿等效电路或戴维南等效电路。该原理适用于分析由独立源、受控源、无源器件（电阻器、电感、电容）和变压器组成的线性网络（时变或静态）。

应该注意的另一点是，叠加仅适用于电压和电流的计算，而不适用于电功率的计算。换句话说，其他每个电源单独作用的功率之和并不等于真正消耗的功率。要计算电功率，我们应该先用叠加定理得到各线性元件的电压和电流，然后计算出倍增的电压和电流的总和，在此基础上再计算电功率。

【实验设备与器材】

根据实验要求，所需实验设备与器材如下：

(1) 直流稳压电源，0～30 V 可调，2 个；

(2) 万用表，1 个；

(3) 直流数字电压表，0～200 V，1 个；

(4) 直流数字毫安表，0～200 mV，1 个；

(5) 叠加原理实验电路板，1 个。

【实验内容与步骤】

实验线路如图 1.5 所示，采用 DGJ-03 挂箱的“基尔霍夫定律/叠加原理”线路。

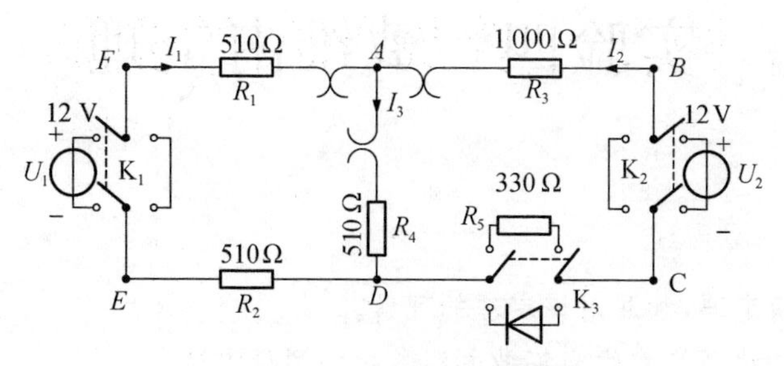

图 1.5　叠加原理电路图

(1) 将两路稳压源的输出分别调节为 12 V 和 6 V，接入 U_1 和 U_2 处。

(2) 令 U_1 电源单独作用(将开关 K_1 投向 U_1 侧，开关 K_2 投向短路侧)。用直流数字电压表和毫安表(接电流插头)测量各支路电流及各电阻元件两端的电压，将测得的数据记入表 1.8。

表 1.8　支路电流及各电阻元件两端电压

测量项目	U_1/V	U_2/V	I_1/mA	I_2/mA	I_3/mA	U_{AB}/V	U_{CD}/V	U_{AD}/V	U_{DE}/V	U_{FA}/V
U_1 单独作用										
U_2 单独作用										
U_1、U_2 共同作用										
$2U_2$ 单独作用										

(3) 令 U_2 电源单独作用(将开关 K_1 投向短路侧，开关 K_2 投向 U_2 侧)，重复实验步骤(2)，将测得的数据记入表 1.8。

(4) 令 U_1 和 U_2 共同作用(开关 K_1 和 K_2 分别投向 U_1 和 U_2 侧)，重复上述的测量步骤，将测得的数据记入表 1.8。

(5) 将 U_2 的数值调至 +12 V，重复步骤(3)，将测得的数据记入表 1.8。

(6) 将 R_5(330 Ω)换成二极管 1N4007(即将开关 K_3 投向二极管侧)，重复步骤(1)～(5)的测量过程，将测得的数据记入表 1.9。

(7) 任意按下某个故障设置按键，重复步骤(4)，再根据测量结果判断出故障的性质。

表 1.9　R_5 换成二极管后电流与电压

测量项目	U_1/V	U_2/V	I_1/mA	I_2/mA	I_3/mA	U_{AB}/V	U_{CD}/V	U_{AD}/V	U_{DE}/V	U_{FA}/V
U_1 单独作用										
U_2 单独作用										
U_1、U_2 共同作用										
$2U_2$ 单独作用										

实验四　戴维南定理

【实验目的】

(1) 验证戴维南定理，加深对该定理的理解。

(2) 掌握有源二端网络戴维南等效电路参数的测量方法。

【相关理论】

(1) 对于任何一个线性含源网络，如果仅研究其中任何一条支路的电压和电流，则可将电路的其余部分看作是一个有源二端网络（或称为含源一端口网络）。

戴维南定理指出：一个有源二端网络，对外电路来说，可以用一个恒压源和内阻的串联组合（即电压源）等效置换。恒压源的电压等于二端网络的开路电压，内阻等于二端网络的全部电源置零后的输入电阻。这种等效变换仅对外电路等效。

诺顿定理指出：一个由电压源及电阻所组成的具有两个端点的电路系统，都可以在电路上等效于由一个理想电流源 I 与一个电阻 R 并联的电路。对于单频的交流系统，此定理不只适用于电阻的计算，亦可适用于广义的阻抗的计算。诺顿等效电路可用来描述线性电源与阻抗在某个频率下的等效电路，此等效电路是由一个理想电流源与一个理想阻抗并联所组成的。

有源二端网络的等效参数主要有开路电压 U_{oc}(U_s)和等效内阻 R_0。

(2) 有源二端网络等效参数的测量方法

① 开路电压、短路电流法测 R_0

在有源二端网络输出端开路时，用电压表直接测其输出端的开路电压 U_{oc}，然后再将其输出端短路，用电流表测其短路电流 I_{sc}，则其等效内阻为

$$R_0=\frac{U_{oc}}{I_{sc}}$$

如果二端网络的内阻很小，若将其输出端口短路则易损坏其内部元件，因此不宜用此法。

② 伏安法测 R_0

用电压表、电流表测出有源二端网络的外特性曲线，如图1.6所示。根据外特性曲线求出斜率 $\tan\phi$，则内阻

$$R_0=\tan\phi=\frac{\Delta U}{\Delta I}=\frac{U_{oc}}{I_{sc}}。$$

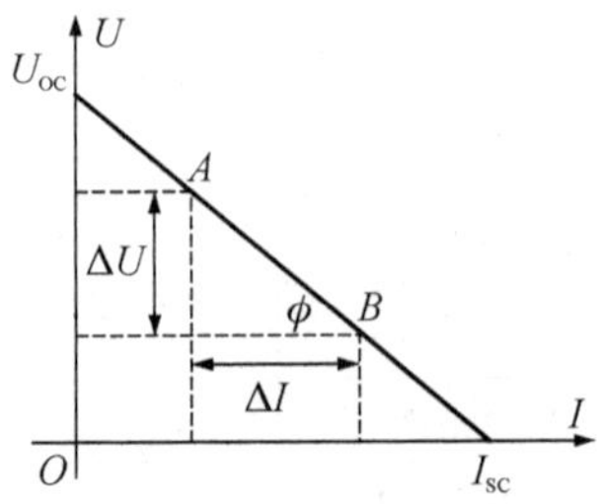

图 1.6　有源二端网络外特性曲线

也可以先测量开路电压 U_{oc}，再测量电流为额定值 I_N

时的输出端电压值 U_N，则内阻为

$$R_0=\frac{U_{oc}-U_N}{I_{sc}}$$

③ 半电压法测 R_0

如图 1.7 所示，当负载电压为被测网络开路电压的一半时，负载电阻（由电阻箱的读数确定）即为被测有源二端网络的等效内阻值。

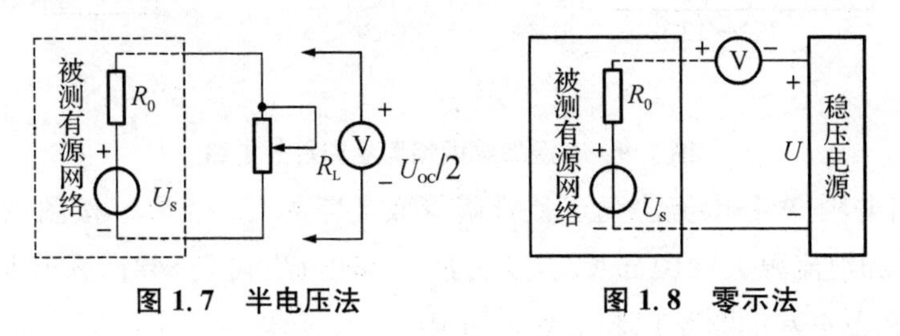

图 1.7　半电压法　　图 1.8　零示法

④ 零示法测 U_{oc}

在测量具有高内阻有源二端网络的开路电压时，用电压表直接测量会造成较大的误差。为了消除电压表内阻的影响，往往采用零示法，如图 1.8 所示。

零示法测量原理是用一低内阻的稳压电源与被测有源二端网络进行比较，当稳压电源的输出电压与有源二端网络的开路电压相等时，电压表的读数将为“0”。然后将电路断开，测量此时稳压电源的输出电压，该电压即为被测有源二端网络的开路电压。

【实验设备与器材】

根据实验要求，所需实验设备与器材如下：

(1) 可调直流稳压电源，0～30 V，1 个；

(2) 可调直流恒流源，0～500 mA，1 个；

(3) 直流数字电压表，0～200 V，1 个；

(4) 直流数字毫安表，0～200 mA，1 个；

(5) 万用表，1 个；

(6) 可调电阻箱，0～99 999.9 Ω，1 个；

(7) 电位器，1 kΩ、2 W，1 个；

(8) 戴维南定理实验电路板，1 个。

【实验内容与步骤】

被测有源二端网络如图 1.9(a)所示。

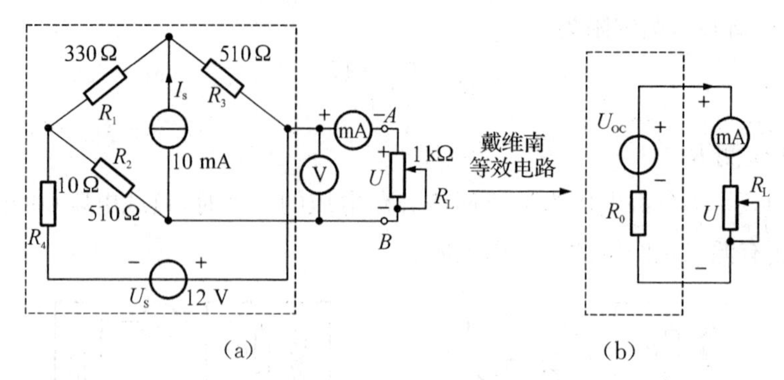

图 1.9　有源二端网络戴维南等效电路

(1) 用开路电压、短路电流法测定戴维南等效电路的 U_{oc} 和 R_0。按图 1.9(a)接入稳压电源 $U_s=12$ V 和恒流源 $I_s=10$ mA,不接入 R_L。测出 U_{oc} 和 I_{sc},并计算出 R_0($R_0=U_{oc}/I_{sc}$,测 U_{oc}时,不接入毫安表),将数据填入表 1.10 中。

表 1.10　测量 U_{oc} 和 I_{sc}

U_{oc}/V	I_{sc}/mA	R_0/Ω

(2) 负载实验

按图 1.9(a)接入 R_L。改变 R_L 阻值,测量有源二端网络的外特性曲线,将数据填入表 1.11中。

表 1.11　有源二端网络外特性曲线测量

U/V									
I/mA									

(3) 验证戴维南定理:从电阻箱上取得按步骤(1)所得的等效电阻 R_0之值,然后令其与直流稳压电源(调到步骤(1)所测得的开路电压 U_{oc}之值)相串联,如图 1.9(b)所示,仿照步骤(2)测其外特性,对戴维南定理进行验证,将测量数据填入表 1.12 中。

表 1.12　戴维南定理的验证

U/V								
I/mA								

(4) 有源二端网络等效电阻(又称入端电阻)的直接测量。如图 1.9(a),将被测有源网络内的所有独立源置零(去掉恒电流源 I_s 和恒压源 U_s,即原恒压源 U_s 所接的两点用一根短路导线相连,并移去 I_s),然后用伏安法或者直接用万用表的欧姆挡去测定负载 R_L 开路时 A、B 两点间的电阻,所得值即为被测网络的等效内阻 R_0,或称网络的入端电阻 R_i。

(5) 用半电压法和零示法测量被测网络的等效内阻 R_0 及其开路电压 U_{oc}。线路及数据表格自拟。

实验五　最大功率传输条件测定

【实验目的】

1. 掌握负载获得最大传输功率的条件。

2. 了解电源输出功率与效率的关系。

【相关理论】

1. 电源与负载功率的关系

图 1.10 可视为由一个电源向负载输送电能的模型，R_0 可视为电源内阻和传输线路电阻的总和，R_L 为可变负载电阻。负载 R_L 上消耗的功率 P 可由下式表示：

$$P=I^2R_L=\left(\frac{U}{R_0+R_L}\right)^2R_L$$

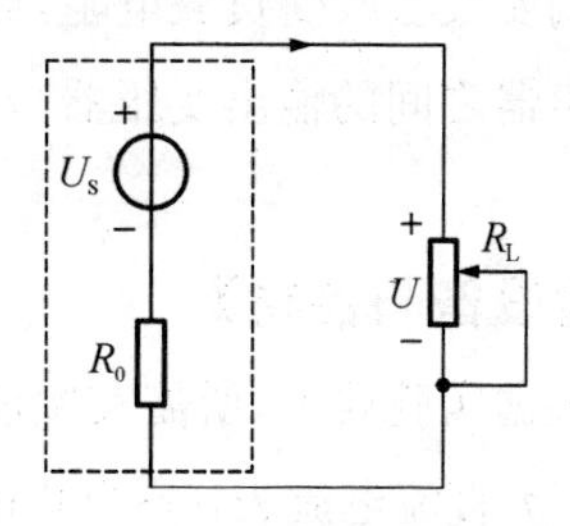

图 1.10　电源向负载输送电能的模型

当 $R_L=0$ 或 $R_L=\infty$ 时，电源输送给负载的功率均为零。而以不同的 R_L 值代入上式可求得不同的 P 值，其中必有一个 R_L 值能使负载从电源处获得最大的功率。

2. 负载获得最大功率的条件

根据数学表达式求最大功率的方法：令负载功率表达式中的 R_L 为自变量，P 为应变量，并使 $dP/dR_L=0$，即可求得最大功率传输的条件：

$$\frac{dP}{dR_L}=\frac{[(R_0+R_L)^2-2R_L(R_L+R_0)]U^2}{(R_0+R_L)^4}$$

令 $(R_L+R_0)^2-2R_L(R_L+R_0)=0$，解得：$R_L=R_0$。

当满足 $R_L=R_0$ 时，负载从电源获得的最大功率为：

$$P_{max}=\left(\frac{U}{R_0+R_L}\right)^2R_L=\left(\frac{U}{2R_L}\right)^2R_L=\frac{U^2}{4R_L}$$

这时，称此电路处于“匹配”工作状态。

3. 匹配电路的特点及应用

在电路处于匹配状态时，电源本身要消耗一半的功率，此时电源的效率只有 50%。显然，对于电力系统来说这是绝对不允许的。发电机的内阻是很小的，电路传输的最主要指标要求是要高效率送电，最好是将 100%的功率均传送给负载。为此负载电阻应远大于电源的内阻,即不允许负载运行在匹配状态。

而在电子技术领域里情况却完全不同,如在任何一个微波功率放大器设计电路中,错误的阻抗匹配将使电路不稳定,同时会使电路效率降低、非线性失真加大。在设计功率放大器匹配电路时,匹配电路应同时满足匹配、谐波衰减、带宽、小驻波、线性及实际尺寸要求等。有源器件一旦确定,可以被选用的匹配电路是相当多的,企图把可能采用的匹配电路列成完整的设计表格几乎是不现实的。设计单级功率放大器主要需要设计输入匹配电路和输出匹配电路,设计两级功率放大器除了要设计输入匹配电路和输出匹配电路外,还需要设计级间匹配电路。

一般的信号源本身功率较小,且都有较大的内阻。而负载电阻(如扬声器等)往往是较小的定值,且我们希望负载能从电源获得最大的功率输出,而电源的效率往往不予考虑。通常我们要设法改变负载电阻,或者在信号源与负载之间加阻抗变换器(如音频功放的输出级与扬声器之间的输出变压器),使电路处于工作匹配状态,以使负载能获得最大的输出功率。

【实验设备与器材】

根据实验要求,所需实验设备与器材如下:

(1) 直流电流表,0～200 mA,1 个;

(2) 直流电压表,0～200 V,1 个;

(3) 直流稳压电源,0～30 V,1 个;

(4) 实验电路板,1 个;

(5) 元件箱,1 个。

【实验内容与步骤】

1. 按图 1.11 接线,负载 R_L 取自元件箱内的电阻箱。

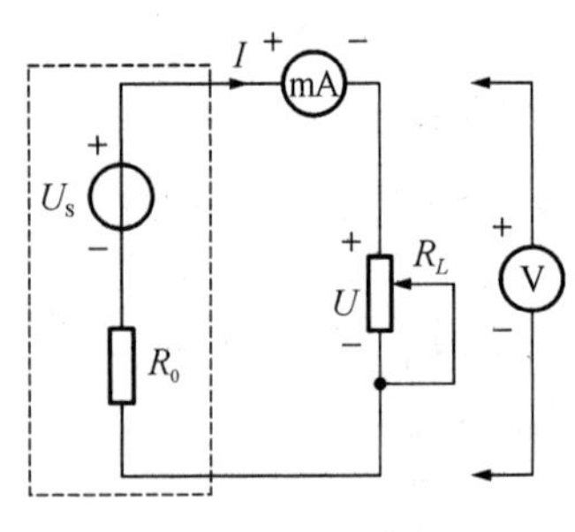

图 1.11　实验电路图

2. 按表 1.13 所列内容,令 R_L 在 0～1 kΩ 范围内变化,分别测出对应的 U_L、I 及 P_L 的值,表中 U_L、P_L 分别为 R_L 两端的电压和功率,I 为电路的电流。在 P_L 最大值附近应多测几点。

表 1.13　U_L、I、P_L 测量值

$U_s=6$ V $R_0=51$ Ω	R_L									1 kΩ	∞
	U_L										
	I										
	P_L										
$U_s=12$ V $R_0=200$ Ω	R_L									1 kΩ	∞
	U_L										
	I										
	P_L										

实验六　单相交流电路

【实验目的】

(1) 明确交流电路中电压、电流和功率之间的关系。

(2) 了解并联电容器提高感性交流电路功率因数的原理及电路现象,学习功率表的使用方法。

(3) 了解日光灯工作原理和接线。

【相关理论】

电力系统中的负载大部分是感性负载,感性负载功率因数较低,为提高电源的利用率,减少供电线路的损耗,往往采用在感性负载两端并联电容器的方法来进行无功补偿,以提高线路的功率因数。日光灯为感性负载,其功率因数一般在 0.3～0.4,在本实验中,我们利用日光灯电路来模拟实际的感性负载观察交流电路的各种现象。

1. 日光灯的工作原理

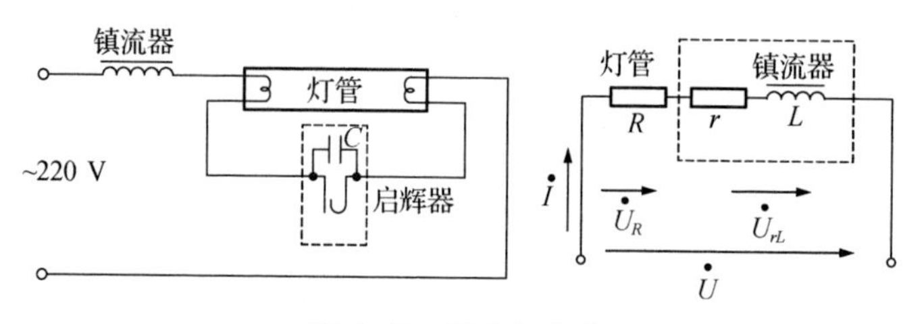

图 1.12　日光灯电路

如图 1.12 所示,日光灯电路由灯管、镇流器和启辉器三部分组成:

① 灯管:日光灯管是一根玻璃管,它的内壁均匀地涂有一层薄薄的荧光粉,灯管两端各有一个电极和一根灯丝。灯丝由钨丝制成,其作用是发射电子。电极是两根镍丝,焊在灯丝上,与灯丝具有相同的电位,其主要作用是在其具有正电位时吸收部分电子,以减少电子对灯丝的撞击。此外,它还具有帮助灯管点燃的作用。

灯管内还充有惰性气体(如氮气)与水银蒸气。由于灯管内有水银蒸汽,当管内产生辉光放电时,就会放射紫外线。这些紫外线照射到荧光粉上就会发出可见光。

② 镇流器:它是绕在硅钢片铁芯上的电感线圈,在电路上与灯管相串联。其作用为:在日光灯启动时,产生足够的自感电势,使灯管内的气体放电;在日光灯正常工作时,限制灯管电流。不同功率的灯管应配以相应的镇流器。

③ 启辉器:它是一个小型的辉光管,管内充有惰性气体,并装有两个电极,一个是固定

电极，一个是倒“U”形的可动电极，如图1.12所示。两电极上都焊接有触头。倒“U”形可动电极由热膨胀系数不同的两种金属片制成。

点燃过程：日光灯管、镇流器和启辉器的连接电路如图1.12所示。刚接通电源时，灯管内气体尚未放电，电源电压全部加在启辉器上，使它产生辉光放电并发热，倒“U”形的金属片受热膨胀，由于内层金属的热膨胀系数大，双金属片受热后趋于伸直，使金属片上的触点闭合，将电路接通。电流通过灯管两端的灯丝，灯丝受热后发射电子，而当启辉器的触点闭合后，两电极间的电压降为零，辉光放电停止，双金属片经冷却后恢复到原来位置，两触点重新分开。为了避免启辉器断开时产生火花将触点烧毁，通常在两电极间并联一只极小的电容器。

在双金属片冷却后触点断开瞬间，镇流器两端产生相当高的自感电势，这个自感电势与电源电压一起被加到灯管两端，使灯管发生辉光放电，辉光放电所放射的紫外线照射到灯管的荧光粉上，就发出可见光。

灯管点亮后，较高的电压降落在镇流器上，灯管电压只有100 V左右，这个较低的电压不足以使启辉器放电，因此，它的触点不能闭合。这时，日光灯电路因有镇流器的存在形成一个功率因数很低的感性电路。

2. R_L 串联电路的分析

日光灯电路可以等效成如图1.13所示的由 R、r、L 串联而成的感性电路。

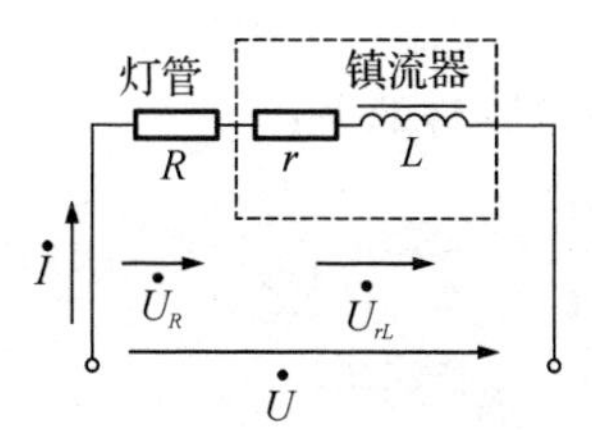

图1.13 日光灯等效电路

其中，R 为日光灯管的等效电阻，r 和 L 分别为镇流器铁芯线圈的等效电阻和电感。以电流 $\dot{I}$ 为参考相量，则电路的电量与参数的关系为

$$\dot{U}=\dot{U}_r+\dot{U}_L+\dot{U}_R=\dot{I}(r+jX_L+R)=\dot{I}Z$$

$$Z=(r+R)+jX_L=\sqrt{(r+R)^2+X_L^2}\angle\arctan\frac{X_L}{r+R}$$

$$P=UI\cos\varphi=S\cos\varphi$$

R_L 串联电路相量图如图1.14所示。阻抗三角形，功率三角形与图1.14所示的电压三角形为相似三角形。

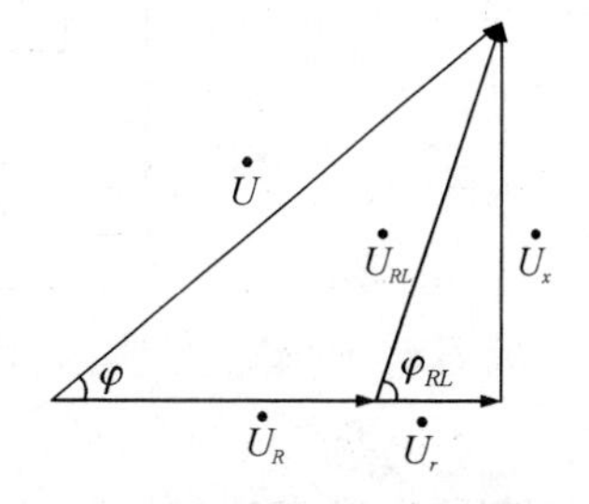

图1.14 R_L 串联电路的相量图

若用实验方法测得 U、U_R、U_{rL}、I、P，则可应用 R_L 串联电路的分析方法，求取电路参数 R、r、L。

3. 功率因数的提高

如果负载功率因数低（如日光灯电路的功率因数为0.3～

0.4),其原因一是电源利用率不高,二是供电线路损耗加大,因此供电部门规定,当负载(或单位供电)的功率因数低于0.85时,必须对其进行改善和提高。

提高感性负载线路的功率因数的常用方法是在感性负载两端并联电容器,其电路原理图和相量图如图1.15(a)、(b)所示。

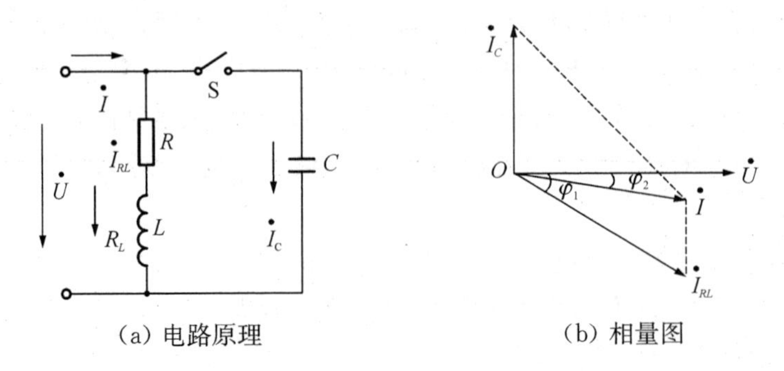

图1.15 提高功率因数的电路原理及相量图

由图1.15(a)、(b)可知:并联电容器 C 后,不影响感性负载的正常工作,其参数和电量保持不变;电容器基本上不消耗有功功率,因此电路的有功功率 P 不变,但线路总电流 I 减小了,φ 亦减小了,功率因数 $\cos\varphi$ 提高了。

【实验仪器与器材】

根据实验要求,所需实验设备与器材如下:

(1) 交流电流表,T19-A,1个;

(2) 交流电压表,D26-V,1个;

(3) 功率表,D34-W,1个;

(4) 单相交流实验板,1个。

【实验内容与步骤】

实验电路如图1.16所示。

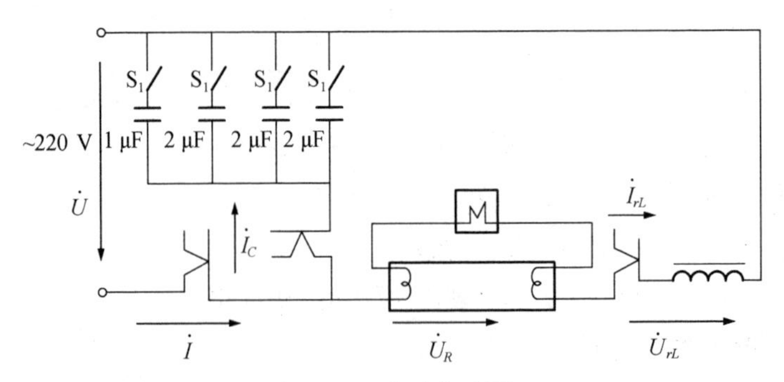

图1.16 实验电路图

按图1.16正确接线后,接入220 V的交流电,进行以下实验:

1. *RL* 串联电路电量及参数的测量

令 $C=0$，即断开开关 $S_1 \sim S_4$，不接入提高功率因数的补偿电容器。待日光灯点亮后，测量电源电压 U、灯管两端电压 U_R、镇流器两端电压 U_{rL} 和电路电流 I、I_{RL}，测量电路的总功率 P，并计算 $\cos\varphi$。将测量值和计算值记入表 1.14。

表 1.14　各参数的测量值

U/V	U_R/V	U_{rL}/V	I/A	I_C/A	I_{RL}/A	P/W	$\cos\varphi$

根据实验数据，计算日光灯电路的等效参数 R、r、L。

2. 功率因数提高的测试

在上述实验基础上，接入提高功率因数的补偿电容器。选择性合上开关 $S_1 \sim S_4$，逐渐增大电容值（如表 1.15 所示，电容由 1 μF 逐次增大到 7 μF），分别测量总电流 I、电容支路电流 I_C、灯管支路电路 I_{RL}、总功率 P，并计算 $\cos\varphi$。将测量值和计算值填入表 1.15 中。观察上述各参数的变化情况。

表 1.15　功率因数提高的测试值

C/μF	I/A	I_C/A	I_{RL}/A	P/W	$\cos\varphi$
1					
2					
3					
4					
5					
6					
7					

实验七　三相交流电路电压、电流的测量

【实验目的】

（1）掌握三相负载作星形连接、三角形连接的方法。

（2）验证三相对称负载在星形和三角形连接时的电量数值与相位的关系。

（3）了解三相四线供电系统中中线的作用。

【相关理论】

（1）三相电路的负载有两类：一类是对称的三相负载，如三相电动机；另一类是单相负载，如电灯、电炉、单相电机等各种单相用电器。

（2）三相负载可接成星形（又称Y接），当三相对称负载作星形连接时，线电压 U_L 是相电压 U_p 的$\sqrt{3}$倍，线电流 I_L 等于相电流 I_p，即 $U_L=\sqrt{3}U_p$，$I_L=I_p$。在这种情况下，流过中线的电流 $I_0=0$，所以可以省去中线。另外一种接法称为三角形连接（又称△接）。当对称三相负载作△接时，有 $I_L=\sqrt{3}I_p$，$U_L=U_p$。

（3）不对称三相负载作星形连接时，必须采用三相四线制接法，即 Y_0 接法，而且中线必须牢固连接，以保证三相不对称负载的每相电压维持对称不变。

无中线时：中性点会产生位移，三相负载电压不对称。

加中线时：中性点强制等电位，三相负载电压对称，但中线电流不为零。

（4）当不对称负载作三角形连接时，$I_L\neq\sqrt{3}I_p$，但只要电源的线电压 U_L 对称，加在三相负载上的相电压仍是对称的，等于电源线电压，对各相负载工作没有影响。三相负载相电流不对称，线电流亦不对称。

【实验设备与器材】

根据实验要求，所需实验设备与器材如下：

（1）交流电压表，0～500 V，1个；

（2）交流电流表，0～5 A，1个；

（3）万用表，1个；

（4）三相自耦调压器，1个；

（5）三相灯组负载，220 V、15 W白炽灯，9个；

（6）电门插座，3个。

【实验内容与步骤】

1. 三相负载星形连接(三相四线制供电)

按图 1.17 线路连接实验电路,即三相灯组负载经三相自耦调压器接通三相对称电源。将三相调压器的旋柄置于输出为 0 V 的位置(即逆时针旋到底)。经指导教师检查合格后,方可开启实验台电源,然后调节调压器的输出,使输出的三相线电压为 220 V,并按下述步骤完成各项实验:分别测量三相负载的线电压、相电压、线电流、相电流、中线电流、电源与负载中点间的电压;将所测得的数据记入表 1.16 中,并观察各相灯组亮暗的变化程度,特别要注意观察中线的作用。表 1.16 中,Y_0 接法指三相四线制有中线接法,即接通中线;Y 接法指无中线接法,即断开中线。

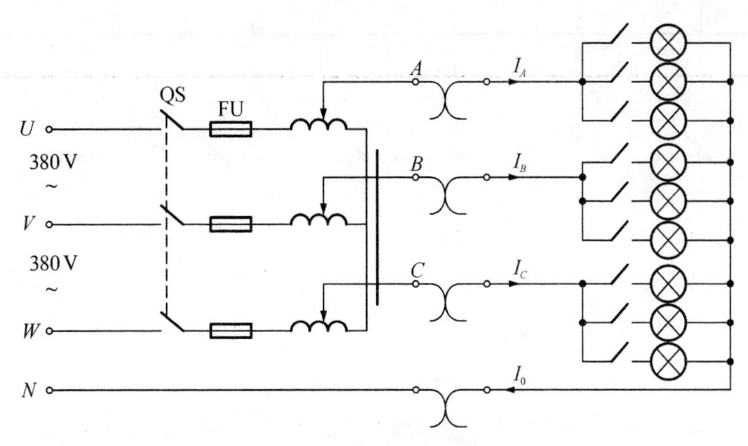

图 1.17　实验电路图

表 1.16　数据测量值

测量数据 实验内容 (负载情况)	开灯盏数			线电流/A			线电压/V			相电压/V			中线电流 I_0/A	中点电压 U_{N_0}/V
	A 相	B 相	C 相	I_A	I_B	I_C	U_{AB}	U_{BC}	U_{CA}	U_{A0}	U_{B0}	U_{C0}		
Y_0 接对称负载	3	3	3											
Y 接对称负载	3	3	3											
Y_0 接不对称负载	1	2	3											
Y 接不对称负载	1	2	3											
Y_0 接 B 相断开	1		3											
Y 接 B 相断开	1		3											
Y 接 B 相短路	1		3											

2. 负载三角形连接(三相三线制供电)

按图 1.18 改接线路,经指导教师检查合格后接通三相电源,并调节调压器,使其输出线电压为 220 V,并按表 1.17 的内容进行测试。

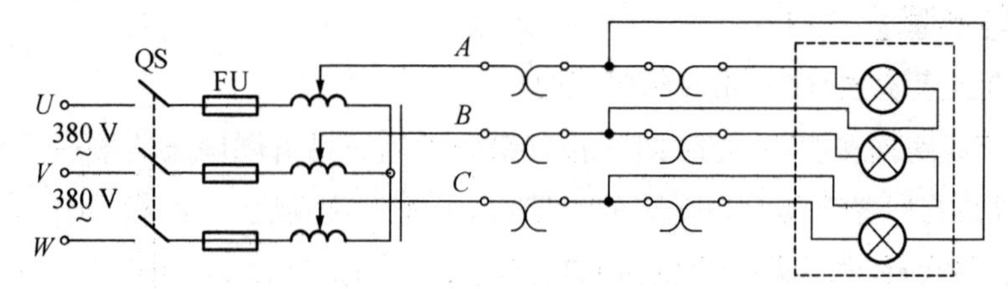

图 1.18 负载三角形联接

表 1.17 三角形联接测量值

负载情况	开灯盏数			线电压=相电压/V			线电流/A			相电流/A		
	A-B 相	B-C 相	C-A 相	U_{AB}	U_{BC}	U_{CA}	I_A	I_B	I_C	I_{AB}	I_{BC}	I_{CA}
三相平衡	3	3	3									
三相不平衡	1	2	3									

实验八　RC 一阶电路的响应测试

【实验目的】

(1) 学会使用示波器观测波形,并观察与测量微分电路和积分电路的响应。

(2) 学习一阶 RC 电路的零状态响应和零输入响应的测量方法。

(3) 学习一阶 RC 电路时间常数的测量方法。

(4) 掌握有关微分电路和积分电路的概念,了解 RC 电路的应用。

【相关理论】

(1) 动态网络的过渡过程是十分短暂的单次变化过程,要用普通示波器观察过渡过程和测量有关的参数,就必须使这种单次变化的过程重复出现。为此,我们利用信号发生器输出的方波来模拟阶跃激励信号,即将方波输出的上升沿作为零状态响应的正阶跃激励信号,将方波的下降沿作为零输入响应的负阶跃激励信号。只要选择方波的重复周期远大于电路的时间常数 τ,那么电路在这样的方波序列脉冲信号的激励下,它的响应就和直流电接通与断开的过渡过程是基本相同的。

(2) 图 1.19(a)所示的 RC 一阶电路的零输入响应和零状态响应分别按指数规律衰减和增长,其变化的快慢取决于电路的时间常数 τ。

(3) 时间常数 τ 的测定方法:

用示波器测量的零输入响应的波形如图 1.19(b)所示。

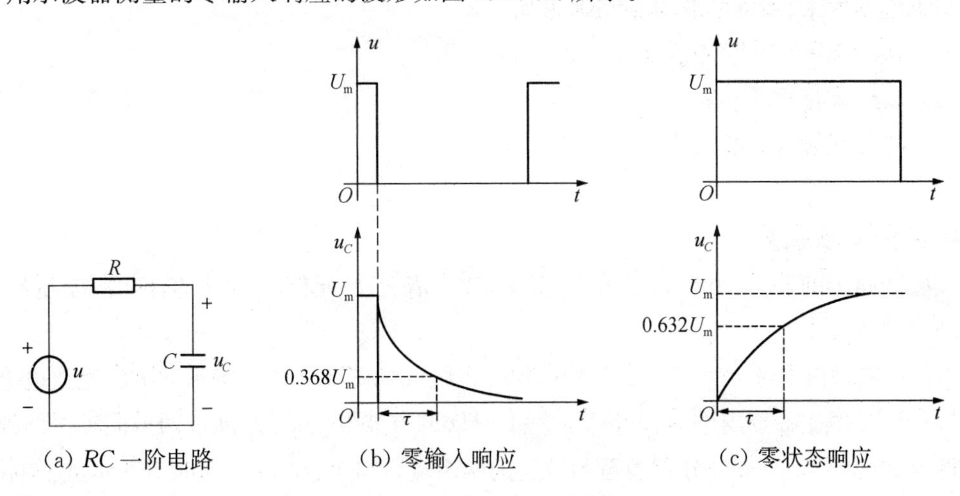

(a) RC 一阶电路　　(b) 零输入响应　　(c) 零状态响应

图 1.19　时间常数 τ 的测定

根据一阶微分方程的求解得知 $u_C=U_m e^{-t/RC}=U_m e^{-t/\tau}$。当 $t=\tau$ 时,$u_C(\tau)=0.368U_m$,

可据此测得时间常数 τ；亦可用零状态响应波形增加到 $0.632U_m$ 所对应的时间测得时间常数 τ，如图 1.19(c)所示。

(4) 微分电路和积分电路是 RC 一阶电路中较典型的电路，它们对电路元件参数和输入信号的周期有着特定的要求。一个简单的 RC 串联电路，在方波序列脉冲的重复激励下，当满足 $\tau=RC\ll\frac{T}{2}$ 时（T 为方波脉冲的重复周期），将 R 两端的电压作为响应输出，则该电路就是一个微分电路。因为此时电路的输出电压与输入电压的微分成正比。微分电路如图 1.20(a)所示。利用微分电路可以将方波转变成尖脉冲。

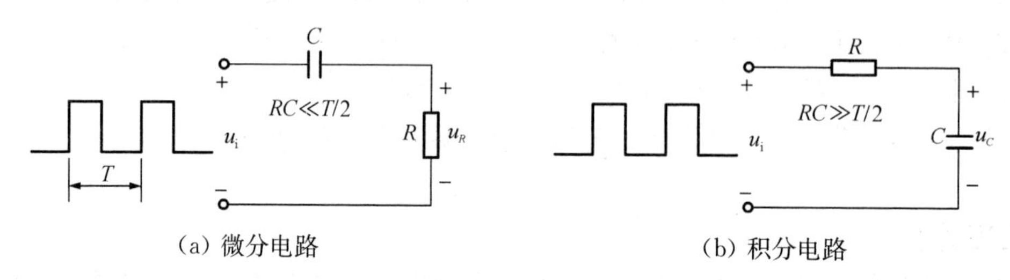

(a) 微分电路　　(b) 积分电路

图 1.20　微分电路和积分电路

若将图 1.20(a)中的 R 与 C 位置调换一下，如图 1.20(b)所示，将 C 两端的电压作为响应输出，当电路的参数满足 $\tau=RC\gg\frac{T}{2}$，则该 RC 电路称为积分电路。因为此时电路的输出电压与输入电压的积分成正比。利用积分电路可以将方波转变成三角波。

从输入输出波形来看，上述两个电路均起着波形变换的作用，请在实验过程仔细观察与记录。

【实验设备与器材】

根据实验要求，所需实验设备与器材如下：

(1) 函数信号发生器，1 台；

(2) 双踪示波器，1 台；

(3) 动态电路实验板，1 个。

【实验内容与步骤】

实验线路板的器件、组件如图 1.21 所示，请认清 R、C 元件的布局、标称值，以及各开关的通断位置等。

(1) 从电路板上选 $R=10\ \text{k}\Omega$，$C=6\ 800\ \text{pF}$ 组成如图 1.19(a)所示的 RC 充放电电路。u_i 为脉冲信号发生器输出的 $U_m=3\ \text{V}$，$f=1\ \text{kHz}$ 的方波电压信号，通过两根同轴电缆线，将激励源 u_i 和响应 u_C 的信号分别连至示波器的两个输入口 Y_A 和 Y_B。这时可在示波器的屏幕上观察到激励与响应信号的变化规律，请测算出时间常数 τ，并用方格纸按 1∶1 的比例描绘波形。将电容值或电阻值做微小改变，定性地观察其对响应的影响，记录观察到的现象。

(2) 令 $R=10\ \text{k}\Omega$，$C=0.1\ \mu\text{F}$，观察并描绘响应信号的波形，继续增大 C 之值，定性地观察其对响应信号的影响。

(3) 令 $C=0.01\ \mu\text{F}$，$R=100\ \Omega$，组成如图 1.20(a)所示的微分电路。在同样的方波激励信号($U_m=3\ \text{V}$，$f=1\ \text{kHz}$)作用下，观测并描绘激励与响应信号的波形。

增减 R 之值，定性地观察其对响应信号的影响，并作记录。当 R 增至 $1\ \text{M}\Omega$ 时，输入输出波形有何本质上的区别？

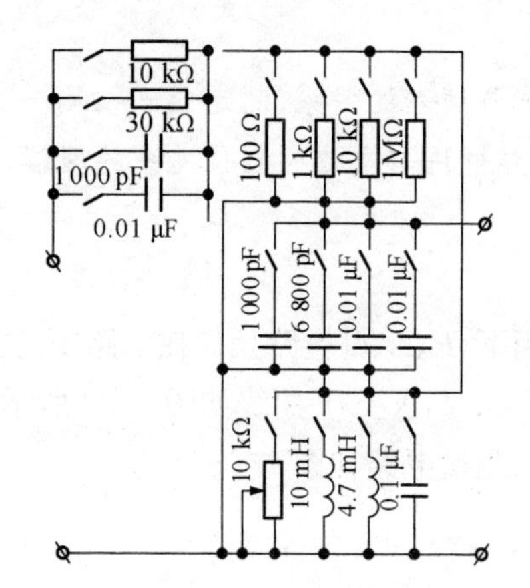

图 1.21　动态电路、选频电路实验板

实验九　R、L、C 元件阻抗特性的测定

【实验目的】

(1) 验证电阻、感抗、容抗与频率的关系,测定 $R-f$、X_L-f 及 X_C-f 特性曲线。

(2) 加深对 R、L、C 元件端电压与电流间相位关系的理解。

【相关理论】

(1) 在正弦交变信号作用下,R、L、C 电路元件在电路中的抗流作用与信号的频率有关,它们的阻抗频率特性 $R-f$,X_L-f,X_C-f 曲线如图 1.22 所示。

(2) 元件阻抗频率特性的测量电路如图 1.23 所示。

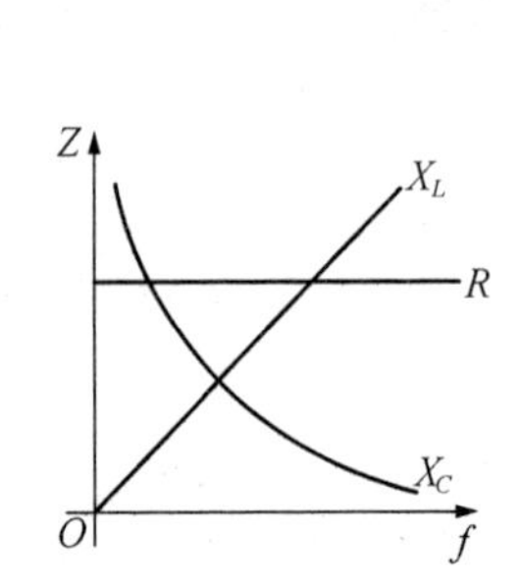

图 1.22　阻抗频率特性曲线

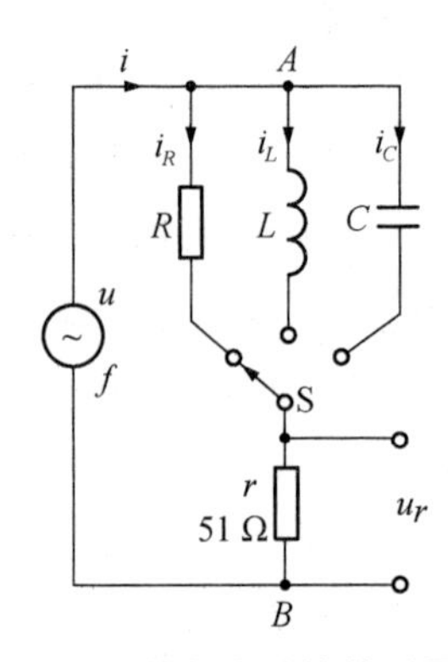

图 1.23　阻抗频率特性的测量电路

图 1.23 中的 r 是测量回路电流用的标准小电阻,由于 r 的阻值远小于被测元件的阻抗值,因此可以认为 A、B 之间的电压就是被测元件 R、L 或 C 两端的电压,流过被测元件的电流则可由 r 两端的电压除以 r 所得。

若用双踪示波器同时观察 r 与被测元件两端的电压,亦可展现出被测元件两端的电压和流过该元件电流的波形,从而可在荧光屏上测出电压与电流的幅值及它们之间的相位差。

(3) 将元件 R、L、C 串联或并联相接,亦可用同样的方法测得串联阻抗($Z_{串}$)与并联阻抗($Z_{并}$)的阻抗频率特性 $Z-f$,根据电压、电流的相位差可判断 $Z_{串}$ 或 $Z_{并}$ 是感性负载还是容性负载。

(4) 元件的阻抗角(即相位差 ϕ)随输入信号的频率变化而改变,将各个不同频率下的相位差画在以频率 f 为横坐标、阻抗角 ϕ 为纵坐标的坐标纸上,并用光滑的曲线连接这些点,即得到阻抗角的频率特性曲线。

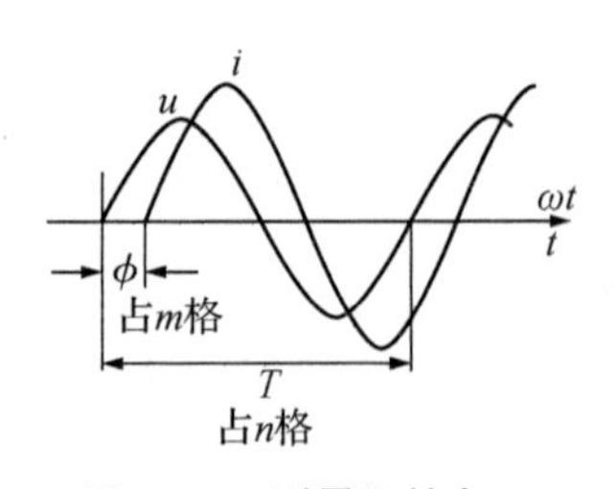

图 1.24　测量阻抗角

用双踪示波器测量阻抗角的方法如图 1.24 所示。从荧光屏上数得一个周期占 n 格，相位差占 m 格，则实际的相位差 ϕ(阻抗角)为

$$\phi=m\times\frac{360^\circ}{n}$$

【实验设备与器材】

根据实验要求，所需实验设备与器材如下：

(1) 函数信号发生器，1 台；

(2) 交流毫伏表，0～600 V，1 个；

(3) 双踪示波器，1 台；

(4) 频率计，1 个；

(5) 实验线路元件：电阻 2 个(R=1 kΩ，r=51 Ω)，电容 1 个(C=1 μF)，电感 1 个(约 10 mH)。

【实验内容与步骤】

(1) 测量 R、L、C 元件的阻抗频率特性。通过电缆线将函数信号发生器输出的正弦信号接至如图 1.23 所示的电路，并将其作为激励源 u，用交流毫伏表测量，调整正弦信号幅值使激励电压的有效值为 U=3 V，并保持不变。

使信号源的输出频率从 200 Hz 逐渐增至 5 kHz(用频率计测量)，并使开关 S 分别接通 R、L、C 三个元件，用交流毫伏表测量 U_r，并计算各频率点时的 I_R、I_L 和 I_C(即 U_r/r)以及 $R=U/I_R$、$X_L=U/I_U$ 及 $X_C=U/I_C$ 之值。

注意：在接通 C 测试时，信号源的频率应控制在 200～2 500 Hz 之间。

(2) 测量元件阻抗角。用双踪示波器观察不同频率下各元件阻抗角的变化情况，按图 1.24 记录 n 和 m，算出 ϕ。

(3) 测量 R、L、C 元件串联的阻抗角频率特性。

实验十　*RLC* 串联谐振电路的研究

【实验目的】

(1) 学习用实验方法绘制 *RLC* 串联电路的幅频特性曲线。

(2) 加深对电路发生谐振的条件、特点的理解，掌握电路品质因数(电路 Q 值)的物理意义及其测定方法。

(3) 掌握根据谐振特点测量电路元件参数的方法。

【相关理论】

(1) 在 *RLC* 串联电路中，由于电源频率的不同，电感和电容所呈现的电抗也不相同。当 $\omega L<1/\omega C$ 时，$U_L<U_C$，电路呈容性；当 $\omega L>1/\omega C$ 时，$U_L>U_C$，电路呈感性；当 $\omega L=1/\omega C$ 时，$U_L=U_C$，电路呈阻性。

(2) 在图 1.25 所示的 *RLC* 串联电路中，当正弦交流信号源的频率 f 改变时，电路中的感抗、容抗随之而变，电路中的电流也随 f 而变。取电阻 R 上的电压 U_o 作为响应，当输入电压 U_i 的幅值维持不变时，在不同频率的信号激励下，测出 U_o 之值，然后以 f 为横坐标，以 U_o/U_i 为纵坐标(因 U_i 不变，故也可直接以 U_o 为纵坐标)，绘出光滑的曲线，此即为幅频特性曲线，亦称谐振曲线，如图 1.26 所示。

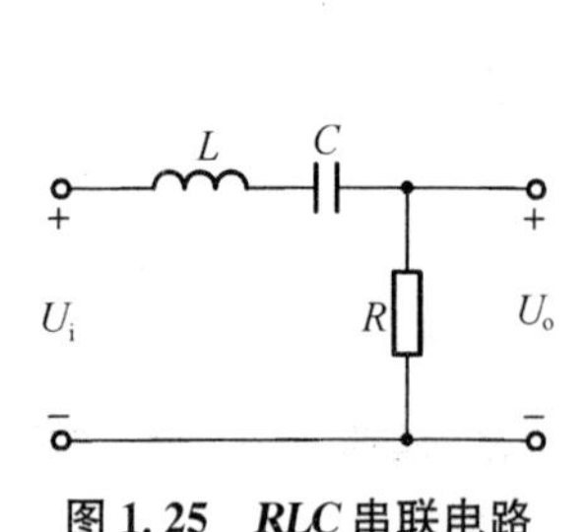

图 1.25　*RLC* 串联电路

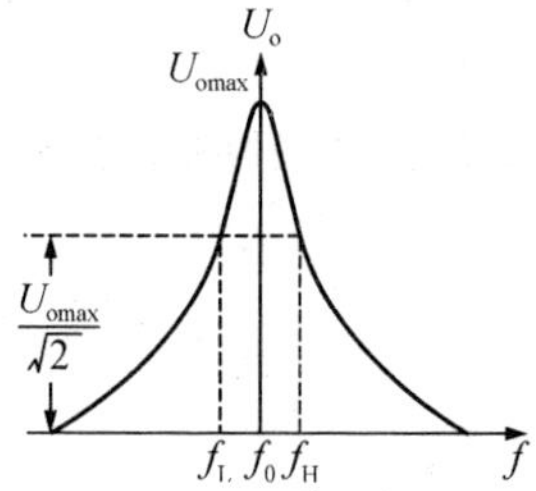

图 1.26　幅频特性曲线

(3) 我们把 $\omega L=1/\omega C$ 这一状态下的串联电路称为串联谐振电路或电压谐振电路。谐振频率为 $f=f_0=\dfrac{1}{2\pi\sqrt{LC}}$，即幅频特性曲线尖峰所在的频率点为谐振频率。串联谐振电路具有以下特点：① 电流与电压同相位，电路呈电阻性；② 阻抗最小，电流最大。因为谐振时电抗 $X=0$，故 $Z=R+\mathrm{j}X=R$，此时 Z 值最小，电路中的电流 $I=U/R=I_0$，此时 I 值为最大；③ 电感的端电压 U_L 与电容的端电压 U_C 大小相等，相位相反，相互补偿，外加电压与电阻上的电压相平衡，即$\dot{U}_R=\dot{U}_i$；④ 电感或电容的端电压可能大大超过外加电压，产生过电压。电容或电感的端电压与外电压之比为：$Q=\frac{U_L}{U}=\frac{X_L I}{RI}=\frac{X_L}{R}=\frac{\omega_0 L}{R}$，式中的 Q 称为电路的品质因数。Q 值越大，表明曲线越尖锐，电路的选频特性越好。

（4）电路品质因数 Q 值的两种测量方法：一是根据公式 $Q=\frac{U_L}{U_o}=\frac{U_C}{U_o}$ 测定 Q 值，U_C 与 U_L 分别为谐振时电容器 C 和电感线圈 L 上的电压；二是通过测量谐振曲线的通频带宽度 $\Delta f=f_2-f_1$，再根据 $Q=\frac{f_0}{f_H-f_L}$ 求出 Q 值。

【实验设备与器材】

根据实验要求，所需实验设备与器材如下：

（1）函数信号发生器，1 台；

（2）交流毫伏表，0～600 V，1 个；

（3）双踪示波器，1 台；

（4）频率计，1 个；

（5）谐振电路实验电路板：电阻 2 个（$R_1=200\ \Omega$，$R_2=1\ \text{k}\Omega$），电容 2 个（$C_1=0.01\ \mu\text{F}$，$C_2=0.1\ \mu\text{F}$），电感 1 个（约 30 mH）。

【实验内容与步骤】

（1）按图 1.27 组成监视、测量电路，先选用 C_1、R_1。用交流毫伏表测电压，用示波器监视信号源输出。令信号源输出电压 $U_i=4V_{P\text{-}P}$，并保持不变。

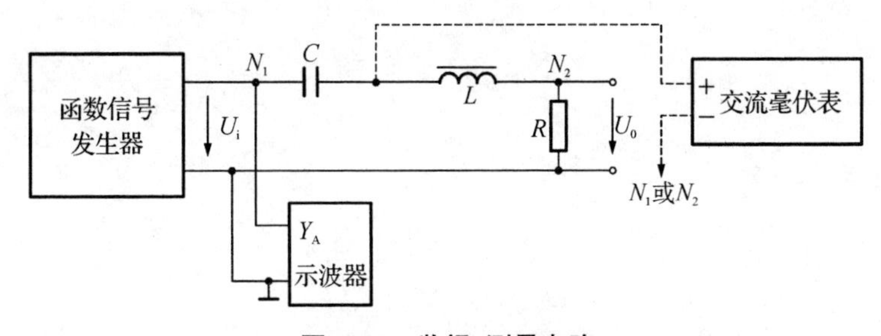

图 1.27　监视、测量电路

（2）将交流毫伏表接在 R（200 Ω）两端，令信号源的频率由小逐渐变大（注意要维持信号源的输出幅度不变），当 U_o 的读数为最大时，读得的频率计上的频率值即为电路的谐振频率 f_0，测量此时 U_C 与 U_L 之值（注意及时更换交流毫伏表的量限）。

（3）在谐振点两侧，按频率递增或递减 500 Hz 或 1 kHz，依次各取 8 个测量点，逐点测出 U_o，U_L，U_C 之值，并将数据记入表 1.18 中。

表 1.18　谐振时的 U_o,U_L,U_C 值

f/kHz														
U_o/V														
U_L/V														
U_C/V														

$U_i=4V_{P\text{-}P}$，　$C_1=0.01\ \mu F$，　$R_1=200\ \Omega$，　$f_0=$　　　　，　$f_H-f_L=$　　　　，　$Q=$

(4) 将电阻改为 R_2,重复步骤(2)、(3)的测量过程,将结果记录至表 1.19 中。

表 1.19　电阻改变时的 U_o,U_L,U_C 值

f/kHz														
U_o/V														
U_L/V														
U_C/V														

$U_i=4V_{P\text{-}P}$，　$C_1=0.01\ \mu F$，　$R_2=1\ k\Omega$，　$f_0=$　　　　，　$f_H-f_L=$　　　　，　$Q=$

(5) 选 $C_2=0.1\ \mu F$,R 分别选 200 Ω、1 kΩ,重复步骤(2)～(3)。(自制表格)

实验十一　RC 串并联选频网络特性测试

【实验目的】

(1) 熟悉 RC 串并联选频网络电路的结构特点及其选频特性。

(2) 学会用交流毫伏表和示波器测定 RC 串并联选频网络电路的幅频特性和相频特性。

【相关理论】

RC 串并联选频网络电路是一个电阻和电容的串并联电路，如图 1.28 所示。该电路结构简单，被广泛应用于低频正弦波振荡电路中作为选频环节，可用于获得具有很高纯度的正弦波电压。

(1) 以函数信号发生器的正弦输出信号作为图 1.28 的激励信号 U_i，在保持 U_i 值不变的情况下，改变输入信号的频率 f，用交流毫伏表或示波器测出输出端在各个频率点下的输出电压 U_o 值，将这些数据画在以频率 f 为横轴，U_o/U_i 为纵轴的坐标纸上，用一条光滑的曲线连接这些点，该曲线就是上述电路的幅频特性曲线。

RC 串并联选频网络的一个特点就是其输出电压幅度不仅会随输入信号的频率而变，而且输出电压还会出现一个与输入电压同相位的最大值，如图 1.29 所示。

由电路分析得知，该网络的传递函数为

$$\beta=\frac{1}{3+\mathrm{j}(\omega RC-1/\omega RC)}$$

当角频率 $\omega=\omega_0=\dfrac{1}{RC}$时，$|\beta|=\dfrac{U_o}{U_i}=\dfrac{1}{3}$，此时 U_o 与 U_i 同相。由图 1.29 可见 RC 串并联电路具有带通特性。

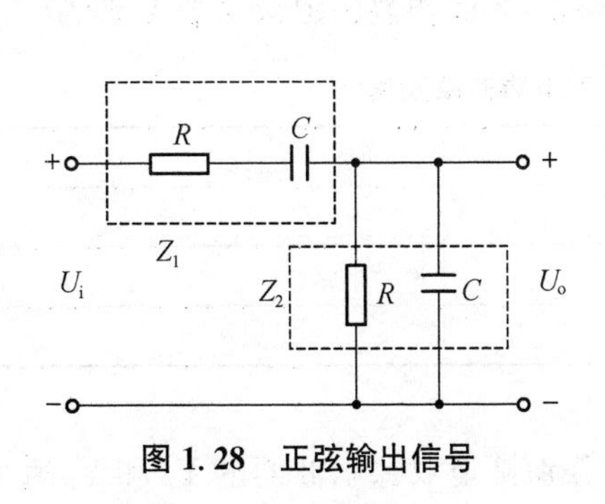

图 1.28　正弦输出信号

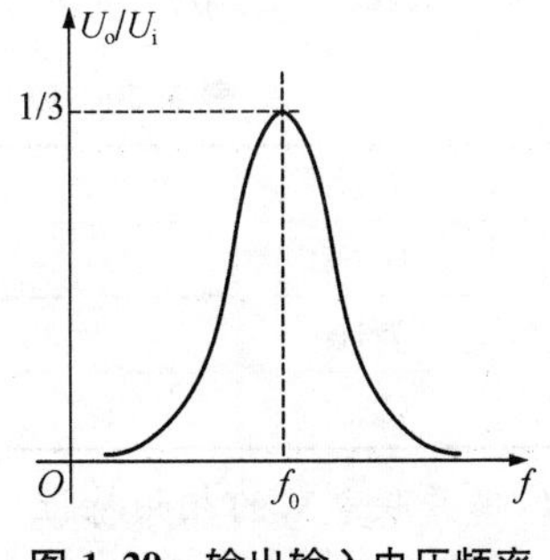

图 1.29　输出输入电压频率

(2) 将上述电路的输入和输出分别接到双踪示波器的 Y_A 和 Y_B 两个输入端，改变输入正弦信号的频率，观测相应的输入和输出波形间的时延 τ 及信号的周期 T，两波形间的相位差

为 $\varphi=\frac{\tau}{T}\times360°=\varphi_0-\varphi_i$(输出相位与输入相位之差)。将各个不同频率下的相位差 φ 画在以 f 为横轴、φ 为纵轴的坐标纸上,用光滑的曲线将这些点连接起来,得到被测电路的相频特性曲线,如图 1.30 所示。

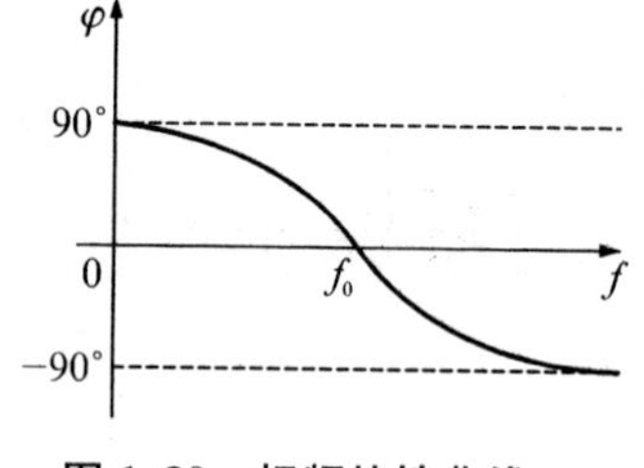

图 1.30 相频特性曲线

由电路分析理论得知,当 $\omega=\omega_0=\frac{1}{RC}$,即 $f=f_0=\frac{1}{2\pi RC}$ 时,$\varphi=0$,即 U_o 与 U_i 同相位,且输出电压达到最大值 $U_o=U_i/3$,根据此原理可实现选频。当然此电路也存在某些不足,因为内部的电阻是不能存放能量的,它把电能转换成了热能,浪费了能量,该电路能量传输能力差。RC 选频网络的固定频率不会达到很大,其在高频下不能使用,滤波性能也比较差。

【实验设备与器材】

根据实验要求,所需实验设备与器材如下:

(1) 函数信号发生器及频率计,各 1 台;

(2) 双踪示波器,1 台;

(3) 交流毫伏表,0～600 V,1 个;

(4) RC 选频网络实验板,1 个。

【实验内容与步骤】

1. 测量 RC 串并联电路的幅频特性。

(1) 利用实验挂箱上“RC 串并联选频网络”线路,组成图 1.28 所示线路。取 $R=1\ \text{k}\Omega$,$C=0.1\ \mu\text{F}$。

(2) 调节信号源输出电压为 3 V 的正弦信号,将信号接入图 1.28 的输入端。

(3) 改变信号源的频率 f(由频率计读得),并保持 $U_i=3$ V 不变,测量输出电压 U_o(可先测量 $\beta=1/3$ 时的频率 f_0,然后再在 f_0 左右设置其他频率点,并进行测量)。

(4) 取 $R=200\ \Omega$,$C=2.2\ \mu\text{F}$,重复上述测量,将所测数值记录至表 1.20 中。

表 1.20 RC 串并联电路的幅频特性

$R=1\ \text{k}\Omega$, $C=0.1\ \mu\text{F}$	f/Hz			
	U_o/V			
$R=200\ \Omega$, $C=2.2\ \mu\text{F}$	f/Hz			
	U_o/V			

2. 测量 RC 串并联电路的相频特性

将图 1.28 的输入电压 U_i 和输出电压 U_o 分别接至双踪示波器的 Y_A 和 Y_B 两个输入端,改变输入正弦信号的频率,观测在不同频率点时,相应的输入与输出波形间的时延 τ 及信号的周期 T,将数据记录至表 1.21 中。两波形间的相位差为:

$$\varphi=\varphi_0-\varphi_i=\frac{\tau}{T}\times 360°$$

表1.21　*RC*串并联电路的相频特性的测量

R=1 kΩ，C=0.1 μF	f/Hz			
	T/ms			
	τ/ms			
	φ			
R=200 Ω，C=2.2 μF	f/Hz			
	T/ms			
	τ/ms			
	φ			

实验十二　继电接触控制电路

【实验目的】

(1) 了解按钮、接触器、继电器等电器设备的基本结构及使用方法。

(2) 学习异步电动机点动控制电路、单向启-停控制电路、有电气联锁的正反转控制电路的接线及查线方法。

(3) 理解并掌握点动、自锁、联锁典型控制环节的接法与工作原理，以及失(零)压保护、过载保护、电气联锁保护的工作原理。

(4) 学习应用电气原理图和万用表分析、检查控制电路的方法。

【相关理论】

1. 点动控制

当电动机容量较小时，可以采用直接启动的方法控制。图 1.31 所示为点动控制线路，主回路由刀开关 Q(或用转换开关)、接触器的主触点 KM 和电动机 M 组成。熔断器 FU 作短路保护用，刀开关 Q 用作电源引入开关。电动机的启动或停止由接触器 KM 的三个主触点来控制。控制回路由启动按钮 SB(只用了它的常开触点)和接触器线圈 KM 串接而成。

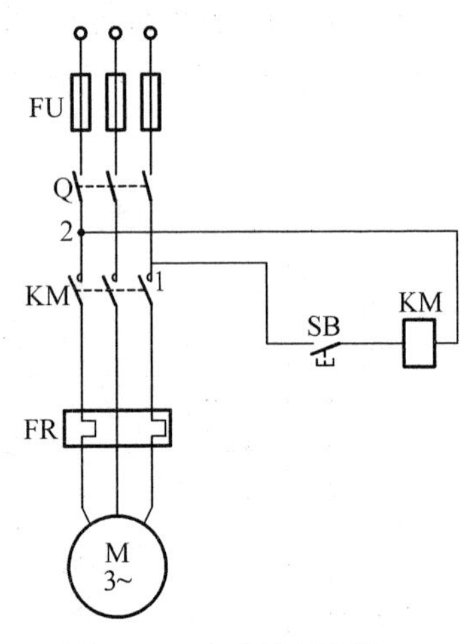

图 1.31　点动控制电路

线路的工作原理如下：按下启动按钮 SB 时，控制回路接通，接通器线圈 KM 得电，其主触点 KM 闭合，接通主回路，电动机 M 得电运转。当手松开时，由于按钮复位弹簧作用，SB 断开，接触器线圈 KM 断电，主触点断开，使电机主回路断电，电动机停转。这种用手按住按钮电机就转，手一松电机就停在控制线路称为点动控制线路。

生产上有时需要电动机做点动运行。例如，在起重设备中常常需要电动机点动运行；在机床或自动线做调整工作时，也需要电动机做点动运行。所以点动控制线路是一种常见的控制线路，也是组成其他控制线路的基本线路。

2. 单向启-停控制

如需要电动机连续运行，则在点动控制线路中的启动按钮 SB_2 的两端并上接触器 KM 的辅助常开触点，并增加串接于控制回路中的停止按钮 SB_1，如图 1.32 所示。按下按钮 SB_2 时，接触器线圈 KM 得电，在接通主回路的同时，也使得接触器的辅助常开触点 KM 闭合。

手松开后，虽然按钮 SB$_2$ 断开，但电流从辅助常开触点 KM 上流过，保证接触器线圈 KM 继续得电，使电机能连续运行。辅助常开触点的这种作用称为自锁。起自锁作用的触点称为自锁触点。

按压停止按钮 SB$_1$，其常闭触点断开，接触器线圈 KM 断电，主触点断开，电机停止转动。

上述的自锁触点还具有失压保护作用。当线路突然断电时，接触器线圈 KM 失电，在断开主回路的同时，也断开了自锁触点；当电源重新恢复电压时，由于自锁触点已经断开，线路不再接通，这样就可以避免发生事故，起到保护作用。

为了防止长期过载烧毁电机，线路中还接了热继电器 FR。当电动机长期过载运行时，串接在主回路中的受热体膨胀引起动作，顶开串接在控制回路中的常闭触点，断开控制回路和主回路，从而保护了电动机。

将启、停按钮，接触器，热继电器组装在一起就构成所谓的磁力启动器，它是一种专用于三相异步电动机启、停控制和长期过载保护的电器。

3. *正反转控制*

根据工艺要求，许多生产机械的运动部件需要电机能沿正、反两个方向旋转。由三相异步电动机的工作原理可知，改变定子绕组中流过电流的相序就可使电机的旋转方向发生改变。为此，可控制两个接触器，分别引入不同相序的电流到电机便可实现电机正反转控制。

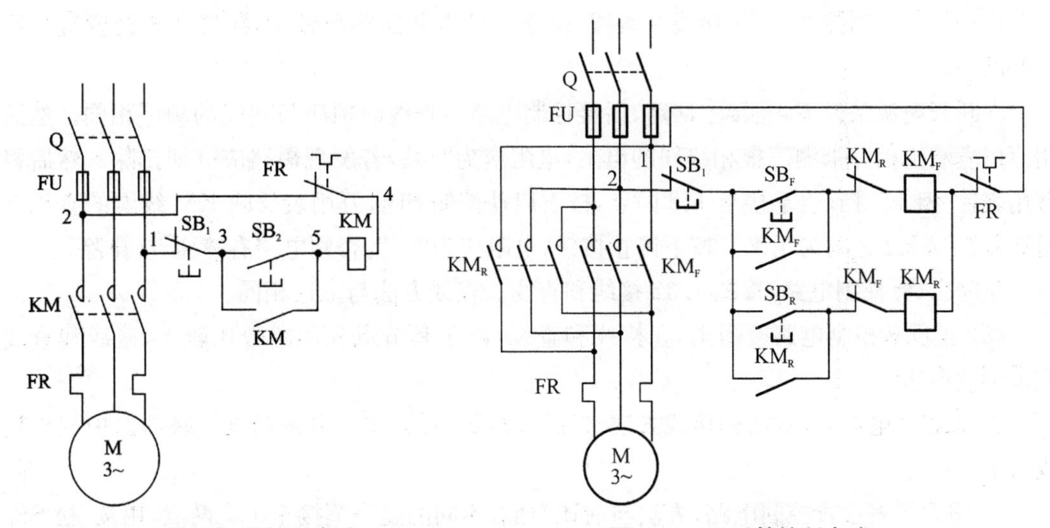

图 1.32　单向启-停控制电路　　**图 1.33　正反转控制电路**

图 1.33 所示为正反转控制电路。图中 KM$_F$ 为控制正转的接触器，KM$_R$ 为控制反转的接触器。它们的主触点均接在主回路上。KM$_F$ 的主触点闭合时，将 A、B、C 三相电流分别引进电机 U$_1$、V$_1$、W$_1$ 绕组中，电机正转。当 KM$_R$ 的主触点闭合时，A、C 相电流对调(即 A 相电流流入 W$_1$ 绕组，C 相电流流入 U$_1$ 绕组中)，电机便反转。从主回路可以看出，如果 KM$_F$ 和 KM$_R$ 同时得电，将造成线间短路。因此，为避免事故发生，必须在 KM$_F$ 和 KM$_R$ 中的一个线圈得电时，迫使另一个线圈不可能得电，这种两线圈不能同时得电的互相制约的控

制方式叫作互锁。在实际控制线路中，只要将 KM_F 和 KM_R 的常闭辅助触点分别串入对方线圈的控制线路中就可达到互锁的目的，这种互锁方式称为电气互锁。这样，当线圈 KM_F 得电时。串接在线圈 KM_R 电路中的 KM_F 常闭触点断开，此时即使按下反转按钮 SB_R，KM_R 也不可能得电。只有先按停止按钮 SB_1，KM_F 线圈失电，其常闭触点 KM_F 闭合后，再按下 SB_R 时，电机才能反转。同理可知电机在反转时也能达到互锁目的。

此线路正转或反转控制原理与连续运行控制原理相同，在此不再赘述。

【实验设备与器材】

根据实验要求，所需实验设备与器材如下：

(1) 异步电动机控制板，1 个；

(2) 异步三相电动机，AD_2，1 台；

(3) 万用表，MF500，1 个。

【实验内容与步骤】

(1) 熟悉控制板按钮、接触器实物结构及其动作原理。熟悉实验板外接线柱作用、符号。

(2) 点动与单向启-停控制电路接线和查线。

点动控制电路按图 1.31 接线和查线，由于其节点和回路数较少，接线和查线皆宜采用回路法。

在断开电源条件下，先接主回路，后接控制电路。查线的顺序与接线的顺序相同。然后用万用表欧姆挡分别测三根相线间的电阻，电阻应为“∞”，若发现短路应立即排除。然后将万用表置×1 kΩ 挡，表笔接至 1、2 两点，按下启动按钮 SB_2，万用表反映 KM 线圈的直流电阻在1.2～2 kΩ 之间为正确。按下停止按钮，电阻应为“∞”，否则电路有障碍，应排除。

单向启、停控制电路，按图 1.32 接线和查线。查线方法与上述相同。

(3) 正反转控制电路按图 1.33 接线和查线，由于其节点和回路数比较多，接线和查线宜采用节点法。

① 先接主电路，注意换相接线方法；然后接控制回路，注意自锁和电气联锁保护触头接线方法。

② 用万用表检查控制电路，方法与前述类似，不同的是表笔接至 1、2 两点，用按、松 SB_F 的方法检查正转控制回路是否正常，还需用按、松 SB_R 的方法检查反转控制回路是否正常。如有故障必须排除，并经指导教师检查后，才能通电实验。

③ 正反转控制操作：在控制电路工作正常的情况下，合上三相闸刀 Q，按下启动按钮 SB_F，观察电动机的运行情况；按下 SB_1，电动机应该停止运转。按下反转按钮 SB_R，观察电动机的运行情况；按下 SB_1，电动机应该停止运转。在电动机正转时，按下反转启动按钮 SB_R，观察电动机运行情况。操作完毕，拉下三相闸刀，断开电源，最后拆线。

实验十三　单相铁芯变压器特性的测试

【实验目的】

(1) 通过测量，计算变压器的各项参数。

(2) 学会测绘变压器的空载特性与外特性。

【相关理论】

(1) 图1.34所示为测试变压器参数电路。由各仪表读得变压器原边(AX，低压侧)的U_1、I_1、P_1及副边(ax，高压侧)的U_2、I_2，并用万用表$R\times1$挡测出原、副绕组的电阻R_1和R_2，即可算得变压器的以下各项参数值：

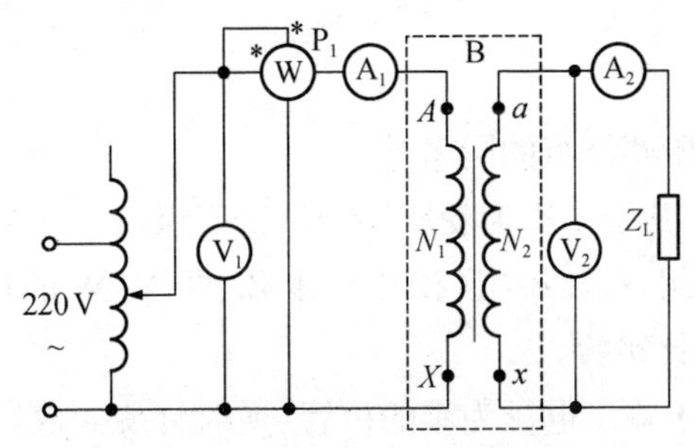

图1.34　测试变压器参数电路

电压比 $K_U=\frac{U_1}{U_2}$，　电流比 $K_I=\frac{I_2}{I_1}$，　原边阻抗 $Z_1=\frac{U_1}{I_1}$，

副边阻抗 $Z_2=\frac{U_1}{I_2}$，　阻抗比$=\frac{Z_1}{Z_2}$，　负载功率 $P_2=U_2I_2\cos\varphi_2$，

损耗功率 $P_o=P_1-P_2$，　功率因数$=\frac{P_1}{U_1I_1}$，　原边线圈铜耗 $P_{Cu1}=I_1^2R_1$，

副边铜耗 $P_{Cu2}=I_2{}^2R_2$，　铁耗 $P_{Fe}=P_o-(P_{Cu1}+P_{Cu2})$

(2) 铁芯变压器是一个非线性元件，铁芯中的磁感应强度B取决于外加电压的有效值U。当副边开路(即空载)时，原边的励磁电流I_{10}与磁场强度H成正比。在变压器中，副边空载时，原边电压与电流的关系称为变压器的空载特性，这与铁芯的磁化曲线(B-H曲线)是一致的。

空载实验通常是将高压侧开路，在低压侧通电进行测量，又因空载时功率因数很低，故测量功率时应采用低功率因数瓦特表。此外因变压器空载时阻抗很大，故电压表应接在电流表外侧。

(3) 变压器外特性测试。为了满足三组灯泡负载额定电压为 220 V 的要求,故以变压器的低压(36 V)绕组作为原边,220 V 的高压绕组作为副边,即将变压器当作一台升压变压器使用。

在保持原边电压 U_1($U_1 = 36$ V)不变时,逐次增加灯泡负载(每只灯泡为 15 W),测定 U_1、U_2、I_1 和 I_2,即可绘出变压器的外特性,即负载特性曲线 $U_2 = f(I_2)$。

【实验设备与器材】

根据实验要求,所需实验设备与器材如下:

(1) 交流电压表,0~450 V,2 个;

(2) 交流电流表,0~5 A,2 个;

(3) 单相功率表,1 个;

(4) 试验变压器,220 V/36 V、50 W,1 个;

(5) 自耦调压器,1 个;

(6) 白炽灯泡,220 V、15 W,5 个。

【实验内容与步骤】

(1) 用交流法判别变压器绕组的同名端。

(2) 按图 1.34 接线。其中 AX 为变压器的低压绕组,ax 为变压器的高压绕组。即电源经屏内调压器接至低压绕组,高压绕组(220 V)接 Z_L 即 15 W 的灯组负载(3 只灯泡并联),经指导教师检查后方可进行实验。

(3) 将调压器手柄置于输出电压为零的位置(逆时针旋到底),合上电源开关,并调节调压器,使其输出电压为 36 V。令负载开路,逐次增加负载(最多亮 5 个灯泡),分别记下 5 个仪表的读数,记入自拟的数据表格,绘制变压器外特性曲线。实验完毕将调压器调回零位,断开电源。

当负载为 4 个或 5 个灯泡时,变压器已处于超载运行状态,很容易烧坏。因此,测试和记录应尽量快,总共不应超过 3 min。实验时,可先将 5 只灯泡并联安装好,断开控制每个灯泡的相应开关,通电并将电压调至规定值,再逐一打开各个灯的开关,并记录仪表读数。待所有数据记录完毕后,立即用相应的开关断开各灯。

(4) 将高压侧(副边)开路,确认调压器处在零位后,合上电源,调节调压器输出电压,使 U_1 从零逐次上升到 1.2 倍的额定电压(1.2×36 V),分别记下各次测得的 U_1,U_{20} 和 I_{10} 数据,并将其记入自拟的数据表格,用 U_1 和 I_{10} 绘制变压器的空载特性曲线。

实验十四　三相交流电路电压、电流的测量

【实验目的】

(1) 掌握三相负载作星形连接、三角形连接的方法，验证这两种接法下线、相电压及线、相电流之间的关系。

(2) 充分理解三相四线供电系统中中线的作用。

【相关理论】

(1) 三相负载可接成星形(又称"Y"接)或三角形(又称"△"接)。当三相对称负载作星形连接时，线电压 U_L 是相电压 U_p 的$\sqrt{3}$倍。线电流 I_L 等于相电流 I_p，即

$$U_L=\sqrt{3}U_p,\qquad I_L=I_p$$

在这种情况下，流过中线的电流 $I_0=0$，所以可以省去中线。

当对称三相负载作三角形连接时，有 $I_L=\sqrt{3}I_p$，$U_L=U_p$。

(2) 不对称三相负载作星形连接时，必须采用三相四线制接法，即 Y_0 接法，而且中线必须牢固连接，以保证三相不对称负载的每相电压维持对称不变。

倘若中线断开，会导致三相负载电压的不对称，致使负载小的那一相的相电压过高，使负载遭受损坏；负载大的一相的相电压又过低，使负载不能正常工作。对于三相照明负载而言，应无条件地一律采用 Y_0 接法。

(3) 当不对称负载作三角形连接时，$I_L\neq\sqrt{3}I_p$，但只要电源的线电压 U_L 对称，加在三相负载上的电压就仍是对称的，对各相负载工作没有影响。

【实验设备与器材】

根据实验要求，所需实验设备与器材如下：

(1) 交流电压表，0～500 V，1 个；

(2) 交流电流表，0～5 A，1 个；

(3) 万用表，1 个；

(4) 三相自耦调压器，1 个；

(5) 三相灯组负载，220 V、15 W 白炽灯，9 个；

(6) 电门插座，3 个。

【实验内容与步骤】

1. 三相负载星形连接(三相四线制供电)

按图 1.35 组接实验电路。即三相灯组负载经三相自耦调压器接通三相对称电源。将三相调压器的旋柄置于输出为 0 V 的位置(即逆时针旋到底)。经指导教师检查合格后,方可开启实验台电源,然后调节调压器的输出,使输出的三相线电压为 220 V,并按下述步骤完成各项实验:分别测量三相负载的线电压、相电压、线电流、相电流、中线电流、电源与负载中点间的电压。将所测得的数据记入表 1.21 中,观察各相灯组亮暗的变化程度,特别要注意观察中线的作用。

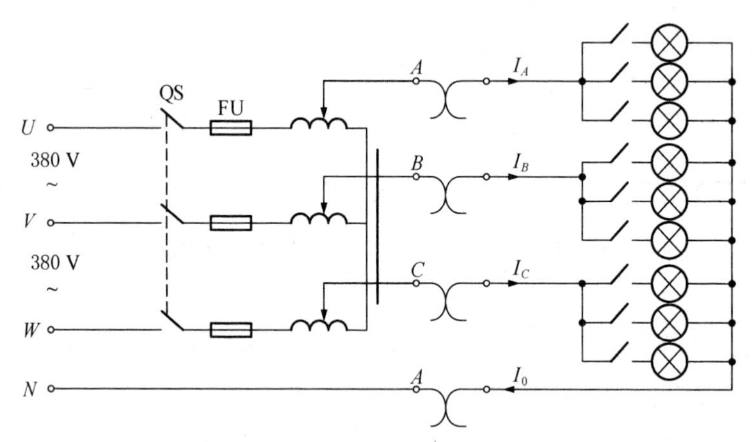

图 1.35　三相负载星形连接

表 1.21　三相负载星形连接数据

实验内容(负载情况)	开灯盏数			线电流/A			线电压/V			相电压/V			中线电流 I_0/A	中点电压 U_{N0}/V
	A 相	B 相	C 相	I_A	I_B	I_C	U_{AB}	U_{BC}	U_{CA}	U_{A0}	U_{B0}	U_{C0}		
Y_0接平衡负载	3	3	3											
Y 接平衡负载	3	3	3											
Y_0接不平衡负载	1	2	3											
Y 接不平衡负载	1	2	3											
Y_0接 B 相断开	1		3											
Y 接 B 相断开	1		3											
Y 接 B 相短路	1		3											

2. 负载三角形连接(三相三线制供电)

按图 1.36 改接线路,经指导教师检查合格后接通三相电源,并调节调压器,使其输出线电压为 220 V,并按表 1.22 的内容进行测试。

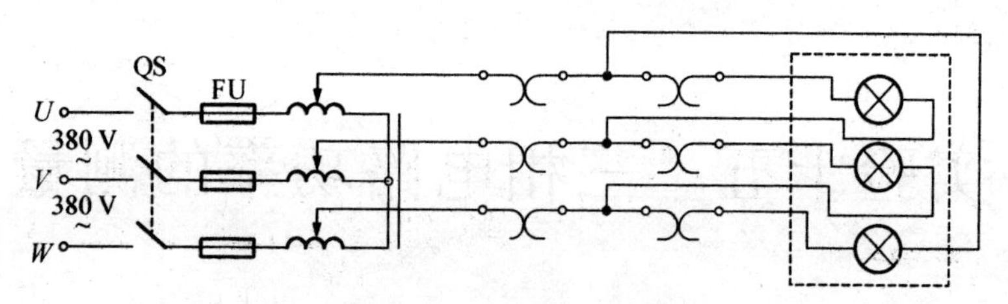

图 1.36　负载三角形连接

表 1.22　负载三角形连接数据

负载情况	开灯盏数			线电压=相电压/V			线电流/A			相电流/A		
	$A-B$ 相	$B-C$ 相	$C-A$ 相	U_{AB}	U_{BC}	U_{CA}	I_A	I_B	I_C	I_{AB}	I_{BC}	I_{CA}
三相平衡	3	3	3									
三相不平衡	1	2	3									

实验十五　三相电路功率的测量

【实验目的】

(1) 掌握用一瓦特表法、二瓦特表法测量三相电路有功功率与无功功率的方法。

(2) 进一步熟练掌握功率表的接线和使用方法。

【相关理论】

(1) 对于三相四线制供电的三相星形连接(即 Y_0 接法)的负载,可用一只功率表测量各相的有功功率 P_A、P_B、P_C,则三相负载的总有功功率$\sum P=P_A+P_B+P_C$,这就是一瓦特表法,如图 1.37 所示。若三相负载是对称的,则只需测量一相的功率,再乘以 3 即得三相总的有功功率。

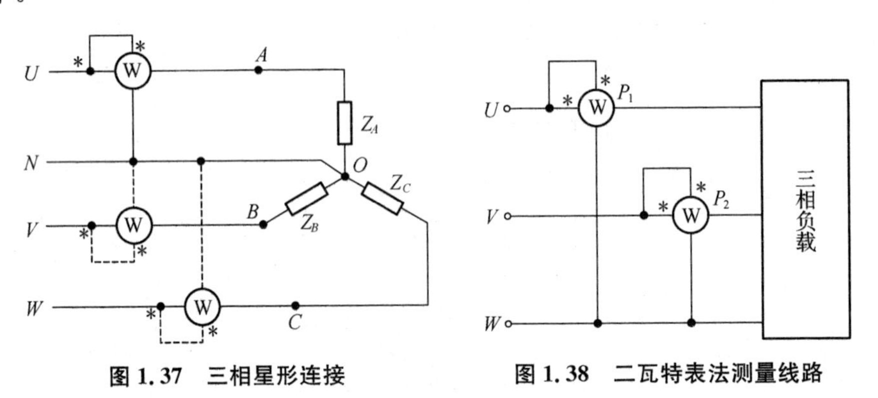

图 1.37　三相星形连接　　图 1.38　二瓦特表法测量线路

(2) 三相三线制供电系统中,不论三相负载是否对称,也不论负载是“Y”接还是“△”接,都可用二瓦特表法测量三相负载的总有功功率,测量线路如图 1.38 所示。若负载为感性或容性,那么当相位差 $\phi>60°$时,线路中的一只功率表指针将反偏(数字式功率表将出现负读数),这时应将功率表电流线圈的两个端子调换(不能调换电压线圈端子),其读数应记为负值。而三相总功率$\sum P=P_1+P_2$(P_1、P_2 本身不含任何意义)。

(3) 对于三相三线制供电的三相对称负载,可用一瓦特表法测得三相负载的总无功功率 Q,测试原理线路如图 1.39 所示。

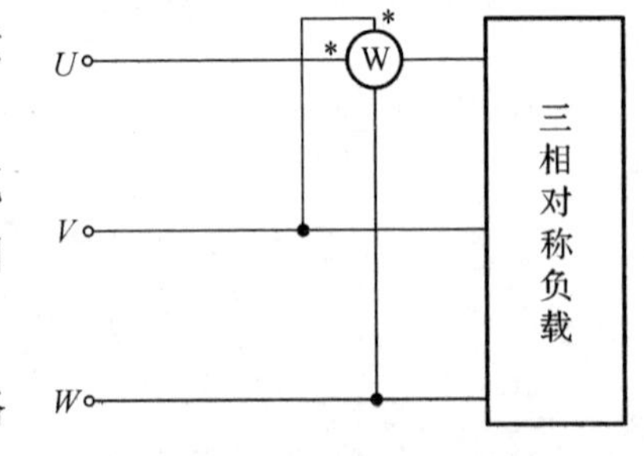

图 1.39　一瓦特表法测量线路

图 1.39 所示功率表读数的$\sqrt{3}$倍,即为对称三相电路总的无功功率。除了此图给出的一种连接法(I_U、U_{VW})

外，还有另外两种连接法，即接成用瓦特表法测量 I_V、U_{UW}，或 I_W、U_{UV}。

【实验设备与器材】

根据实验要求，所需实验设备与器材如下：

(1) 交流电压表，0～500 V，2个；

(2) 交流电流表，0～5 A，2个；

(3) 单相功率表，2个；

(4) 万用表，1个；

(5) 三相自耦调压器，1个；

(6) 三相灯组负载，220 V、15 W白炽灯，9个；

(7) 三相电容负载，1 μF、500 V，2.2 μF、500 V，4.7 μF、500 V，各3个。

【实验内容与步骤】

1. 用一瓦特表法测定总功率

三相对称 Y_0 接以及不对称 Y_0 接负载的总功率 $\sum P$。实验按图1.40接线。线路中的电流表和电压表用以监视该相的电流和电压，不要超过功率表电压和电流的量程。

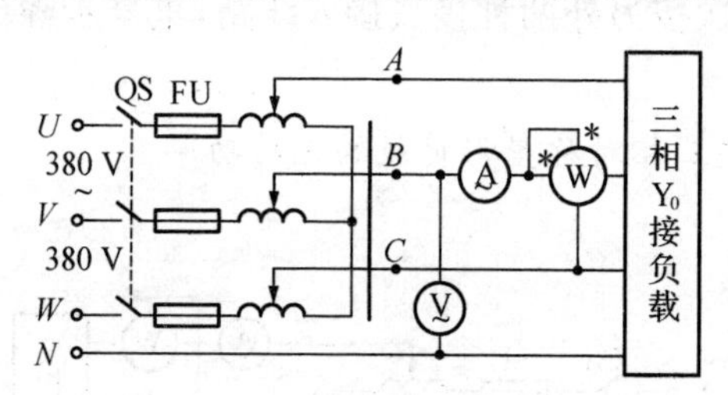

图1.40 一瓦特表法测定线路接线

接通三相电源，调节调压器输出，使输出线电压为220 V，按表1.23的要求进行测量及计算。

表1.23 测量及计算

负载情况	开灯盏数			测量数据			计算值
	A相	B相	C相	P_A/W	P_B/W	P_C/W	$\sum P$/W
Y_0接对称负载	3	3	3				
Y_0接不对称负载	1	2	3				

首先将三只表按图1.40接入 B 相进行测量，然后分别将三只表换接到 A 相和 C 相，再进行测量。

2. 用二瓦特表法测定三相负载的总功率

(1) 按图1.41接线，将三相灯组负载接成星形接法。

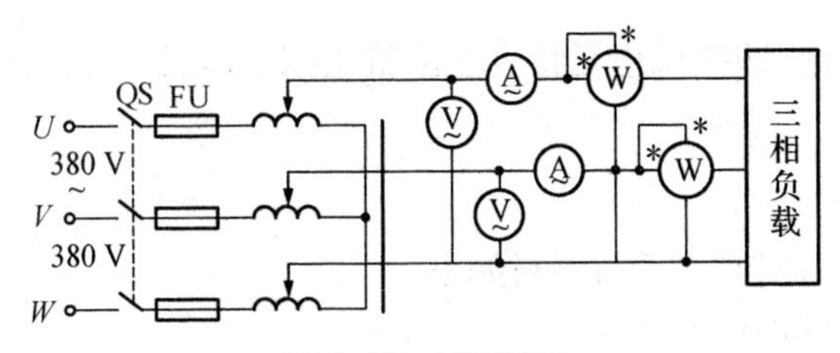

图 1.41 星形接法

经指导教师检查合格后,接通三相电源,调节调压器的输出线电压为 220 V,按表 1.24 的内容进行测量。

(2) 将三相灯组负载改成三角形接法,重复步骤(1)的测量,并将数据记入表 1.24 中。

表 1.24 三角形接法测量

负载情况	开灯盏数			测量数据			计算值
	A 相	B 相	C 相	P_1/W	P_2/W	$\sum P$/W	
Y 接对称负载	3	3	3				
Y 接不对称负载	1	2	3				
△接不对称负载	1	2	3				
△接对称负载	3	3	3				

(3) 将两只瓦特表依次按另外两种接法接入线路,重复步骤(1)、(2)的测量。(表格自拟)

3. 用一瓦特表法测定三相对称星形负载的无功功率

按图 1.42 接线。

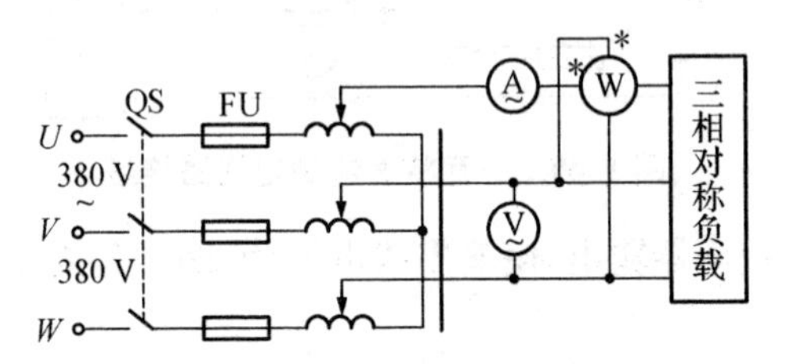

图 1.42 测定三相对称星形负载的无功功率

(1) 每相负载由白炽灯和电容器并联而成,并由开关控制其接入。检查接线无误后,接通三相电源,将调压器的输出线电压调到 220 V,读取三只电表的读数,并计算无功功率$\sum Q$,记入表 1.25。

(2) 分别按测量 I_V、U_{UW}和 I_W、U_{UV}的接触接线,重复步骤(1)的测量,并比较各自的$\sum Q$值。

表 1.25 计算无功功率$\sum Q$

接法	负载情况	测量值			计算值
		U/V	I/A	Q/Var	$\sum Q=\sqrt{3}Q$
I_U,U_{VW}	(1) 三相对称灯组(每相开 3 盏)				
	(2)三相对称电容器(每相 4.7 μF)				
	(3) (1)、(2)的并联负载				

续表

接法	负载情况	测量值			计算值
		U/V	I/A	Q/Var	$\sum Q=\sqrt{3}Q$
I_V，U_{UW}	(1) 三相对称灯组(每相开 3 盏)				
	(2) 三相对称电容器(每相 4.7 μF)				
	(3) (1)、(2)的并联负载				
I_W，U_{UV}	(1) 三相对称灯组(每相开 3 盏)				
	(2) 三相对称电容器(每相 4.7 μF)				
	(3) (1)、(2)的并联负载				

实验十六　功率因数及相序的测量

【实验目的】

(1) 掌握三相交流电路相序的测量方法。

(2) 熟悉功率因数表的使用方法,了解负载性质对功率因数的影响。

【相关理论】

图 1.43 为相序指示器电路,用以测定三相电源的相序 A、B、C(或 U、V、W)。它是由一个电容器和两个电灯连接成的星形不对称三相负载电路。如果电容器所接的是 A 相,则灯光较亮的是 B 相,较暗的是 C 相。相序是相对的,任何一相均可作为 A 相。但 A 相确定后,B 相和 C 相也就确定了。

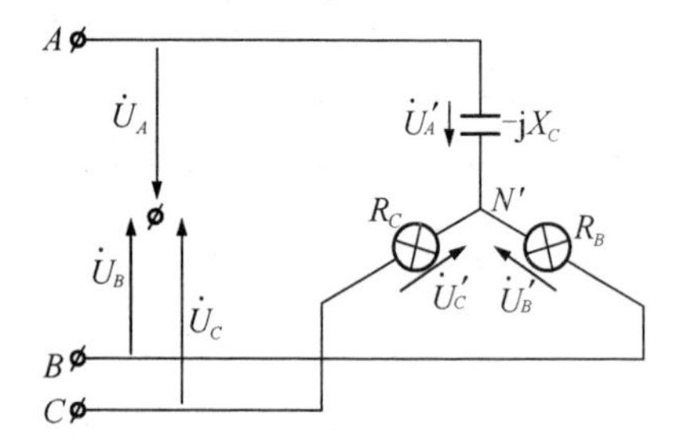

图 1.43　相序指示器电路

为了分析问题简单起见设 $X_C=R_B=RC=R,\dot{U}_A=U_P\angle 0^\circ$

则

$$\dot{U}_{N'N}=\frac{U_P\left(\frac{1}{-jR}\right)+U_P\left(-\frac{1}{2}-j\frac{\sqrt{3}}{2}\right)\left(\frac{1}{R}\right)+U_P\left(-\frac{1}{2}+j\frac{\sqrt{3}}{2}\right)\left(\frac{1}{R}\right)}{-\frac{1}{jR}+\frac{1}{R}+\frac{1}{R}}$$

$$\dot{U}'_B=\dot{U}_B-\dot{U}_{N'N}=U_P\left(-\frac{1}{2}-j\frac{\sqrt{3}}{2}\right)-U_P(-0.2+j0.6)$$

$$=U_P(-0.3-j1.466)=1.49\angle-101.6^\circ U_P$$

$$\dot{U}'_C=\dot{U}_C-\dot{U}_{N'N}=U_P\left(-\frac{1}{2}+j\frac{\sqrt{3}}{2}\right)-U_P(-0.2+j0.6)$$

$$=U_P(-0.3+j0.266)=0.4\angle-138.4^\circ U_P$$

由于$\dot{U}'_B>\dot{U}'_C$,故 B 相灯光较亮。

【实验设备与器材】

根据实验要求,所需实验设备与器材如下:

(1) 单相功率表,1 个;

(2) 交流电压表,0～500 V,1 个;

(3) 交流电流表，0～5 A，1个；

(4) 白灯灯组负载，15 W、220 V，3个；

(5) 电感线圈，30 W镇流器，1个；

(6) 电容器，1 μF和4.7 μF，各1个。

【实验内容与步骤】

1. 相序的测定

(1) 采用220 V、15 W白炽灯和1 μF、500 V电容器，按图1.43接线，经三相调压器接入线电压为220 V的三相交流电源，观察两只灯泡的亮、暗，判断三相交流电源的相序。

(2) 电源线任意调换两相后再接入电路，观察两灯的明亮状态，判断三相交流电源的相序。

2. 电路功率(P)和功率因数($\cos\varphi$)的测定

按图1.44接线，按表1.26在A、B间接入不同器件，记录$\cos\varphi$及其他各端点的读数，并分析负载性质，将所测数值记录至表1.26中。

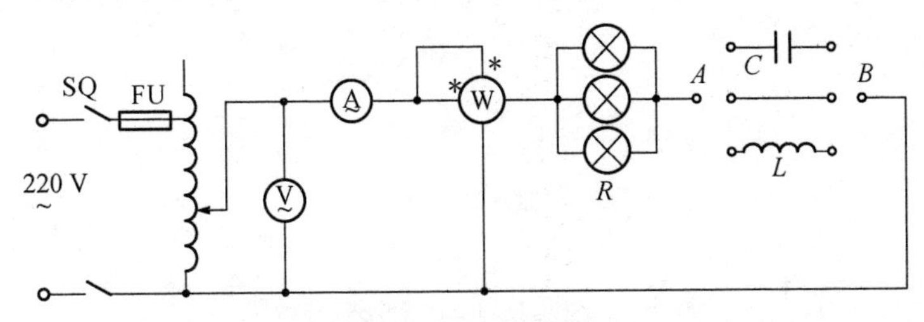

图1.44　相序的测定

表1.26　电路功率和功率因数的测定

A、B间	U/V	U_R/V	U_L/V	U_C/V	I/V	P/W	$\cos\varphi$	负载性质
短接								
接入C								
接入L								
接入L和C								

说明：C为4.7 μF、500 V电容器，L为30 W日光灯镇流器。

模块 2　模拟电子技术实验

实验一　晶体管共射极单管放大器

【实验目的】

(1) 掌握放大器静态工作点的调试方法,学会分析静态工作点对放大器性能的影响。

(2) 掌握放大器电压放大倍数、输入电阻、输出电阻及最大不失真输出电压的测试方法。

(3) 熟悉常用电子仪器及模拟电路实验设备的使用方法。

【相关理论】

1. 放大器静态工作电路分析

(1) 放大器静态工作电路指标

图 2.1 所示为电阻分压式工作点稳定单管放大器实验电路。它的偏置电路采用 R_{B1} 和 R_{B2} 组成的分压电路,并在发射极中接有电阻 R_E($R_E=R_{F1}+R_{E1}$),以稳定放大器的静态工作点。当在放大器的输入端加入输入信号 U_i 后,在放大器的输出端便可得到一个与 U_i 相位相反,幅值被放大了的输出信号 U_o,从而实现了电压放大。

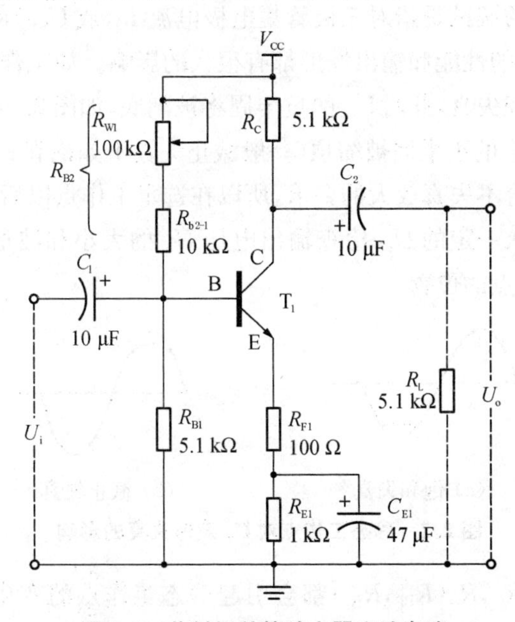

图 2.1　共射极单管放大器实验电路

在图 2.1 电路中,当流过偏置电阻 R_{B1} 和 R_{B2} 的电流远大于晶体管 T 的基极电流 I_B 时(一般为 5~10 倍),则它的静态工作点可用下式估算(V_{CC}为供电电源,此处为+12 V):

$$U_B \approx \frac{R_{B1}}{R_{B1}+R_{B2}} V_{CC}$$

$$I_E = \frac{U_B - U_{BE}}{R_E} \approx I_C$$

$$U_{CE} = V_{CC} - I_C(R_C + R_E)$$

电压放大倍数为：

$$A_V = -\beta \frac{R_C /\!/ R_L}{r_{BE}}$$

输入电阻为：

$$R_i = R_{B1} /\!/ R_{B2} /\!/ r_{BE}$$

输出电阻为：

$$R_o = R_C$$

（2）静态工作点的测量

测量放大器的静态工作点，应在输入信号 $U_i=0$ 的情况下进行，即将放大器输入端与地端短接，然后选用量程合适的数字万用表，分别测量晶体管的集电极电流 I_C，以及各电极对地的电位 U_B、U_C 和 U_E。一般实验中，为了避免断开集电极，可采用先测量电压，然后算出 I_C 的方法，例如，只要测出 U_E，即可用算出 I_C。

$$I_C \approx I_E = \frac{U_E}{R_E}$$

（3）静态工作点的调试

放大器静态工作点的调试是指对三极管集电极电流 I_C（或 U_{CE}）的调整与测试。静态工作点是否合适，对放大器的性能和输出波形都有很大的影响。如工作点偏高，放大器在加入交流信号以后易产生饱和失真，此时 U_o 的负半周将被削底，如图 2.2(a)所示，如工作点偏低则易产生截止失真，即 U_o 的正半周被缩顶（一般截止失真不如饱和失真明显），如图 2.2(b)所示。这些情况都不符合不失真放大的要求，所以在选定工作点以后还必须进行动态调试，即在放大器的输入端加入一定的 U_i，检查输出电压 U_o 的大小和波形是否满足要求。如不满足，则应调节静态工作点的位置。

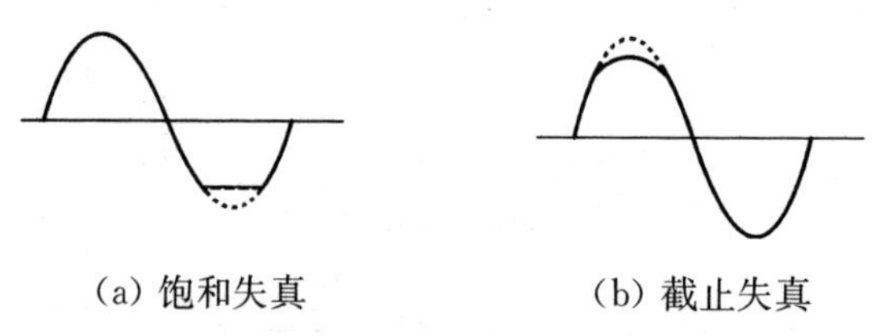

(a) 饱和失真　　(b) 截止失真

图 2.2　静态工作点对 U_o 波形失真的影响

改变电路参数 V_{CC}，R_C，R_B（R_{B1}，R_{B2}）都会引起静态工作点的变化，如图 2.3 所示，但通常多采用调节偏电阻 R_{B2} 的方法来改变静态工作点，如通过减小 R_{B2} 使静态工作点提高等。

最后还要说明的是，上面所说的工作点“偏高”或“偏低”不是绝对的，而是相对信号的幅度而言的，如信号幅度很小，即使工作点较高或较低也不一定会出现失真。所以确切地说，产生波形失真是信号幅度与静态工作点设置配合不当所致。如需满足幅度较大信号的要求，静态工作点最好尽量靠近交流负载线的中点。

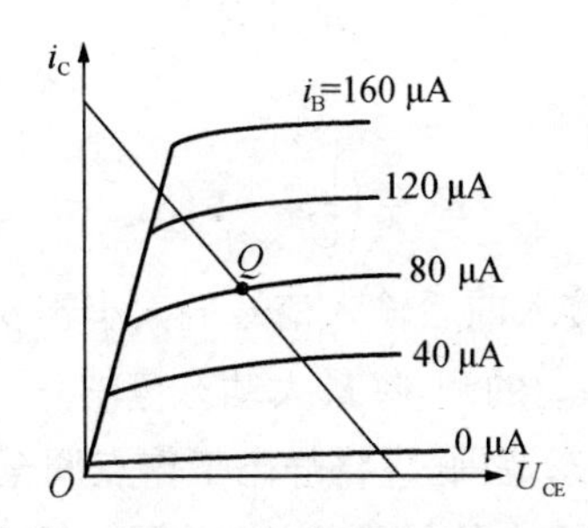

图 2.3　电路参数对静态工作点的影响

2. 放大器动态指标测试

放大器动态指标包括电压放大倍数、输入电阻、输出电阻、最大不失真输出电压（动态范围）和通频带等。

(1) 电压放大倍数 A_V 的测量

调整放大器到合适的静态工作点，然后加载输入电压 U_i，在输出电压 U_o 不失真的情况下，用交流毫伏表测出 U_i 和 U_o 的有效值，则：

$$A_V=\frac{U_i}{U_o}$$

(2) 输入电阻 R_i 的测量

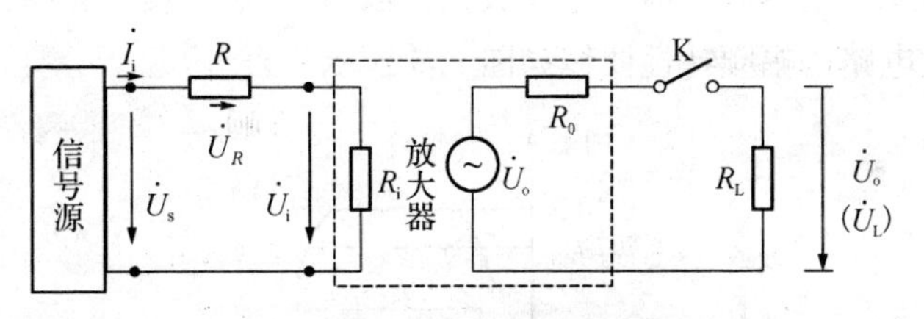

图 2.4　输入、输出电阻测量电路

为了测量放大器的输入电阻，按图 2.4 所示电路在被测放大器的输入端与信号源之间串入一已知电阻 R，在放大器正常工作的情况下，用交流毫伏表测出 U_s 和 U_i，根据输入电阻的定义可得：

$$R_i=\frac{U_i}{I_i}=\frac{U_i}{\frac{U_R}{R}}=\frac{U_i}{U_s-U_i}R$$

测量时应该注意：测量 R 两端电压 U_R 时必须分别测出 U_s 和 U_i，然后按 $U_R=U_s-U_i$ 求出 U_R 值。

电阻 R 的值不宜取得过大或过小，以免产生较大的测量误差，通常取 R 与 R_i 为同一数量级为好，本实验可取 $R=1\sim2\ \text{k}\Omega$。

(3) 输出电阻 R_o 的测量

根据图 2.4 所示电路，在放大器正常工作条件下，测出输出端不接负载 R_L 时的输出电

压 U_o 和接入负载后输出电压 U_L，根据：

$$U_L=\frac{R_L}{R_o+R_L}U_0$$

即可求出：

$$R_o=\left(\frac{U_0}{U_L}-1\right)R_L$$

在测试中应注意，必须保持 R_L 接入前后输入信号的大小不变。

（4）最大不失真输出电压 U_{opp} 的测量（最大动态范围）

如上所述，为了得到最大动态范围，应将静态工作点调至交流负载线的中点。为此在放大器正常工作情况下，逐步增大输入信号的幅度，并同时调节 R_{W1}（改变静态工作点），用示波器观察 U_o，当输出波形同时出现削底和缩顶现象（如图 2.5）时，说明静态工作点已调至交流负载线的中点。然后反复调整输入信号，当波形输出幅度最大，且无明显失真时，用交流毫伏表测出 U_o（有效值），则动态范围等于 $2\sqrt{2}U_o$，或者用示波器也可以直接读出 U_{opp}。

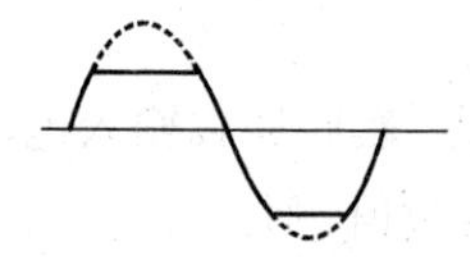

图 2.5　静态工作点正常，输入信号太大引起的失真

（5）放大器频率特性的测量

放大器的频率特性是指放大器的电压放大倍数 A_V 与输入信号频率 f 之间的关系曲线。单管阻容耦合放大电路的幅频特性曲线如图 2.6 所示。

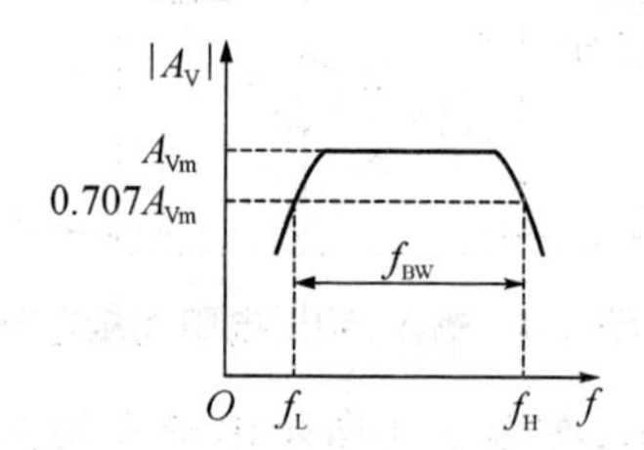

图 2.6　幅频特性曲线

A_{Vm} 为中频电压放大倍数，电压放大倍数随频率变化，通常规定电压放大倍数下降到中频放大倍数的 $\frac{1}{\sqrt{2}}$，即等于 0.707 A_{Vm} 时，所对应的频率为下限频率 f_L 和上限频率 f_H，如图 2.6 所示，则通频带

$$f_{BW}=f_H-f_L$$

测量放大器的幅频特性就是测量输入不同频率的信号时，放大器的电压放大倍数 A_V 与输入信号频率的关系。为此可采用前述测量 A_V 的方法，每改变一个信号频率，测量其相应的电压放大倍数，测量时注意取点要恰当，在低频段与高频段要多测几点，在中频段可以少测几点。此外，在改变频率时，要保持输入信号的幅度不变，且输出波形不能失真。

【实验设备与器材】

根据实验要求，所需实验设备与器材如下：

(1)“晶体管放大电路一”模块；

(2) +12 V 电源；

(3) 万用表；

(4) 信号发生器；

(5) 双踪示波器；

(6) 实验导线若干。

【实验内容与步骤】

(1) 实验所描述电阻、电容等单元器件，可从集成运放电路中或者通过电位器获得，测量电阻值时需断开电源，并保证对应的接线或开关的位置不会影响阻值的测试。

(2) 本实验所描述波形信号的电压、电流值均为有效值，故峰峰值需要转化为有效值($U_{有效值}=0.707\times U_{峰峰值}/2$)，或者可用万用表(交流挡)、毫伏表直接测得波形信号的有效值。

(3) 由于晶体管元件参数的分散性，在定量分析时所给输入信号的峰峰值为 100 mV 不一定合适，需要根据实际情况适当调节输入信号的峰峰值，后续实验皆如此，不再赘述。

1. 实验连线

在实验基板上正确插好“晶体管放大电路一”模块(注：若实验基板不带供电，则需在 V_{CC} 与 GND 间接入+12 V 电源)。按图 2.1 正确连接实验电路：根据实验原理图拨动开关 SW_1～SW_5，选择合适的电路构建实验电路(SW_1 拨下时接入 R_{B1-1}，SW_4、SW_5 拨左时断开后级电路)。检查连线正确无误后再接通实验电源，模块上的电源指示灯点亮。

2. 测量静态工作点

连线结束后，将 U_i 接地，调节电位器 R_{W1}，使三极管 T_1 集电极电压 $U_C=6$ V，用万用表测量三极管 T_1 各极电压 U_B、U_E 和 U_C，并将数据记入表 2.1。

表 2.1　三极管各级电压

测量值			计算值		
U_C/V	U_B/V	U_E/V	U_{BE}/V	U_{CE}/V	$I_C=\frac{V_{CC}-U_C}{R_C}$/mA

3. 负载电阻 R_L 对电压放大倍数的影响

断开信号源 U_i，调节电位器 R_{W1}，使 $U_C=6$ V。输入频率为 1 kHz、峰峰值为 50 mV 的正弦波信号 U_i。用示波器同时观察放大器输入电压 U_i 和输出电压 U_o 的波形。改变 R_L 的值，在 U_o 波形不失真的条件下，用毫伏表测量下述三种情况下的 U_o 有效值，计算电压放大倍数，并用示波器观察 U_o 和 U_i 的相位关系，记入表 2.2。

表 2.2　示波器的输入和输出

R_C/kΩ	R_L/kΩ	U_i/V	U_o/V	A_V	观察并记录一组 U_o 和 U_i 波形
5.1	1				
5.1	5.1				
5.1	∞				

4. 集电极电阻 R_C 对电压放大倍数的影响

在 R_L=5.1 kΩ 条件下，改变 R_C 的值，重新调整 R_{W1}，使 U_C=6 V。重复步骤 3，将测量结果记入表 2.3。

表 2.3　改变 R_C 的输入和输出

R_L/kΩ	R_C/kΩ	U_i/V	U_o/V	A_V	观察并记录一组 U_o 和 U_i 波形
5.1	2.4				
5.1	5.1				

5. 静态工作点对电压放大倍数的影响

在 R_C=5.1 kΩ，R_L=5.1 kΩ 的条件下，输入频率为 1 kHz、峰峰值为 50 mV 的正弦波信号 U_i。调节电位器 R_{W1}，用示波器观察输出电压波形 U_o。在 U_o 不失真的条件下，测量 U_C、U_{CE} 和 U_o 值，记入表 2.4。

表 2.4　U_C、U_{CE} 和 U_o 值

测量值			计算值	
U_{CE}/V	U_i/V	U_o/V	$I_C=\frac{V_{CC}-U_C}{R_C}$/mA	A_V

6. 静态工作点对输出波形失真的影响

在 R_C=5.1 kΩ，R_L=5.1 kΩ 的条件下，重新调整 R_{W1}，使 U_C=6 V，测出 T_1 管的 U_{CE} 值。输入频率为 1 kHz、峰峰值为 50 mV 的正弦波信号，逐步增大 U_i 幅度，使输出电压 U_o 足够大但不失真。然后保持输入信号 U_i 不变，分别增大和减小电位器 R_{W1} 的值，使波形出现失真，绘出失真的 U_o 波形，并测出失真情况下的 I_C 和 U_{CE} 值，记入表 2.5 中。

表 2.5　I_C 和 U_{CE} 值

U_C/V	U_{CE}/V	$I_C=\frac{V_{CC}-U_C}{R_C}$/mA	U_i/V	U_o 波形	失真情况	管子工作状态

7. 测量输入电阻和输出电阻

根据图 2.4，取 $R=2\ \text{k}\Omega$，$R_C=5.1\ \text{k}\Omega$，$R_L=5.1\ \text{k}\Omega$，使 $U_C=6\ \text{V}$。输入频率为 1 kHz、峰峰值为 50 mV 的正弦波信号 U_s，在输出电压 U_o 不失真的情况下，用毫伏表测出 U_s、U_i 和 U_L，保持 U_s 不变，断开 R_L，测量输出电压 U_o，将测量及计算结果填入表 2.6。

表 2.6　输出电压 U_o

测量值				计算值	
U_s/V	U_i/V	U_L/V	U_o/V	$R_i=\frac{U_i}{U_s-U_i}R$	$R_o=\left(\frac{U_o}{U_L}-1\right)R_L$

8. 测量幅频特性曲线*

在步骤 3 的基础上，取 $R_C=5.1\ \text{k}\Omega$，$R_L=5.1\ \text{k}\Omega$，使 $U_C=6\ \text{V}$。从 U_i 处输入频率为 1 kHz、峰峰值为 50 mV 的正弦波信号，在输出电压 U_o 不失真的情况下，保持 U_i 幅度不变，改变 U_i 的频率 f，逐点测出相应输出电压 U_o 的幅度，自制表记录之。为取合适的使用频率 f，可先粗测一下，找出中频范围，然后再仔细读数。

“*”号标注实验为选作内容，以后不再作说明。

实验二　晶体管共基单管放大器

【实验目的】

(1) 掌握放大器静态工作点的调试方法，学会分析静态工作点对放大器性能的影响。

(2) 掌握放大器电压放大倍数、输入电阻、输出电阻及最大不失真输出电压的测试方法。

(3) 熟悉基本共基放大电路的特点及使用方法。

【相关理论】

图 2.7 所示为电阻分压式工作点稳定单管共基放大器实验电路。它的实验电路与基本功射放大电路类似，只是信号输入端改为射极，当在放大器的输入端加载电压 U_i 后，在放大器的输出端便可得到一个与 U_i 相位相同、幅值被放大了的输出信号 U_o，从而实现了电压放大。

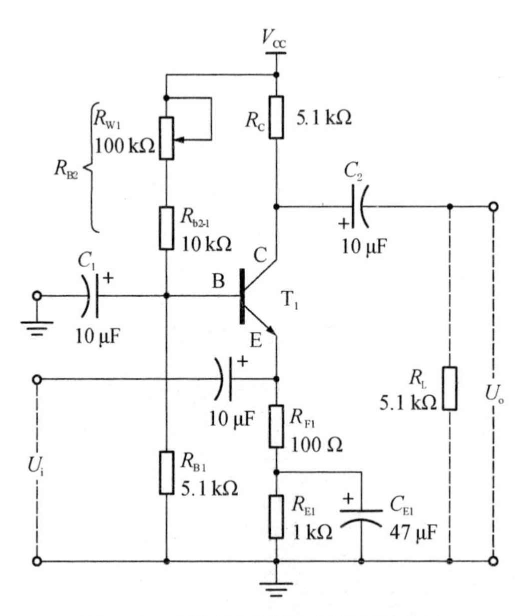

图 2.7　共基极单管放大器实验电路

在图 2.7 所示电路中，当流过偏置电阻 R_{B1} 和 R_{B2} 的电流远大于晶体管 T 的基极电流 I_B 时(一般为 5～10 倍)，则它的静态工作点可用下式估算(V_{CC} 为供电电源，此处为＋12 V)：

$$U_B \approx \frac{R_{B1}}{R_{B1}+R_{B2}} V_{CC}$$

$$I_E=\frac{U_B-U_{BE}}{R_E}\approx I_C$$

$$U_{CE}=V_{CC}-I_C(R_C+R_E)$$

电压放大倍数

$$A_V=\frac{\beta R_L}{r_{BE}}$$

输入电阻

$$R=\frac{r_{BE}}{1+\beta}$$

输出电阻

$$R_o\approx R_C$$

【实验设备与器材】

根据实验要求，所需实验设备与器材如下：

(1) “晶体管放大电路一”模块；

(2) +12 V 电源；

(3) 万用表；

(4) 信号发生器；

(5) 双踪示波器；

(6) 实验导线若干。

【实验内容与步骤】

1. 实验连线

在实验基板上正确插好“晶体管放大电路一”模块(注意：若实验基板不带供电，则需在V_{CC}与 GND 间接入+12 V 电源)。按图 2.7 正确连接实验电路：根据实验原理图拨动开关选择合适的电路构建实验电路。检查连线正确无误后接通实验电源，模块上的电源指示灯点亮。

2. 测量静态工作点

将U_i(此时$U_{o1\text{-}2}$作为基本共基放大电路的信号输入端)接地，调节电位器R_{W1}，使三极管 T_1 集电极电压$U_C=6$ V，用万用表测量三极管 T_1 各极电压U_B、U_E和U_C，并记入表 2.7。

表 2.7　三极管 T_1 各极电压

测量值			计算值		
U_C/V	U_B/V	U_E/V	U_{BE}/V	U_{CE}/V	$I_C=\frac{V_{CC}-U_C}{R_C}$/mA

3. 负载电阻 R_L 对电压放大倍数的影响

断开信号源 U_i 接地端，调节电位器 R_{W1}，使 $U_C=6$ V。输入频率为 1 kHz、峰峰值为 50 mV的正弦波信号 U_i。用示波器同时观察放大器输入电压 U_i 和输出电压 U_o 的波形。改变 R_L 的值，在 U_o 波形不失真的条件下，用毫伏表测量下述三种情况的 U_o 有效值，计算电压放大倍数，并用示波器观察 U_o 和 U_i 的相位关系，并记入表 2.8。

表 2.8 U_o 和 U_i 的相位关系

R_C/kΩ	R_L/kΩ	U_i/V	U_o/V	A_V	观察并记录一组 U_o 和 U_i 波形
5.1	1				
5.1	5.1				
5.1	∞				

4. 集电极电阻 R_C 对电压放大倍数的影响

在 $R_L=5.1$ kΩ，条件下改变 R_C 的值，重新调整 R_{W1}，使 $U_C=6$ V。重复上一步实验，将测量结果记入表 2.9。

表 2.9 改变 R_C 的 U_o 和 U_i

R_L/kΩ	R_C/kΩ	U_i/V	U_o/V	A_V	观察并记录一组 U_o 和 U_i 波形
5.1	2.4				
5.1	5.1				

5. 静态工作点对电压放大倍数的影响

在 $R_C=5.1$ kΩ，$R_L=5.1$ kΩ 的条件下，输入频率为 1 kHz、峰峰值为 50 mV 的正弦波信号 U_i。调节电位器 R_{W1}，用示波器观察输出电压波形 U_o。在 U_o 不失真的条件下，测量 U_C、U_{CE} 和 U_o 值，记入表 2.10。

表 2.10 U_C、U_{CE} 和 U_o 值

测量值			计算值	
U_{CE}/V	U_i/V	U_0/V	$I_C=\frac{V_{CC}-U_C}{R_C}$/mA	A_V

6. 静态工作点对输出波形失真的影响

在 $R_C=5.1$ kΩ，$R_L=5.1$ kΩ 的条件下，重新调整 R_{W1}，使 $U_C=6$ V，测出 T_1 管的 U_{CE} 值。在 U_i 输入频率为 1 kHz、峰峰值为 50 mV 的正弦波信号，逐步增大 U_i 幅度，使输出电压 U_o 足够大但不失真。然后保持输入信号 U_i 不变，分别增大或减小电位器 R_{W1} 的值，使波形出现失真，绘出失真的 U_0 波形，并测出失真情况下的 I_C 和 U_{CE} 值，记入表 2.11 中。

表 2.11　失真情况下的 I_C 和 U_{CE} 值

U_C/V	U_{CE}/V	$I_C=\frac{V_{CC}-U_C}{RC}$/mA	U_i/V	U_o 波形	失真情况	管子工作状态

实验三　晶体管两级放大器

【实验目的】

（1）掌握两级阻容放大器的静态分析和动态分析方法。

（2）加深对放大电路各项性能指标的理解。

【相关理论】

实验电路如图 2.8 所示。

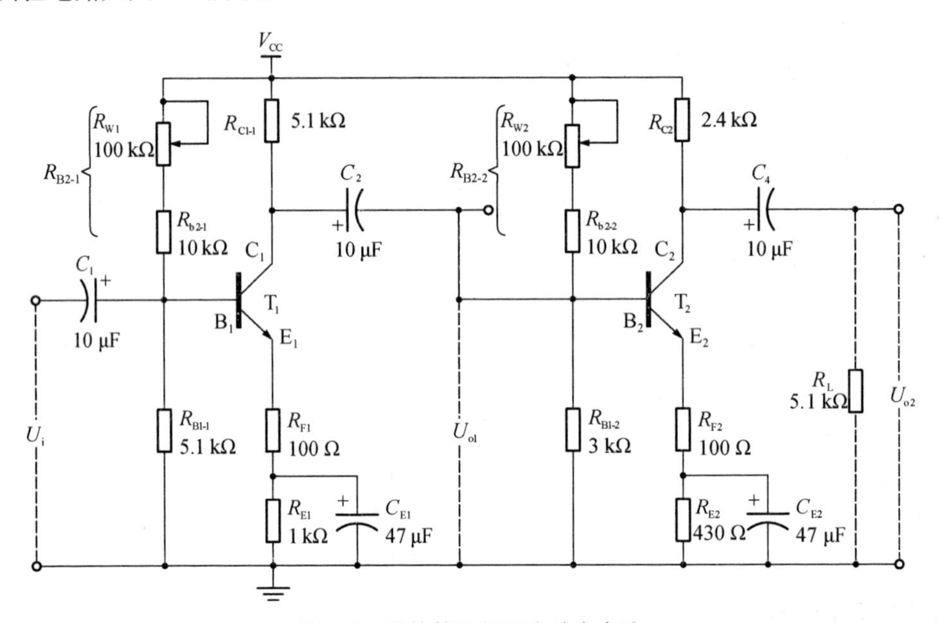

图 2.8　晶体管两级阻容放大电路

因阻容耦合有隔直作用，所以各级静态工作点互相独立，计算静态工作点时，各级可独立计算。

1. 两级放大电路的动态分析

（1）中频电压放大倍数（A_V）的估算

$$A_V = A_{V1} \times A_{V2}$$

单管基本共射电路电压放大倍数的公式如下：

$$A_V = \frac{\beta R_L'}{r_{BE} + (1+\beta) R_E}$$

要特别注意的是，公式中的 R_L'，不仅是本级电路输出端的等效电阻，还应包含下级电路等效至输入端的电阻，即从前一级输出端往后看总的等效电阻。

(2) 输入电阻的估算

两级放大电路的输入电阻 R_i 一般来说就是输入级电路的输入电阻 R_{i1}，即：

$$R_i \approx R_{i1}$$

(3) 输出电阻的估算

两级放大电路的输出电阻 R_o 一般来说就是输出级电路的输出电阻 R_{o2}，即：

$$R_o \approx R_{o2}$$

2. 两级放大电路的频率响应

(1) 幅频特性

已知两级放大电路总的电压放大倍数是各级放大电路放大倍数的乘积，则其对数幅频特性便是各级对数幅频特性之和，即：

$$20\lg|\dot{A}_V| = 20\lg|\dot{A}_{V1}| + 20\lg|\dot{A}_{V2}|$$

(2) 相频特性

两级放大电路总的相位 φ 为各级放大电路相位移之和，即

$$\varphi = \varphi_1 + \varphi_2$$

【实验设备与器材】

根据实验要求，所需实验设备与器材如下：

(1)“晶体管放大电路一”模块；

(2) +12 V 电源；

(3) 万用表；

(4) 信号发生器；

(5) 双踪示波器；

(6) 实验导线若干。

【实验内容与步骤】

1. 实验连线

在实验基板上正确插好“晶体管放大电路一”模块（注意：若实验基板不带供电，则需在 V_{CC} 与GND间接入+12 V 电源）。按图 2.8 正确连接实验电路：根据实验原理图拨动开关，选择合适的电路构建实验电路。检查连线正确无误后接通实验电源，模块上的电源指示灯点亮。

2. 测量静态工作点

使 $U_i=0$，分别调节两个电位器 R_{W1} 和 R_{W2} 使 $U_{C1}=6$ V，$U_{C2}=6$ V，用万用表分别测量第一级、第二级的静态工作点，将数据记入表 2.12。

表 2.12　测量静态工作点

	测量值			计算值		
	U_C/V	U_B/V	U_E/V	U_{BE}/V	U_{CE}/V	$I_C=\frac{V_{CC}-U_C}{R_C}$/mA
第一级						
第二级						

3. 测量电压放大倍数

输入频率为 1 kHz、峰峰值为 50 mV 的正弦波信号。用示波器观察放大器输出电压 U_{o2} 的波形，在 U_{o2} 不失真的条件下用毫伏表测量 U_i 和 U_{o2} 的有效值，算出两级放大器的电压放大倍数。U_{o1} 与 U_{o2} 分别为第一级输出电压和第二级输出电压。A_{V1}（$A_{V1}=U_{o1}/U_i$）为第一级电压放大倍数，A_{V2}（$A_{V2}=U_{o2}/U_{o1}$）为第二级电压放大倍数，A_V（$A_V=U_{o2}/U_i$）为两极放大电路的电压放大倍数，将接入负载的不同测量性能指标记入表 2.13。

表 2.13　测量电压放大倍数

负载	U_i/V	U_{o1}/V	U_{o2}/V	A_{V1}	A_{V2}	A_V
$R_L=\infty$						
$R_L=5.1\ \text{k}\Omega$						

4. 测量输入电阻和输出电阻

参照图 2.4，取 $R=2\ \text{k}\Omega$，$R_L=5.1\ \text{k}\Omega$，使 $U_{C1}=6$ V，$U_{C2}=6$ V，从 $U_{i1\text{-}2}$ 处输入频率为 1 kHz、峰峰值为 50 mV 的正弦波信号 U_s，在输出电压 U_o 不失真的情况下，用毫伏表测出 U_s、U_i 和 U_L，保持 U_s 不变，断开 R_L，测量输出电压 U_o，将测量及计算结果填入表 2.14。

表 2.14　测量输入电阻和输出电阻

测量值				计算值	
U_s/V	U_i/V	U_L/V	U_o/V	$R_i=\frac{U_i}{U_s-U_i}R$/kΩ	$R_o=\left(\frac{U_o}{U_L}-1\right)R_L\Big/$kΩ

5. 测量频率特性曲线*

保持输入信号 U_i 的幅度不变，改变 U_i 的频率 f，逐点测出 $R_L=5.1\ \text{k}\Omega$ 时相应的输出电压 U_{o2}，用双踪示波器观察 U_{o2} 与 U_i 的相位关系，自制表格记录所测结果。为使频率 f 取值合适，可先粗测一下，找出中频范围，然后再仔细读数。

实验四　负反馈放大器

【实验目的】

(1) 通过实验了解串联电压负反馈对放大器性能的改善。

(2) 了解负反馈放大器各项技术指标的测试方法。

(3) 掌握负反馈放大电路频率特性的测量方法。

【相关理论】

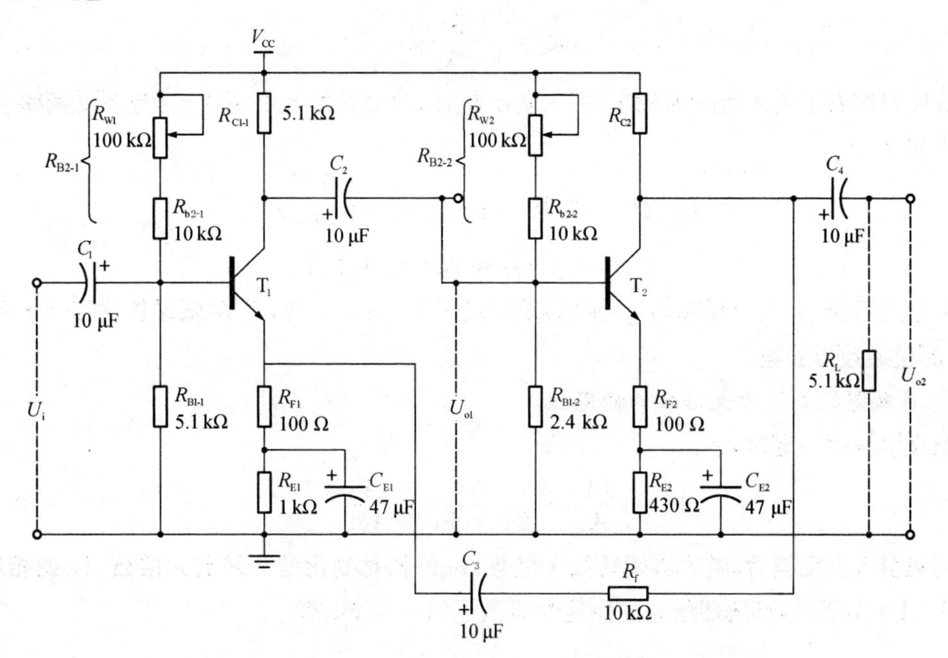

图 2.9　带有电压串联负反馈的两级阻容耦合放大器电路

图 2.9 为带有负反馈的两极阻容耦合放大电路，在电路中通过 R_f 把输出电压 U_o 引回到输入端，加在晶体管 T_1 的发射极上，在发射极电阻 R_f 上形成反馈电压 U_f。根据反馈网络从基本放大器输出端取样方式的不同，可知它属于电压串联负反馈（相关的基本理论知识请参考课本）。电压串联负反馈对放大器性能的影响主要有以下几点：

1. 负反馈使放大器的放大倍数降低

A_{Vf}的表达式为：

$$A_{Vf}=\frac{A_V}{1+A_V F_V}$$

式中，A_{Vf}表示闭环放大倍数，A_V表示开环放大倍数，F_V 表示反馈系数。

从上式可见，加上负反馈后，A_{Vf}为 A_V与 $1/(1+A_VF_V)$的乘积，并且$|1+A_VF_V|$愈大，放大倍数降低愈多。深度反馈时，A_{Vf}约为 $1/F_V$。

反馈系数：

$$F_V=\frac{R_{F1}}{R_f+R_{F1}}$$

2. 负反馈改变放大器的输入电阻与输出电阻

负反馈对放大器输入阻抗和输出阻抗的影响比较复杂。不同的反馈形式对阻抗的影响不一样。一般并联负反馈能降低输入阻抗，而串联负反馈则能提高输入阻抗，电压负反馈使输出阻抗降低，电流负反馈则使输出阻抗升高。

输入电阻

$$R_{if}=(1+A_VF_V)R_i$$

输出电阻

$$R_{of}=\frac{R_o}{1+A_VF_V}$$

负反馈扩展了放大器的通频带，引入负反馈后，放大器的上限频率 f_{Hf}与下限频率 f_{Lf}的表达式如下：

$$f_{Hf}=(1+A_VF_V)f_H \qquad f_{Lf}=\frac{1}{A_VF_V}f_L$$

$$f_{BW}=f_{Hf}-f_{Lf}\approx f_{Hf}(f_{Hf}\gg f_{Lf})$$

从上式可见，引入负反馈后，f_{Hf}向高端扩展了 $1+A_VF_V$ 倍，f_{Lf}向低端扩展了 $1+A_VF_V$ 倍，从而使通频带加宽。

3. 负反馈提高了放大倍数的稳定性

当反馈深度一定时，有：

$$\frac{dA_{Vf}}{A_{Vf}}=\frac{1}{1+A_VF_V}\cdot\frac{dA_V}{A_V}$$

可见引入负反馈后，放大器闭环放大倍数 A_{Vf}的相对变化是开环放大倍数 A_V 的相对变化的 $1/(1+A_VF_V)$，即闭环增益的稳定性提高了$(1+A_VF_V)$倍。

【实验设备与器材】

根据实验要求，所需实验设备与器材如下：

(1) “晶体管放大电路一”模块；

(2) +12 V 电源

(3) 万用表；

(4) 信号发生器；

(5) 双踪示波器；

(6) 实验导线若干。

【实验内容与步骤】

1. 实验连线

在实验基板上正确插好“晶体管放大电路一”模块(注意:若实验基板不带供电,则需在V_{CC}与GND间接入+12 V电源)。按图2.9正确连接实验电路:根据实验原理图拨动开关,选择合适的电路构建实验电路,检查连线正确无误后接通实验电源,模块上的电源指示灯点亮。

2. 测量静态工作点

使$U_i=0$,分别调节两个电位器R_{W1}和R_{W2}使$U_{C1}=6$ V,$U_{C2}=6$ V,用万用表分别测量第一级、第二级的静态工作点,将数据记入表2.15。

表2.15　测量静态工作点

	测量值			计算值		
	U_C/V	U_B/V	U_E/V	U_{BE}/V	U_{CE}/V	$I_C=\frac{V_{CC}-U_C}{R_C}$/mA
第一级						
第二级						

3. 测试基本放大器的电压放大倍数

断开R_f的连接,输入频率为1 kHz,峰峰值为50 mV的正弦波信号U_i。依次测量$R_L=\infty$、$R_L=5.1$ kΩ时基本放大电路的A_V值并将其值填入表2.16中,测量方法参考晶体管两级放大器实验。

4. 测量负反馈放大器的电压放大倍数

将R_f接入负反馈支路,$R_f=10$ kΩ;输入频率为1 kHz,峰峰值为50 mV的正弦波信号U_i。依次测量$R_L=\infty$、$R_L=5.1$ kΩ时负反馈放大器的A_{Vf},测量方法参考晶体管两级放大器实验,将测量结果填入表2.16中。

表2.16　测量负反馈放大器的电压放大倍数

		U_i/V	U_o/V	A_V
基本放大器	$R_L=\infty$			
	$R_L=5.1$ kΩ			
负反馈放大器	$R_L=\infty$			
	$R_L=5.1$ kΩ			

5. 测量输入电阻和输出电阻

参照图2.4,取$R=2$ kΩ,$R_L=5.1$ kΩ,使$U_{C1}=6$ V,$U_{C2}=6$ V,从$U_{i1\text{-}2}$处输入频率为1 kHz、峰峰值为50 mV的正弦波信号U_s,在输出电压U_o不失真的情况下,用毫伏表分别测量基本两级放大器的U_s、U_i、U_L、U_0,以及接入负反馈电路的负反馈放大器的U_{sf}、U_{if}、U_{Lf}、U_{of},并计算R_i、R_o、R_{if}、R_{of}的值,将测量及计算结果填入表2.17。

表 2.17　测量输入电阻和输出电阻

测量值				计算值	
U_s/V	U_i/V	U_L/V	U_o/V	$R_i=\frac{U_i}{U_s-U_i}R$	$R_o=\left(\frac{U_o}{U_L}-1\right)R_L$
U_{sf}/V	U_{if}/V	U_{Lf}/V	U_{of}/V	$R_{if}=\left(\frac{I_{ic}}{U_{sf}-U}\right)R$	$R_{of}=\left(\frac{I_c}{U_{of}}-1\right)R_L$

6. 观察负反馈对非线性失真的改善

先接成基本放大器，输入频率为 1 kHz，峰峰值为 50 mV 的正弦波信号 U_i。调节 U_i的幅度，使 U_o 出现轻度非线性失真，记下此时的 U_o 值。加入负反馈 $R_f=10\ \mathrm{k\Omega}$，并增大输入信号 U_i的幅度，使 U_o 波形峰峰值与前面的记录值相等，观察波形的失真程度。

实验五　射极跟随器

【实验目的】

(1) 掌握射极跟随器的特性及测试方法。

(2) 进一步学习放大器各项参数测试方法。

【相关理论】

图 2.10 为射极跟随器实验电路,电路输出取自发射极,故称其为射极跟随器。R_B 调到最小值时易出现饱和失真,R_B 调到最大值时易出现截止失真,若想看到失真,增加输入电压幅度即可。

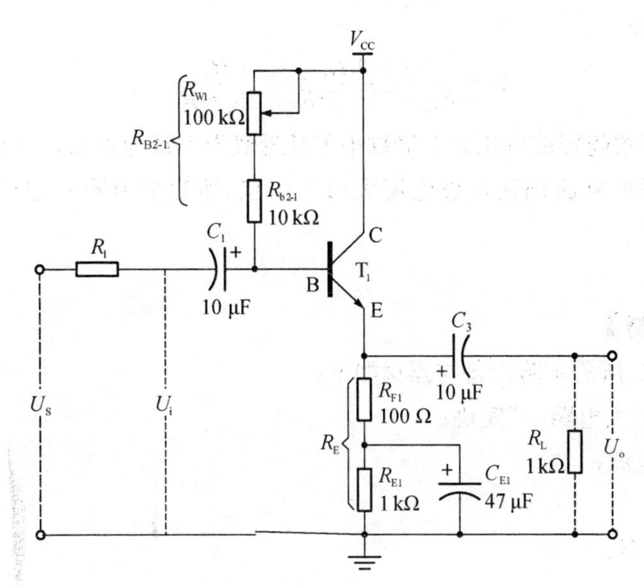

图 2.10　射极跟随器实验电路

射极跟随器的特点是输入电阻 R_i 高:

$$R_i = r_{BE} + (1+\beta)R_{F1}$$

如考虑偏置电阻 R_B 和负载电阻 R_L 的影响,则:

$$R_i = R_B // [r_{BE} + (1+\beta)(R_{F1} // R_L)]$$

由上式可知射极跟随器的输入电阻 R_i 比共射极单管放大器的输入电阻 $R_i = R_{B1} // R_{B2} // r_{BE}$ 要高得多。

$$R_i = \frac{U_i}{R_i} = \frac{U_i}{U_s - U_i} R_{b2\text{-}1}$$

即只要测得U_s、U_i两点的对地电位即可求得R_i。

输出电阻计算公式为：

$$R_o=\frac{r_{BE}}{\beta}/\!/R_E\approx\frac{r_{BE}}{\beta}$$

如考虑信号源内阻R_s，则：

$$R_o=\frac{r_{BE}+(R_s/\!/R_B)}{\beta}/\!/R_E\approx\frac{r_{BE}+(R_s/\!/R_B)}{\beta}$$

由上式可知射极跟随器的输出电阻R_o比共射极单管放大器的输出电阻$R_o=R_C$低得多。三极管的β愈高，输出电阻愈小。输出电阻R_o的测试方法亦同单管放大器，即先测出空载输出电压U_o，再测接入负载R_L后的输出电压U_L，根据：

$$U_L=\frac{U_o}{R_o+R_L}R_L$$

即可求出R_o：

$$R_o=\left(\frac{R_o}{R_L}-1\right)R_L$$

电压放大倍数：

$$A_V=\frac{(1+\beta)R_E/\!/R_L\cdot R_L}{r_{BE}+(1+\beta)R_E/\!/R_L\cdot R_L}<1$$

上式说明射极跟随器的电压放大倍数小于且近似为1且为正值。这是深度电压负反馈的结果。但它的射极电流仍比基极电流大$(1+\beta)$倍，所以它具有一定的电流和功率放大作用。

【实验设备与器材】

根据实验要求，所需实验设备与器材如下：

(1) "晶体管放大电路一"模块；

(2) +12 V电源；

(3) 万用表；

(4) 信号发生器；

(5) 双踪示波器；

(6) 实验导线若干。

【实验内容与步骤】

1. 实验连线

在实验基板上正确插好"晶体管放大电路一"模块(注意：若实验基板不带供电，则需在V_{CC}与GND间接入+12 V电源)。按图2.10正确连接实验电路，检查连线正确无误后接通实验电源，模块上的电源指示灯点亮。

静态工作点的调整：在U_i($U_{i1\text{-}2}$)处输入频率为1 kHz、峰峰值为1 V的正弦信号，用示

波器观察输出信号 $U_o(U_{o1-1})$ 的波形，调节电位器 R_{W1} 及 U_i 的幅度，使 U_o 波形最大且不失真。断开电源，撤掉输入信号 U_i，并使 U_i 接地，再接通电源，用万用表测量晶体管各电极对地的电位，将测得的数据记入表 2.18。

表 2.18　静态工作点的调整

测量值			计算值		
U_C/V	U_B/V	U_E/V	U_{BE}/V	U_{CE}/V	$I_C \approx I_E = U_E/R_E$

2. 测量电压放大倍数 A_V

在 $U_i(U_{i1-2})$ 处输入频率为 1 kHz，峰峰值为 1 V 的正弦信号 U_i。调节 U_i 的幅度，用示波器观察输出信号 U_o 的波形，在 U_o 最大且不失真的情况下，用毫伏表测 U_i、U_o 值，将测量及计算结果记入表 2.19。

表 2.19　测量电压放大倍数 A_V

U_i/V	U_o/V	$A_V = U_o/U_i$

3. 测量输入电阻和输出电阻

参照图 2.4，取 $R=2\ \text{k}\Omega$，$R_L=1\ \text{k}\Omega$，使 $U_{C1}=6$ V，从 U_{i1-2} 处输入频率为 1 kHz、峰峰值为 1 V 的正弦波信号 U_s，在输出电压 U_o 不失真的情况下，用毫伏表测出 U_s、U_i 和 U_L，保持 U_s 不变，断开 R_L，测量输出电压 U_o，将测量及计算结果记入表 2.20。

表 2.20　测量输入电阻和输出电阻

测量值				计算值	
U_s/V	U_i/V	U_L/V	U_o/V	$R_i=\frac{U_i}{U_s-U_i}R$	$R_o=\left(\frac{U_o}{U_L}-1\right)R_L$

4. 测量射极跟随器的跟随特性

接入负载 $R_L=1\ \text{k}\Omega$，在 U_i 处输入频率为 1 kHz，峰峰值为 1 V 的正弦信号 U_i，用示波器观察输出信号 U_o 波形。在 U_o 不失真的条件下，逐渐增大 U_i 幅度，记下此时 U_i 的幅值并用交流毫伏表测出所对应的 U_o 值，计算出 A_V，记入表 2.21（注意峰峰值和有效值的转换）。

表 2.21　测量射极跟随器的跟随特性

U_i/V				
U_L/V				
A_V				

实验六　场效应管放大器

【实验目的】

（1）了解结型场效应管的性能和特点。

（2）进一步熟悉放大器动态参数的测试方法。

【相关理论】

实验电路如图 2.11 所示。

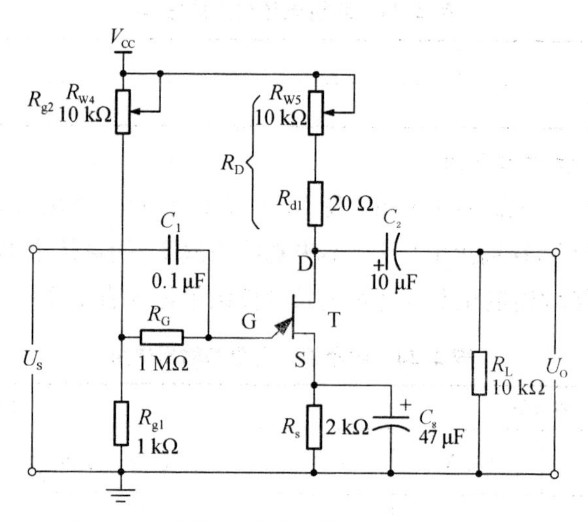

图 2.11　结型场效应管共源极放大器实验电路

1. 结型场效应管的特性和参数

场效应管的特性主要有输出特性和转移特性。图 2.11 所示为 N 沟道耗尽型结型场效应管 3DJ6F 的输出特性和转移特性曲线。其直流参数主要有饱和漏极电流 I_{DSS}，夹断电压 U_P 等交流参数主要有低频跨导 g_m。

$$g_m = \frac{\Delta I_D}{\Delta U_{GS}}\Bigg|_{U_{GS}=\text{常数}}$$

表 2.22 列出了场效应管 3DJ6F 的典型参数值及测试条件。

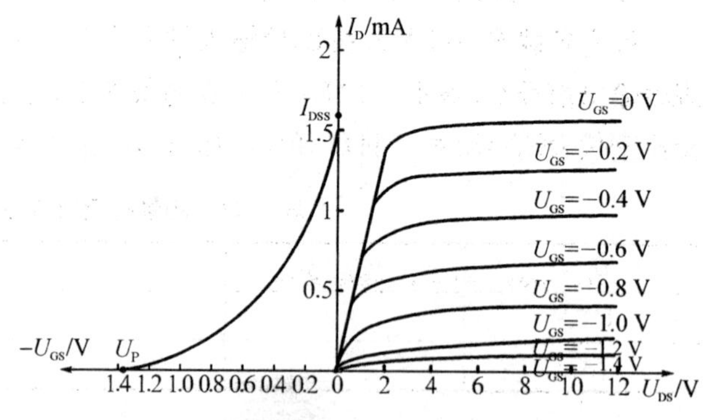

图 2.12　3DJ6F 的输出特性和转移特性曲线

表 2.22　3DJ6F 的典型参数值及测试条件

参数名称	饱和漏极电流 I_{DSS}	夹断电压 U_P	跨导 g_m
测试条件	$U_{DS}=10$ V $U_{GS}=0$ V	$U_{DS}=10$ V $I_{DS}=50$ μA	$U_{DS}=10$ V $I_{DS}=3$ mA $f=1$ kHz
参数值	1~3.5 mA	<|−9| V	>1 000 μA/V

2. 场效应管放大器性能分析

图 2.11 为结型场效应管组成的共源极放大电路。其静态工作点

$$U_{GS}=U_G-U_S=\frac{R_{g1}}{R_{g1}+R_{g2}}U_{DD}-I_{DRS}$$

$$I_D=I_{DSS}\left(1-\frac{U_{GS}}{U_P}\right)^2$$

中频电压放大倍数

$$A_V=-g_mR'_L=-g_mR_D/\!/R_L$$

输入电阻

$$R_i=R_G+R_{g1}/\!/R_{g2}$$

输出电阻

$$R_o\approx R_D$$

式中，跨导 g_m 可由特性曲线用作图法求得，或用公式计算，但要注意，计算时 U_{GS} 要采用静态工作点处的数值。

$$g_m=\frac{2I_{DSS}}{U_P}\left(1-\frac{U_{GS}}{U_P}\right)$$

场效应管放大器静态工作点、电压放大倍数和输出电阻的测量方法，与单管放大电路实验方法相同。其输入电阻的测量，从原理上讲，也可采用单管放大电路实验中所述方法，但由于场效应管的 R_i 比较大，如直接测量输入电压 U_s 和 U_i，由于测量仪器的输入电阻有限，必然会带来较大的误差。因此为了减小误差，常利用被测放大器的隔离作用，通过测量输出电压 U_o 来计算输入电阻，其测量电路如图 2.13 所示。

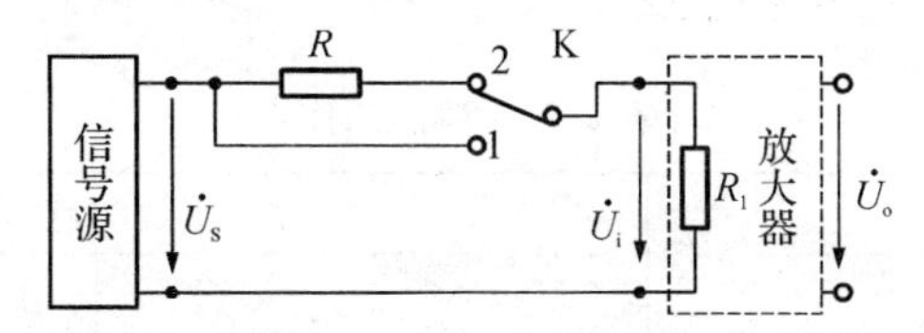

图 2.13　输入电阻测量电路

在放大器的输入端串入电阻 R，把开关 K 掷向位置 1，测量放大器的输入电压 $U_{o1}=A_VU_s$；保持 U_s 不变，再把 K 掷向 2(即接入 R)，测量放大器的输出电压 U_{o2}

$$U_{o2}=A_VU_i=\frac{R_i}{R+R_i}U_sA_V$$

两次测量中 A_V 和 U_s 保持不变，故可以求出

$$R_i=\frac{U_{o2}}{U_{o1}-U_{o2}}R$$

式中，R 和 R_i 不要相差太大，本实验可取 $R=100\sim200\ \text{k}\Omega$。

【实验设备与器材】

根据实验要求，所需实验设备与器材如下：

(1)“晶体管放大电路二”模块；

(2) +12 V 电源；

(3) 万用表；

(4) 信号发生器；

(5) 双踪示波器；

(6) 实验导线若干。

【实验内容与步骤】

1. 实验连线

在实验基板上正确插好“晶体管放大电路二”模块(注意：若实验基板不带供电，则需在 V_{CC} 与 GND 间接入 +12 V 电源)。按图 2.11 正确连接实验电路，检查连线正确无误后接通实验电源，模块上的电源指示灯点亮。

2. 检查静态工作点

按图 2.11 所示电路，在放大器的输入端处加入频率为 1 kHz、峰峰值为 200 mV 的正弦信号 U_i，并用示波器观察输出信号 U_o 的波形。适当调整电位器 R_{W4}、R_{W5}，在保证 U_o 输出最大且没有失真的条件下，断开电源，撤掉输入信号 U_i，并使 U_i 接地。接通电源，用万用表测量场效应管 T 各极电压 U_G、U_S 和 U_D，将测得数据记入表 2.23。

查阅场效应管的特性曲线和参数，记录下来备用，由图 2.12 可知在放大区的中间部分，U_{DS} 在 3～8 V 之间，U_{GS} 在 −1.4～0 V 之间，分析场效应管的静态工作点是否在特性曲线放大区。

表 2.23 静态工作点

测量值			计算值		
U_G/V	U_S/V	U_D/V	U_{DS}/V	U_{GS}/V	$I_D=(V_{CC}-U_D)/R_D$

3. 电压放大倍数 A_V、输入电阻 R_i 和输出电阻 R_o 的测量

(1) A_V 和 R_o 的测量

在放大器的输入端处加入频率为 1 kHz、峰峰值为 200 mV 的正弦信号 U_i，在保证 U_o 最大且没有失真的条件下，分别测量 $R_L=\infty$ 和 $R_L=10\ \text{k}\Omega$ 时的输出电压 U_0(注意保持 U_i 不变)，用示波器同时观察 U_i 和 U_o 的波形，并分析它们的相位关系。记入表 2.24 中。

表 2.24　A_V 和 R_o 的测量

	测量值				U_i 和 U_o 波形
	U_i/V	U_0/V	A_V	R_o/kΩ	
$R_L=\infty$					
$R_L=10$ kΩ					

(2) R_i 的测量

按图 2.13 改接实验电路：$R_L=10$ kΩ。选择合适的输入电压，将 U_i 接入 U_s，在 U_o 处测出 $R=0$ 时的输出电压 U_{o1}，保持 U_i 不变，然后将 U_i 改接 U_{sR}（接 R），再在 U_0 处测出 $R=200$ kΩ 时的输出电压 U_{o2}。根据公式 $R_i=\frac{U_{o2}}{U_{o1}-U_{o2}}R$ 求出 R_i，并记入表 2.25。

表 2.25　R_i 的测量

测量值			计算值
U_{o1}/V	U_{o2}/V	$R_i=R_G+(R_{g1}//R_{g2})$	R_i

实验七　差动放大器

【实验目的】

(1) 加深对差动放大器的工作原理、电路特点和抑制零漂的方法的理解。

(2) 学习差动放大器电路静态工作点的测试方法。

(3) 学习差动放大器的差模及共模放大倍数及共模抑制比的测量方法。

【相关理论】

图 2.14 所示为具有恒流源的差动放大器电路，其中晶体管 T_1、T_2 称为差分对管，它与电阻 R_{C1}、R_{C2} 及电位器 R_{W1} 共同组成差动放大的基本电路。其中 $R_{C1}=R_{C2}$，R_{W1} 为调零电位器，若电路完全对称，静态时 R_{W1} 应处于中点位置，若电路不对称，应调节 R_{W1}，使静态时 U_{o1}、U_{o2} 两端的电位相等。

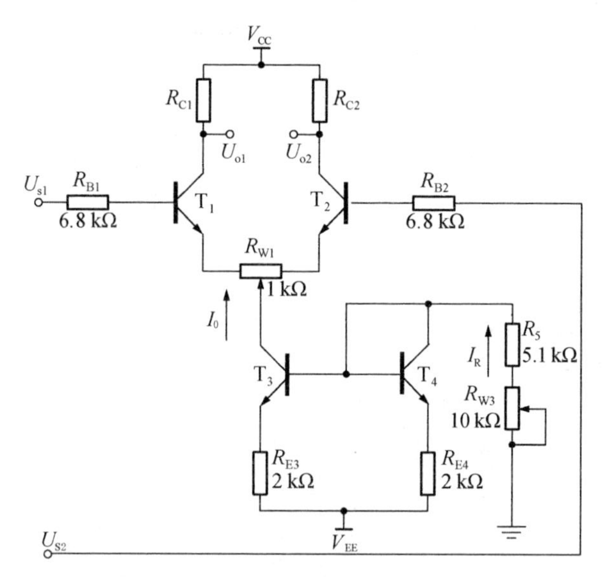

图 2.14　恒流源差动放大器

晶体管 T_3、T_4 与电阻 R_{E3}、R_{E4}、R_5 和 R_{W2} 共同组成镜像恒流源电路，为差动放大器提供恒定电流 I_0。要求 T_3、T_4 为差分对管，R_{E3} 和 R_{E4} 为均衡电阻，且 $R_{E3}=R_{E4}$，给差动放大器提供对称的差模输入信号。由于电路参数完全对称，当外界温度变化或电源电压波动时，电路参数对电路的影响都是一样的，因此差动放大器能有效地抑制零点漂移。

1. 差动放大电路的输入输出方式

如图 2.14 所示电路，根据输入信号和输出信号的不同方式可以有四种连接方式：

① 双端输入-双端输出：将差模信号加在 U_{s1}、U_{s2} 两端，输出取自 U_{o1}、U_{o2} 两端。② 双端输入-单端输出：将差模信号加在 U_{s1}、U_{s2} 两端，输出取自 U_{o1} 或 U_{o2} 到地的信号。③ 单端输入-双端输出：将差模信号加在 U_{s1} 上，U_{s2} 接地（或 U_{s1} 接地而信号加在 U_{s2} 上），输出取自 U_{o1}、U_{o2} 两端。④ 单端输入-单端输出：将差模信号加在 U_{s1} 上，U_{s2} 接地（或 U_{s1} 接地而信号加在 U_{s2} 上），输出取自 U_{o1} 或 U_{o2} 到地的信号。连接方式不同，电路的性能参数有所不同。

2. 静态工作点的计算

静态时差动放大器的输入端不加信号 U_i，由恒流源电路得

$$I_R = 2I_{B4} + I_{C4} = \frac{2I_{C4}}{\beta} + I_{C4} \approx I_{C4} = I_0$$

式中，I_R 为流过 R_5 的电流，I_{B4} 为流过 T_4 的集极的电流，I_{C4} 为流过 T_4 的集电极的电流，I_0 为 I_R 的镜像电流。由电路可得

$$I_0 = I_R = \frac{-V_{EE} + 0.7\ \text{V}}{(R + R_{W2}) + R_{E4}}$$

由上式可见 I_0 主要由 $-V_{EE}$（-12 V）及电阻 R、R_{W2}、R_{E4} 决定，与晶体管的特性参数无关。

差动放大器中的 T_1、T_2 参数对称，则

$$I_{C1} = I_{C2} = I_0/2$$

$$U_{C1} = U_{C2} = V_{CC} - I_{C1}R_{C1} = V_{CC} - \frac{I_0 R_{C1}}{2}$$

$$r_{BE} = 300\ \Omega + (1+\beta)\frac{26\ \text{mV}}{I_0\ \text{mA}} = 300\ \Omega + (1+\beta)\frac{26\ \text{mV}}{I_0/2\ \text{mA}}$$

由此可见，差动放大器的工作点主要由镜像恒流源 I_0 决定。

3. 差动放大器的重要指标计算

(1) 差模放大倍数 A_{Vd}

由分析可知，差动放大器单端输入或双端输入的差模电压增益相同。但是，要根据双端输出和单端输出分别计算。在此分析双端输入，单端输入由学生自行分析。

设差动放大器的两个输入端输入两个大小相等，极性相反的信号 $U_{id} = U_{id1} - U_{id2}$。双端输入-双端输出时，差动放大器的差模电压增益为

$$A_{Vd1} \approx \frac{U_{od}}{U_{id}} = \frac{U_{od1} - U_{od2}}{U_{id1} - U_{id2}} = A_{Vi} = \frac{-\beta R'_L}{R_{B1} + r_{BE} + (1+\beta)\dfrac{R_{W1}}{2}}$$

式中，$R'_L = R_C // \dfrac{R_L}{2}$，$A_{Vi}$ 为单管电压增益。

双端输入-单端输出时，电压增益为

$$A_{Vd1} \approx \frac{U_{od1}}{U_{id}} = \frac{U_{od1}}{2U_{id1}} = \frac{1}{2}A_{Vi} = \frac{-\beta R'_L}{2\left[R_{B1} + r_{BE} + (1+\beta)\dfrac{R_{W1}}{2}\right]}$$

式中，$R'_L = R_C // R_L$

(2) 共模放大倍数 A_{Vc}

设差动放大器的两个输入端同时加上两个大小相等,极性相同的信号即 $U_{ic}=U_{i1}=U_{i2}$. 单端输出的差模电压增益

$$A_{VC1}\approx\frac{u_{oc1}}{u_{ic}}=\frac{u_{oc2}}{u_{ic}}=A_{VC2}=\frac{-\beta R'_{L}}{R_{B1}+r_{BE}+(1+\beta)\dfrac{R_{w1}}{2}+(1+\beta)R'_{e}}\approx\frac{R'_{L}}{2R'_{e}}$$

式中,R'_{e} 为恒流源的交流等效电阻,即

$$R'_{e}=r_{CE3}\left(1+\frac{\beta_3 R_{E3}}{r_{BE3}+R_{E3}+R_{B}}\right)$$

$$r_{BE3}=300\ \Omega+(1+\beta)\frac{26\ \text{mV}}{I_{E3}\ \text{mA}}$$

$$R_{B}\approx(R+R_{W2})//R_{E4}$$

由于 $r_{BE}-T_3$ 的集电极输出电阻,一般为几百千欧,所以

$$R'_{e}\gg R'_{L}$$

则共模电压增益 $A_{VC}<1$,在单端输出时,共模信号得到了抑制;在双端输出时,在电路完全对称情况下,则输出电压 $A_{oc1}=u_{oc2}$,共模增益

$$A_{Vc1}=\frac{V_{oc1}-V_{oc1}}{V_{ic}}=0$$

上式说明,双单端输出对零点漂移、电源波动等干扰信号有很强的抑制能力。这里请注意:如果电路的对称性很好,恒流源恒定不变,则 U_{o1} 与 U_{o2} 的值近似为零,示波器观测 U_{o1} 与 U_{o2} 的波形近似为一条水平直线。共模放大倍数近似为零,则共模抑制比 K_{CMR} 为无穷大。如果电路的对称性不好,或恒流源不恒定,则 U_{o1}、U_{o2} 为一对大小相等极性相反的正弦波(示波器幅度调节到最低挡),用长尾式差动放大电路可观察到 U_{o1}、U_{o2} 分别为正弦波。实际上对管参数不一致,受信号频率与对管内部容性的影响,正弦波的大小和相位可能有出入,但不影响正弦波的出现。

(3) 共模抑制比 K_{CMR}

差动放大电器性能的优劣常用共模抑制比 K_{CMR} 来衡量,即:

$$K_{CMR}=\left|\frac{A_{Vd}}{A_{Vc}}\right| \quad 或 \quad K_{CMR}=20\lg\left|\frac{A_{Vd}}{A_{Vc}}\right|(\text{dB})$$

单端输出时,共模抑制比为:

$$K_{CMR}=\frac{A_{Vd1}}{A_{VC}}=\frac{\beta R'_{e}}{R_{B1}+r_{BE}+(1+\beta)\dfrac{R_{W1}}{2}}$$

双端输出时,共模抑制比为:

$$K_{CMR}=\left|\frac{A_{Vd}}{A_{Vc}}\right|=\infty$$

【实验设备与器材】

根据实验要求，所需实验设备与器材如下：

(1)“晶体管放大电路二”模块；

(2) +12 V 电源；

(3) 万用表；

(4) 信号发生器；

(5) 双踪示波器；

(6) 实验导线若干。

【实验内容与步骤】

1. 实验连线

在实验基板上正确插好“晶体管放大电路二”模块(注意：若实验基板不带供电，则需在 V_{CC} 与 GND 间接入 +12 V 电源)。按图 2.14 正确连接实验电路，检查连线正确无误后接通实验电源，模块上的电源指示灯点亮。

2. 调整静态工作点

不加输入信号，即将 U_{i1} 和 U_{i2} 接地，调整电位器 R_{W1} 使 $U_{CQ_1}=U_{CQ_2}$(即 $U_{o1}=U_{o2}$)，或者使它们非常接近(万用表测 U_{o1}、U_{o2} 间电压小于 0.1 V)。调节恒流源电路的电位器 R_{W3}，使 V_{T3} 的集电极电流 $I_0=2U_{R_{C1}}/R_{C1}=1$ mA。然后分别测差分对管 T_1、T_2 三个极的电压 V_{C1}、V_{C2}、V_{B1}、V_{B2}、V_{E1}、V_{E2}，将所测数值记入表格 2.26 中。

表 2.26　调整静态工作点

测量值				计算值		
V_{E1}/V	V_{E2}/V	V_{C1}/V	V_{C2}/V	V_{CE1}/V	V_{CE2}/V	I_0/mA

3. 测量差模放大倍数 A_{Vd}

将 U_{s2} 接地，从 U_{s1} 处输入峰峰值为 50 mV、频率为 1 kHz 的差模信号 V_{id}。参见图 2.14，用毫伏表分别测出双端输出差模电压 $V_{od}(U_{o1}-U_{o2})$ 和单端输出电压 $V_{od1}(U_{o1})$、$V_{od2}(U_{o2})$。用示波器观察它们的波形(V_{od} 的波形观察方法：断开示波器与电路的接地，将示波器的接地与 U_{o2} 连接，用示波器探头测量 U_{o1} 即可得到所测的差分波形)。计算出差模双端输出的放大倍数 A_{Vd} 和单端输出的差模放大倍数 A_{Vd1} 或 A_{Vd2}，将数据记入表格 2.27 中。

表 2.27　测量差模放大倍数 A_{Vd}

V_{id}/V	V_{od}/V	V_{od1}/V	V_{od2}/V	A_{Vd}	A_{Vd1} 或 A_{Vd2}

4. 测量共模放大倍数 A_{VC}

将 U_{s1} 和 U_{s2} 短接，从 U_{s1} 端输入峰峰值为 5 V，频率为 1 kHz 的共模信号，用毫伏表分别

测量 T_1、T_2 两管集电极对地的共模输出电压 V_{oc1} 和 V_{oc2}，用示波器观察它们的波形，则双端输出的共模电压为 $V_{oc}=V_{oc1}-V_{oc2}$。计算出单端输出的共模放大倍数 A_{VC1}（或 A_{VC2}）和双端输出的共模放大倍数 A_{VC}，结合表 2.17 计算结果，分别计算双端输出和单端输出的共模抑制比（K_{CMR}（单）和 K_{CMR}（双）），并数据记录至表 2.28 中。

表 2.28　测量共模放大倍数 A_{VC}

测量值/V				计算值				
U_{ic}	U_{oc1}	U_{oc2}	V_{oc}	A_{VC1}	A_{VC2}	A_{VC}	K_{CMR}（单）	K_{CMR}（双）

选做：用一固定电阻 $R_E=10\ k\Omega$ 代替恒流源电路，组成长尾式差动放大电路，重复步骤 3、4、5，并与恒流源电路相比较。

实验八　模拟乘法器调幅

【实验目的】

(1) 掌握乘法器 AM 调制的原理与性质。

(2) 掌握模拟乘法器的工作原理及其调整方法。

【相关理论】

1. MC1496 模拟乘法器

MC1496 模拟乘法器是双平衡四象限模拟乘法器。其内部电路和引脚如图 2.15 所示。其中 V_1、V_2 与 V_3、V_4 组成双差分放大器，V_5、V_6 组成的单差分放大器用以激励 V_1～V_4。V_8、V_9 及其偏置电路组成差分放大器的恒流源。引脚 8 与 10 接输入电压 u_X，1 与 4 接另一输入电压 u_Y，输出电压 u_o 从引脚 6 与 12 输出。引脚 2 与 3 外接电阻 R_E，对差分放大器 V_5、V_6 产生串联电流负反馈，以扩展输入电压 u_Y 的线性动态范围。引脚 14 为负电源端(双电源供电时)或接地端(单电源供电时)，引脚 5 外接电阻 R_5。用来调节偏置电流 I_5 及镜像电流 I_0 的值，详细内容请自行查阅 MC1496 模拟乘法器数据手册。

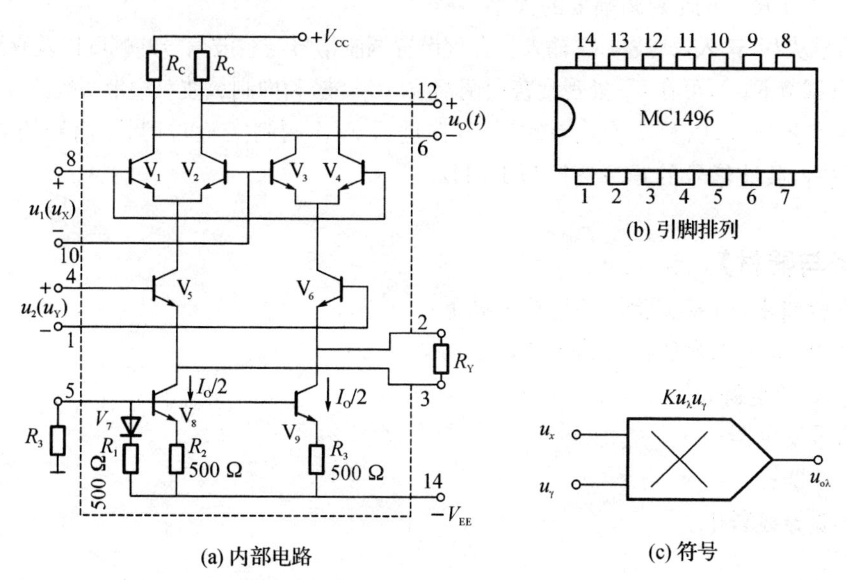

(a) 内部电路　　(b) 引脚排列　　(c) 符号

图 2.15　MC1496 模拟乘法器

实验原理图如图 2.16 所示。

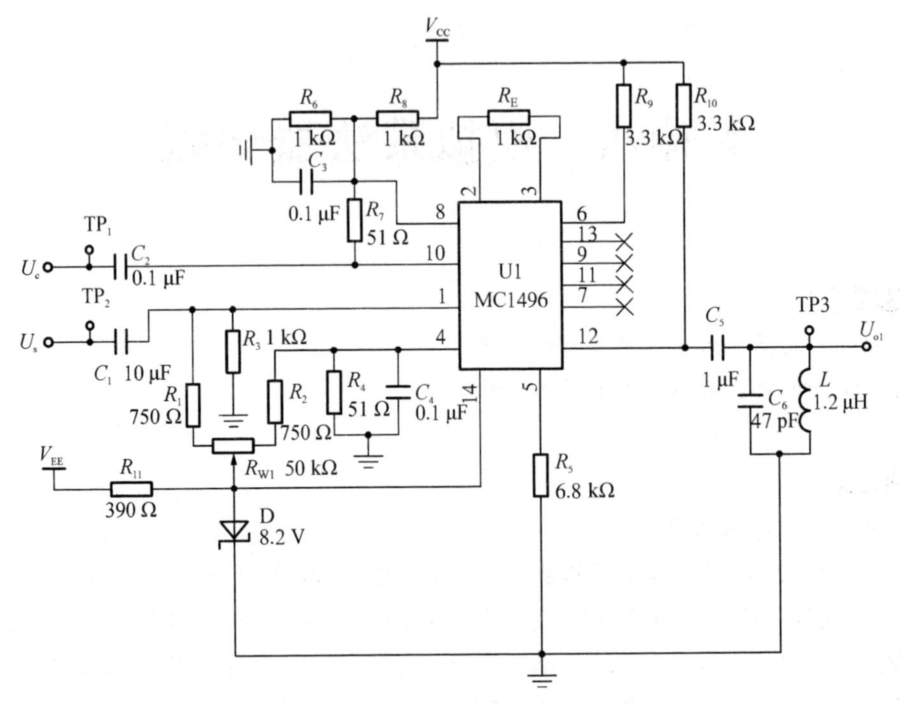

图 2.16　模拟乘法器调幅实验原理图

在 MC1496 模拟乘法器的 1、4 脚外加 R_1、R_2、R_3、R_4、R_{W1} 用于调节输入馈电电压，偏调 R_{W1} 引入补偿直流电压，与调制信号 U_s 串联后，通过模拟乘法器与载波信号相乘，即可完成普通调幅。调节 R_{W1} 可改变调幅度的大小。

调制信号从 U_s 输入，载波从 U_c 输入。合理设置调制信号与载波信号的幅度以及乘法器的静态偏置电压(调节 R_{W1})，可在 U_{o1} 处观察普通调幅波(AM 波)和抑制载波双边带调幅波(DSB 波)。

为方便实验操作，以及实验效果的观察，在进行 AM 调制实验时，调制信号的频率选择为 50 Hz 左右，载波信号的频率选择为 1 kHz。

【实验设备与器材】

根据实验要求，所需实验设备与器材如下：

(1) MD11-3 模拟乘法器电路模块；

(2) ±12 V 电源；

(3) 信号发生器；

(4) 示波器；

(5) 实验导线若干。

【实验内容与步骤】

1. 实验连线

在实验基板上正确插好 MD11-3 模拟乘法器电路模块(注意：若实验基板不带供电，则需从外部接入电源)。按图 2.16 正确连接实验电路。检查连线正确无误后接通实验电源，模块上的电源指示灯点亮。

2. 产生并观察 AM 波和 DSB 波

(1) 输入调制信号 U_s

本步骤的调制信号采用 50 Hz、$V_{pp}=700$ mV 正弦波信号，该正弦波信号可通过将 7.5 V 交流电源加载到 1 kΩ 的电位器并调节获得。将电位器输出端接入 U_s，将交流电源 AC0V2 接入实验电路接地端，用示波器在 TP_1 处观察调制信号，确保调制信号为 50 Hz、$V_{pp}=700$ mV 的正弦波信号。

(2) 输入载波信号 U_c

本步骤载波信号由信号源提供，将信号源输出接入载波信号输入端 U_c，用示波器在 TP_2 处观察载波信号 U_c，调节信号源输出，确保载波信号为 1 kHz、$V_{pp}=700$ mV 的正弦波信号。

(3) 产生并观察 AM 波、DSB 波

① 用示波器在 TP_3 处观察 TP_3 调制输出波形，适当调节幅度调制 R_{W1}，使 TP_3 处出现如图 2.17 所示的波形，即产生 AM 波。

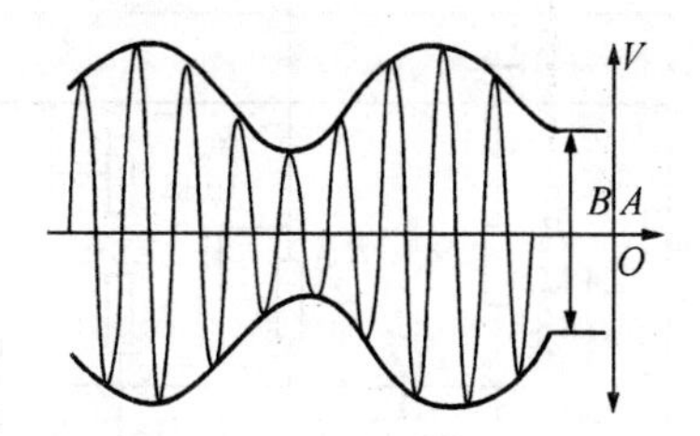

图 2.17　普通调幅波(AM 波)

② 适当调节幅度调制 R_{W1}，使 TP_3 处出现如图 2.18 所示的波形，即产生 DSB 波。

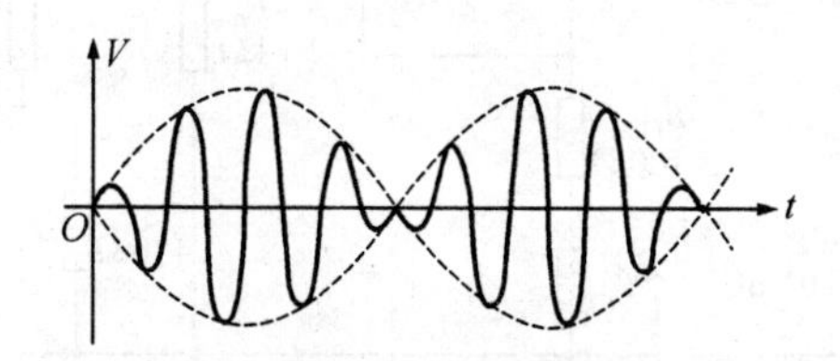

图 2.18　抑制载波双边带调幅波(DSB 波)

③ 适当调节幅度调制 R_{W1}，使 TP_3 处出现如图 2.19 所示的波形，即产生过调幅波形。

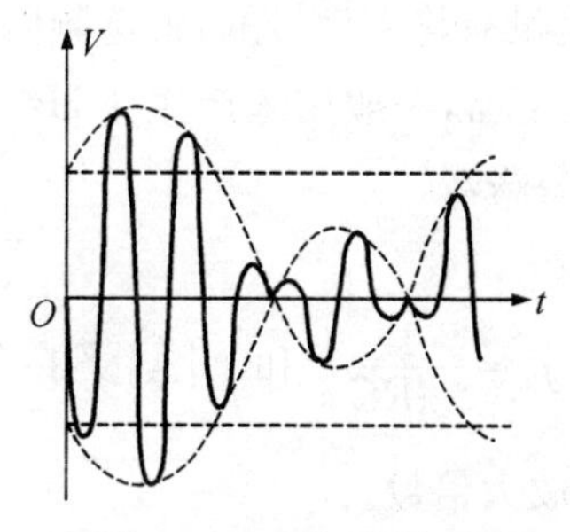

图 2.19　过调幅波形

实验九　*RC* 正弦波振荡器

【实验目的】

(1) 进一步熟悉 *RC* 正弦波振荡器的组成及其振荡条件。

(2) 学会测量、调试振荡器。

【相关理论】

实验电路如图 2.20 所示。

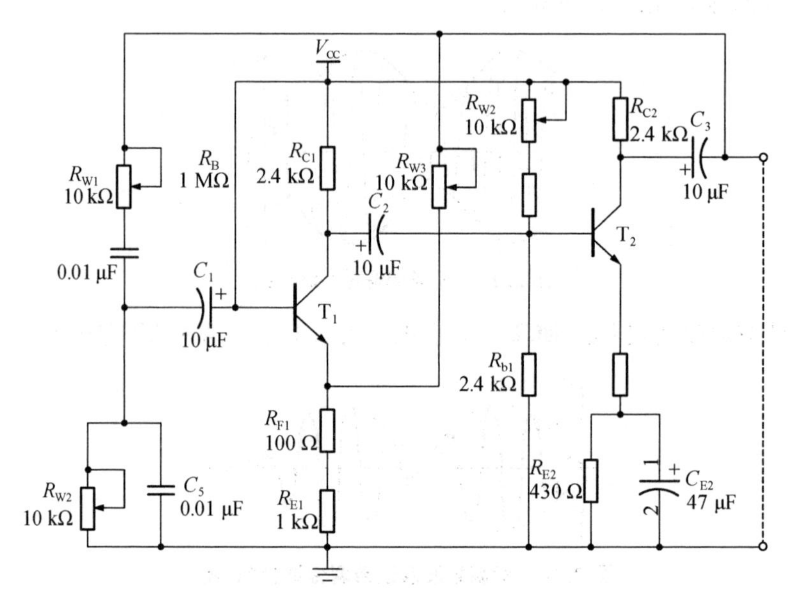

图 2.20　*RC* 串并联选频网络振荡器

从结构上看,正弦波振荡器是没有输入信号的,带选频网络的正反馈放大器。若用 *R*、*C* 元件组成选频网络,就称为 *RC* 振荡器,一般用来产生 1 Hz～1 MHz 的低频信号。图 2.20 为 *RC* 串并联(文氏桥)选频网络振荡器。

振荡频率和起振条件分别为:

$$f_o=\frac{1}{2\pi RC} \quad 和 \quad |\dot{A}|>3$$

式中,f_o 表示振荡频率,$|\dot{A}|$ 表示放大倍数。

电路形式如图 2.21 所示:

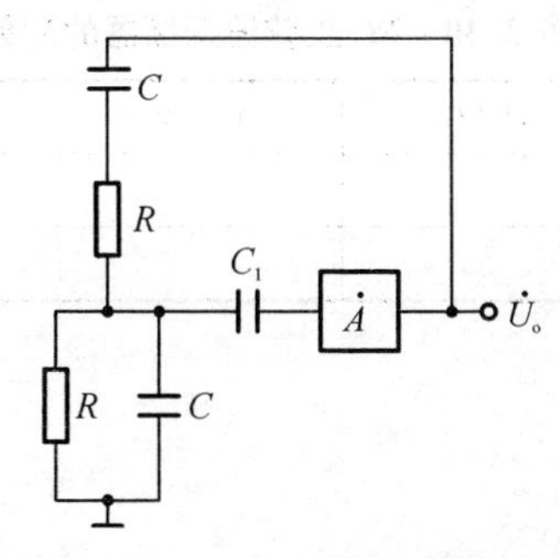

图 2.21　RC 串并联网络振荡器原理图

【实验设备与器材】

根据实验要求，所需实验设备与器材如下：

(1)“波形发生电路”模块；

(2) +12 V 电源；

(3) 万用表；

(4) 信号发生器；

(5) 双踪示波器；

(6) 实验导线若干。

【实验内容与步骤】

1. 实验连线

在实验基板上正确插好“波形发生电路”模块(注意：若实验基板不带供电，则需在 V_{CC} 与 GND 间接入+12 V 电源)。按图 2.20 正确连接实验电路，检查连线正确无误后接通实验电源，模块上的电源指示灯点亮。

2. 测量静态工作点

将 R_{W1} 和 R_{W2} 顺时针调到最大，用示波器观测 TP_8 处输出电压 U_o 波形，缓慢调节两个电位器 R_{W3} 和 R_{W4}，使电路可靠起振，并以最大不失真波形输出，用万用表分别测量第一级、第二级的静态工作点，并将数据记入表 2.29。

表 2.29　测量静态工作点

	测量值			计算值		
	U_C/V	U_B/V	U_E/V	U_{BE}/V	U_{CE}/V	$I_C=\dfrac{V_{CC}-U_C}{R_C}$
第一级						
第二级						

3. RC 正弦波振荡器的测量

同时缓慢调节串联及并联选频网络中的 R_{W1}、R_{W2} 的值，用示波器观测 TP_8 处输出电压 U_o 波形的振荡频率，记录两组波形的峰峰值及振荡频率，并与计算值进行比较，将数值记录至表 2.30 中。

表 2.30　*RC* 正弦波振荡器的测量

测量值	$C/\mu F$	$R/k\Omega$	V_{pp}/V	f/kHz	观察记录两组 U_o 波形
第 1 次	0.01				
第 2 次	0.01				

实验十　LC 正弦波振荡器

【实验目的】

(1) 掌握电容三点式 LC 正弦波振荡器的设计方法。

(2) 研究电路参数对 LC 振荡器起振条件及输出波形的影响。

【相关理论】

电容三点式振荡电路组成及工作原理如图 2.22 所示。交流通路中三极管三个电极分别与回路电容分压的三个端点相连，故称该电路为电容三点式振荡电路，该电路满足相位平衡条件。

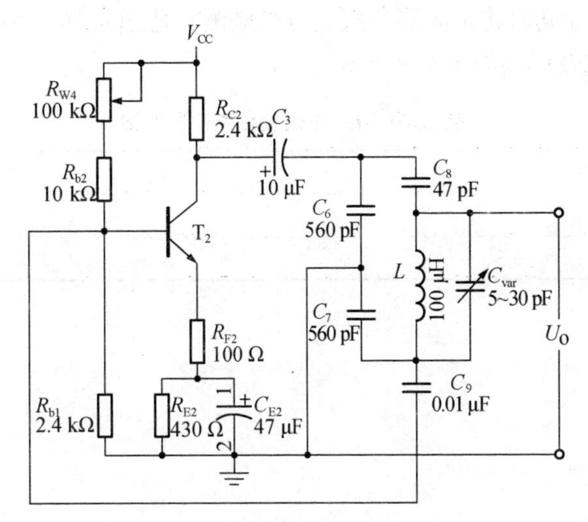

图 2.22　电容三点式振荡电路

该电路的振荡频率为：

$$f_o \approx \frac{1}{\sqrt{L\left[\dfrac{1}{\dfrac{1}{C_6}+\dfrac{1}{C_7}+\dfrac{1}{C_8}}+C_{var}\right]}}$$

电容三点式振荡电路的特点：电路振荡频率较高，回路 C_6 和 C_7 容值可以选得很小。电路频率调节不方便而且调节范围较窄。

【实验设备与器材】

根据实验要求，所需实验设备与器材如下：

(1)“波形发生电路”模块;

(2) +12 V 电源;

(3) 万用表;

(5) 双踪示波器;

(6) 实验导线若干。

【实验内容与步骤】

1. 实验连线

在实验基板上正确插好“波形发生电路”模块(注意:若实验基板不带供电,则需在V_{CC}与GND间接入+12 V电源)。按图2.22正确连接实验电路,检查连线正确无误后接通实验电源,模块上的电源指示灯点亮。

2. *LC* 正弦波振荡器的测量

用示波器观测原理图中对应电压U_{o2}波形,调节电位器R_{W4},使电路以最大不失真波形输出可靠起振。特别说明:由于示波器本身对谐振电路有影响,为减少干扰,示波器使用时请选择×10衰减挡,即同时将示波器的探笔与对应测量通道选择×10衰减;改变C_{var}值,记录两组波形的峰峰值及振荡频率至表2.31。

表 2.31 *LC* 正弦波振荡器的测量

测量值	C_{var}	V_{pp}/V	f/kHz	观察并记录两组U_o波形
第1次				
第2次				

实验十一　低频功率放大器——OTL功率放大器

【实验目的】

(1) 进一步理解OTL功率放大器的工作原理。

(2) 加深对OTL电路静态工作点调整方法的理解。

(3) 学会OTL电路调试及主要性能指标的测试方法。

【相关理论】

图2.23所示为OTL低频功率放大器电路。图中晶体三极管T_1组成推动级(也称前置放大级)，T_2、T_3是一对参数对称的NPN和PNP型晶体三极管，它们组成互补推挽OTL功放电路。每一个管子都接成射极输出器形式，因此具有输出电阻低、负载能力强等优点，适合用作功率输出级。T_1管工作于甲类状态，它的集电极电流I_{C1}由电位器R_{W1}进行调节。I_{C1}的一部分流经电位器R_{W2}及二极管D，给T_2、T_3提供偏压。调节R_{W2}，可以使T_2、T_3得到合适的静态电流而工作于甲、乙类状态，以克服交越失真。静态时要求输出端中点A的电位$U_A=U_{CC}/2$，可以通过调节R_{W1}来实现。又由于R_{W1}的一端接在A点，因此在电路中接入交、直流电压并联负反馈，这样既能够稳定放大器的静态工作点，同时也改善了非线性失真。

当输入正弦交流信号U_i时，U_i经T_1放大、倒相后同时作用于T_2、T_3的基极。U_i的负半周使T_2管导通(T_3管截止)，电流通过负载R_L(用喇叭作为负载R_L，喇叭在辅助扩展板上；也可以用R_3作为负载，R_3在功放模块中已经连好)，同时向电容C_o充电；在U_i的正半周，T_3导通(T_2截止)，则已充好电的电容器C_o起着电源的作用，其通过负载R_L放电，这样在R_L上就能得到完整的正弦波。

C_2和R构成自举电路，用于提高输出电压正半周的幅度，以得到大的动态范围。由于信号源输出阻抗不同，输入信号源受OTL功率放大电路的输入阻抗影响而可能失真，R_0为失真时的输入匹配电阻。调节电位器R_{W2}时会影响到静态工作点A点的电位，故采用动态调节方法的方法调节静态工作点。为了得到尽可能大的输出功率，晶体管一般工作在接近临界参数，这样工作时晶体管极易发热，有条件的话还要对晶体管采用散热措施。由于三极管参数易受温度影响，在温度变化的情况下三极管的静态工作点也随之变化，这样定量分析电路时所测数据会存在一定的误差，我们用动态调节方法来调节静态工作点。受三极管对温度的敏感性影响，所测电路电流是个变化量，我们尽量将变化缓慢时的读数作为定量分析的数据来减小误差。

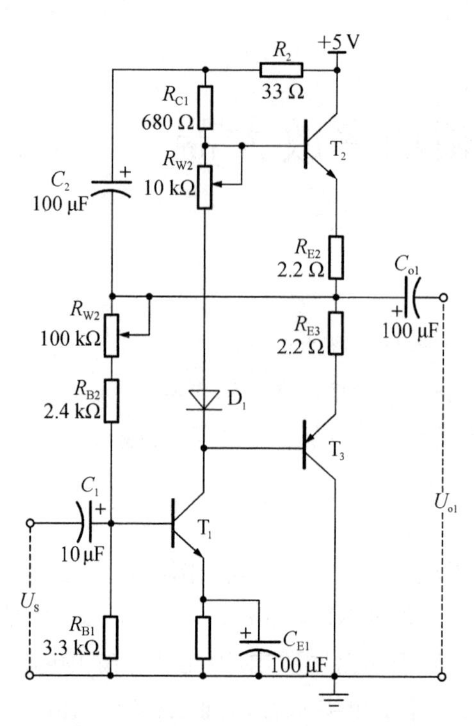

图 2.23　OTL 功率放大器实验电路

OTL 电路的主要性能指标：

1. 最大不失真输出功率 P_{om}

理想情况下 $P_{om}=\frac{1}{8}\frac{V_{CC}^2}{R_L}$，在实验中可通过测量 R_L 两端的电压有效值，来求得实际的 P_{om}：

$$P_{om}=\frac{U_o^2}{R_L}$$

效率 η：

$$\eta=\frac{P_{om}}{P_E}\times 100\%$$

式中，P_E 为直流电源供给的平均功率。

2. 直流电源供给的平均功率 P_E

理想情况下 $\eta_{max}=78.5\%$。在实验中，可测量电源供给的平均电流 I_{dc}（多测几次电流取其平均值），从而求得：

$$P_E=u_{CC}\cdot I_{dc}$$

用上述方法求出负载上的交流功率后，就可以计算实际效率了。

3. 放大器频率特性

放大器的频率特性是指放大器的电压放大倍数 A_V 与输入信号频率 f 之间的关系曲线。单管阻容耦合放大电路的幅频特性曲线如图 2.24 所示：

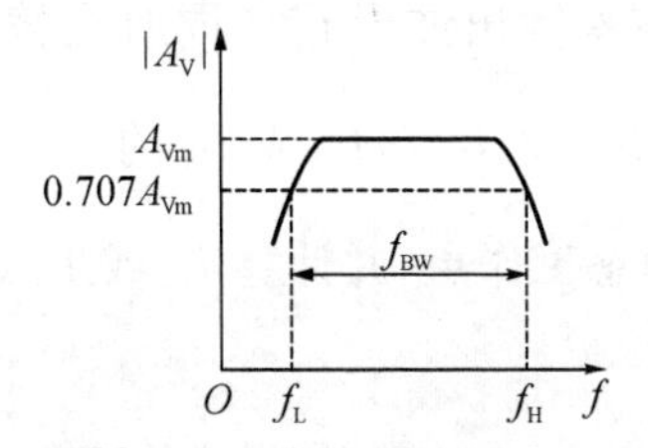

图 2.24　幅频特性曲线

A_{Vm}为中频电压放大倍数，通常规定电压放大倍数随频率变化下降到中频放大倍数的 $1/\sqrt{2}$（即 0.707 A_{Vm}）所对应的频率为下限频率 f_L 和上限频率 f_H，如图 2.24 所示，则通频带

$$f_{BW}=f_H-f_L$$

测量放大器的幅频特性，就是测量输入不同频率的信号时，放大器的电压放大倍数 A_V 与输入信号频率的关系。为此可采用前述测 A_V 的方法，每改变一个信号频率，测量其相应的电压放大倍数，测量时要注意取点要恰当，在低频段与高频段要多测几点，在中频段可以少测几点。此外，在改变频率时，要保持输入信号的幅度不变，且输出波形不能失真。

4. 输入灵敏度

输入灵敏度是指输出最大不失真功率时，输入信号 U_i 的值。

【实验设备与器材】

根据实验要求，所需实验设备与器材如下：

(1)“功率放大电路”模块；

(2) +5 V 电源；

(3) 信号发生器；

(4) 双踪示波器；

(5) 实验导线若干。

【实验内容与步骤】

1. 实验连线

在实验基板上正确插好“功率放大电路”模块(注意：若实验基板不带供电，则在+5 V 端子与 GND 间接入+5 V 电源)。按图 2.23 正确连接实验电路，检查连线正确无误后接通实验电源，模块上的电源指示灯点亮。

2. 静态工作点的测试

(1) 用动态调试法调节静态工作点：选择二极管并接通 R_3，调节电位器 R_{W1}，用万用表测量 A 点(TP_4)电位，

$$U_A=\frac{1}{2}U_{CC}=2.5\ \text{V}$$

(2) 从 U_{s1} 输入频率为 1 kHz、峰峰值为 50 mV 的正弦信号作为 U_s，逐渐加大输入信号

U_s 的幅值，用示波器在 TP_5 处观察输出波形 U_{o1}，同时交替调整 R_{W1} 和 R_{W2}，使波形以最大不失真波形输出，此时 $U_A=\frac{1}{2}U_{CC}=2.5$ V，I_{C2} 或 I_{C3} 约 10～70 mA；断开信号输入 U_s，用万用表测量 T_1、T_2、T_3 各电极的静态工作点，并计算 I_{C2} 或 I_{C3}（在 I_{C2}、I_{C3} 变化缓慢的情况下测量静态工作点），将数据记入表 2.32。

表 2.32　静态工作点的测试

	测量值				计算值	
	U_A/V	U_C/V	U_B/V	U_E/V	U_{CE}/V	$I_C=(U_{E2}-U_A)/R_{E2}$
T_1						
T_2						
T_3						

3. 最大输出功率 P_{om} 和效率 η 的测试

（1）测量最大输出功率 P_{om}

从 U_{s1} 输入频率为 1 kHz、峰峰值为 50 mV 的正弦波信号 U_s，输出端接上喇叭或者接负载电阻 R_3，用示波器在 TP_5 处观察输出电压 U_o 波形。逐渐增大 U_s 的幅度，使输出电压 U_o 达到最大且不失真，用交流毫伏表测出负载 R_3 上的电压 U_{om}，$P_{om}=\frac{U_{om}^2}{R_3}$。

（2）测量效率 η

当输出电压 U_o 为最大且不失真时，在 $U_s=0$ 的情况下，用直流毫安表测量电源供给的平均电流 I_{dc}（多测几次取其平均值），所测 I_{dc} 有一定误差，由此可近似求得直流电源供给的平均功率 $P_E=V_{CC}I_{dc}$，再根据上面计算出的 P_{om} 即可求出效率：

$$\eta=\frac{P_{om}}{P_E}$$

（3）输入灵敏度测试

根据输入灵敏度的定义，只要测出输出功率 $P_o=P_{om}$ 时（最大不失真输出情况）的输入电压值 U_i 即可求出输入灵敏度，参见步骤(1)。

实验十二　低频功率放大器——集成功率放大器

【实验目的】

(1) 了解功率放大集成块的应用。

(2) 学习集成功率放大器基本技术指标的测试方法。

【相关理论】

集成功率放大器由集成功放块和一些外部阻容元件构成。集成功放块的种类很多，本实验采用的集成功放块型号为LM386N-1(芯片内部电路参考相关资料)，它由一级有源负载差分放大电路、一级有源负载共发射极放大器和互补推挽输出级电路等组成。LM386N-1管脚如图2.25所示。

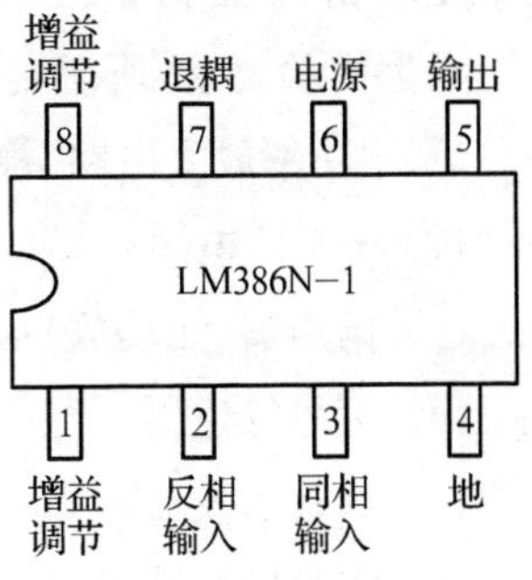

图2.25　LM386N-1管脚

LM386N-1接成典型电路如图2.26所示。

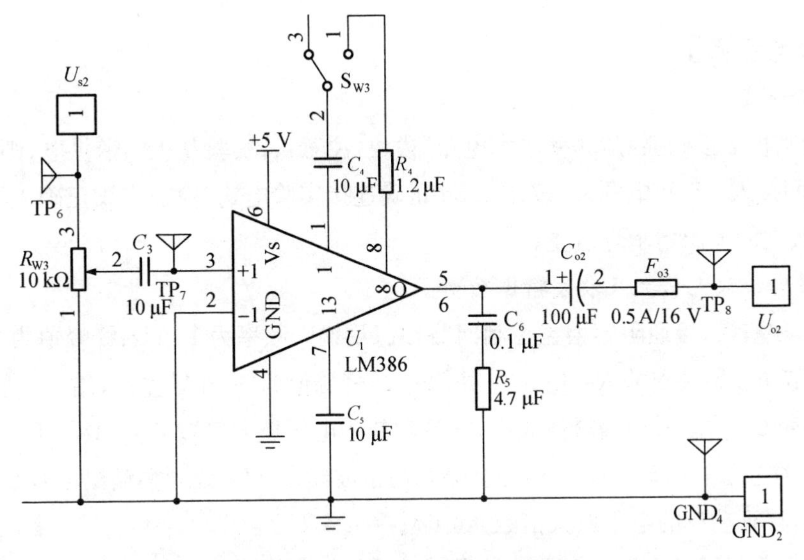

图2.26　LM386N-1集成功放电路

C_4 为自举电容，与内部电路构成自举电路。当没有此电容时，电路的电压放大倍数为20；当加上此电容，且不接电阻，则电压放大倍数可达200。若1脚和8脚间接电阻和电容，则电压放大倍数在20～200之间。C_5 为外接去耦电容。电源电压 $V_{CC}=5$ V。功率放大器的主要测试指标如下：

不失真输出功率 P_o：

$$P_{\mathrm{omax}}=\frac{V_{\mathrm{o}}^{2}}{R_{\mathrm{L}}}$$

输入功率：

$$P_{\mathrm{imax}}=\frac{V_{\mathrm{i}}^{2}}{R_{\mathrm{i}}}$$

功率增益：

$$A_{\mathrm{P}}=10\lg\frac{P_{\mathrm{o}}}{R_{\mathrm{i}}}$$

【实验设备与器材】

根据实验要求，所需实验设备与器材如下：

(1) “功率放大电路”模块；

(2) +5 V 电源；

(3) 扬声器(无功放)；

(4) 信号发生器；

(5) 双踪示波器；

(6) 实验导线若干。

【实验内容与步骤】

1. 实验连线

在实验基板上正确插好“功率放大电路”模块(注意：若实验基板不带供电，则需在+5 V 端与 GND 间接入+5 V 电源)。按图 2.26 正确连接实验电路，检查连线正确无误后接通实验电源，模块上的电源指示灯点亮。

2. 测量电压放大倍数及最大输出功率

(1) S_{W3}往右拨，接通阻容增益控制回路，从 U_{s2}输入频率为 1 kHz、峰峰值为 2 V 的正弦信号 U_{i}，调节功放模块上的 R_{W3}使 $\mathrm{TP_7}$ 处信号 U_{i}峰峰值为 50 mV 左右，用示波器在 $\mathrm{TP_8}$ 处观察输出信号 U_{o} 的波形和峰峰值大小，计算功放的电压放大倍数 A_{V1}($A_{\mathrm{V1}}=U_{\mathrm{o1}}/U_{\mathrm{i}}$)。

(2) S_{W3}往左拨，接通电容增益控制回路，用示波器在 $\mathrm{TP_8}$ 处观察输出信号 U_{o2}的波形和峰峰值大小，计算功放的电压放大倍数 A_{V2}($A_{\mathrm{V2}}=U_{\mathrm{o2}}/U_{\mathrm{i}}$)。

(3) 逐渐增大 U_{i}的幅度，使 U_{o2}最大且不失真，然后输出端接扬声器(扬声器在元件库或者实验底板上，注意接入时要断开喇叭自带功放的电源，绕开功放从扬声器端子 V_{out}与 GND 直接接入，扬声器电阻值为 8 Ω)，用示波器在 $\mathrm{TP_8}$ 处观察 U_{o} 波形，用交流毫伏表测量此时的最大输出电压 U_{om}，整理实验数据，根据公式可算出最大不失真输出功率 P_{om}，将数据填入表 2.33。

表 2.33　测量电压放大倍数及最大输出功率

测量值				计算值		
U_i/V	U_{o1}/V	U_{o2}/V	U_{om}/V	A_{V1}	A_{V2}	P_{om}/V

3. 输入灵敏度测试

根据输入灵敏度的定义，只要测出输出功率 $P_o=P_{om}$时（最大不失真输出情况）的输入电压值U_i即可求出输入灵敏度。

实验十三　集成运算放大器指标测试

【实验目的】

（1）掌握运算放大器主要指标的测试方法。

（2）了解集成运算放大器组件的主要参数的定义和表示方法。

【相关理论】

1. 集成运放关键技术参数

（1）输入失调电压 U_{os}

输入失调电压 U_{os} 是指输入信号为零时，输出端出现的电压折算到同相输入端的数值。输入失调电压 U_{os} 测试电路如图 2.27 所示。

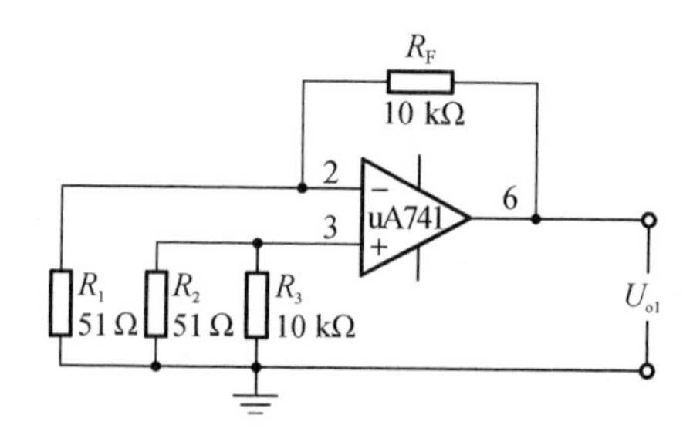

图 2.27　输入失调电压 U_{os} 测试电路

测量此时的输出电压 U_{o1} 即可算出输出失调电压为：

$$U_{os}=\frac{R_1}{R_1+R_F}U_{o1}$$

实际输出的 U_{o1} 可能为正，也可能为负，高质量的运放 U_{os} 一般在 1 mV 以下。

（2）输入失调电流 I_{os}

输入失调电流 I_{os} 是指当输入信号为零时，运放的两个输入端的基极偏置电流之差。

$$I_{os}=|I_{B1}-I_{B2}|$$

由于 I_{B1}，I_{B2} 本身的数值已很小（微安级），因此它们的差值通常不是直接测量得到的。I_{os} 测试电路如图 2.28 所示，测试分两步进行。按图 2.28 测出输出电压 U_{o2}（U_{o2} 是由输入失调电压 U_{os} 所引起的输出电压）。

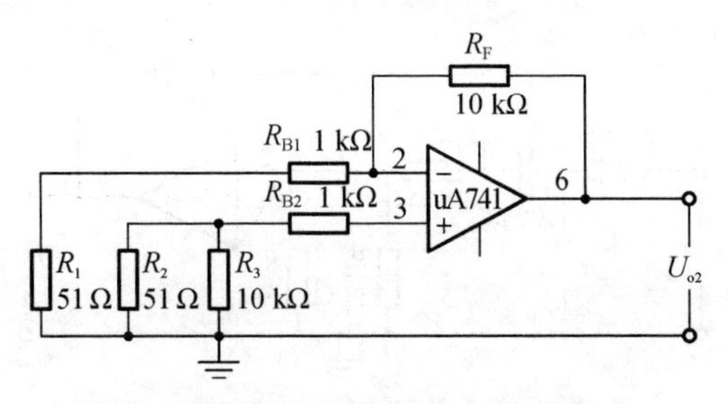

图 2.28　输入失调电流 I_{os} 测试电路

按图 2.28 所示电路，测出两个电阻 R_{B1}、R_{B2} 接入时的输出电压 U_{o2}，若从中扣除输入失调电压 U_{os} 的影响，则输入失调电流 I_{os} 为

$$I_{os}=|I_{B1}-I_{B2}|=|U_{o1}-U_{o2}|\frac{R_1}{R_1+R_F}\frac{1}{R_{B1}}$$

一般而言，I_{os} 在 100 nA 以下。

(3) 输入偏置电流 I_{IB}

输入偏置电流 I_{IB} 是指在无信号输入时，运放两输入端静态基极电流的平均值：

$$I_{IB}=\frac{1}{2}(I_{B1}+I_{B2})$$

I_{IB} 一般是微安数量级，若 I_{B1} 过大，I_{IB} 不仅在不同信号内阻的情况下对静态工作点有较大的影响，而且也会影响温漂和运算精度，所以输入偏置电流越小越好。输入偏置电流测试电路如图 2.29 所示。

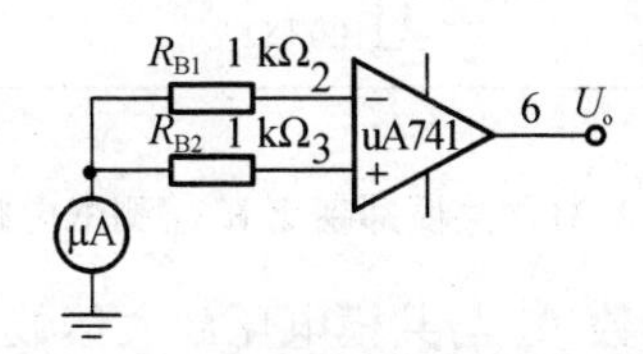

图 2.29　输入偏置电流测试电路

(4) 开环差模放大倍数 A_{ud}

集成运放在没有外部反馈时的支流差模放大倍数称为开环差模电压放大倍数，用 A_{ud} 表示。它定义为开环输出电压 U_o 与两个差分输入端之间所加信号电压 U_{id} 之比：

$$A_{ud}=U_o/U_{id}$$

按定义 A_{ud} 应该是信号频率为零时的直流放大倍数，但为了测试方便，通常采用低频（几十赫兹以下）正弦交流信号进行测量。由于集成运放的开环电压放大倍数很高，难以直接进行测量，故一般采用闭环测量方法。A_{ud} 的测试方法很多，本实验采用交、直流同时闭环的测量方法，测试电路如图 2.30 所示：

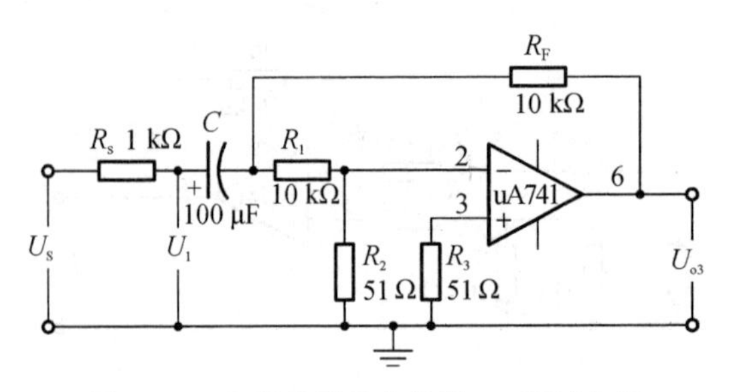

图 2.30　开环差模放大倍数 A_{ud} 测试电路

被测运放一方面通过 R_F、R_1、R_2 完成直流闭环，以抑制输出电压漂移，另一方面通过 R_F 和 R_s 实现交流闭环，外加信号 U_s 由 R_1、R_2 分压，使 U_{id} 足够小，以保证运放工作在线性区，同相输入端电阻 R_3 应与反相输入端电阻 R_2 相匹配，以减小输入偏置电流的影响，电容 C 为隔直电容。被测运放的开环电压放大倍数为

$$A_{ud}=\frac{U_o}{U_{id}}=\left(1+\frac{R_1}{R_2}\right)\frac{U_o}{U_i}$$

（5）共模抑制比 K_{CMR}

K_{CMR} 的测试电路如图 2.31 所示。

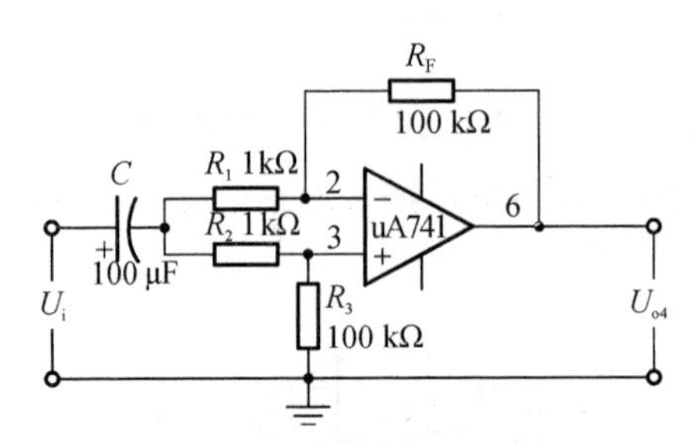

图 2.31　共模抑制比 K_{CMR} 测试电路

集成运放的差模电压放大倍数 A_d 与共模电压放大倍数 A_C 之比称为共模抑制比：

$$K_{CMR}=\left|\frac{A_d}{A_C}\right| \quad 或 \quad K_{CMR}=20\lg\left|\frac{A_d}{A_C}\right|(\text{dB})$$

集成运放工作在闭环状态下的差模电压放大倍数为：

$$A_d=\frac{R_F}{R_1}$$

理想运放的共模输出为零，但在实际的集成运放中，其输出不可能没有共模信号的成分，输出端共模信号愈小，说明电路对称性愈好，运放对共模干扰信号的抑制能力愈强，即 K_{CMR} 愈大。

当接入共模输入信号 U_{iC} 时，测得 U_{oC}，则共模电压放大倍数为

$$A_C=\frac{U_{oC}}{U_{iC}}$$

综合得共模抑制比为

$$K_{CMR}=\left|\frac{A_d}{A_C}\right|=\frac{R_F}{R_1}\frac{U_{iC}}{U_{oC}}$$

2. uA741 技术参数

本实验采用的集成运放型号为 uA741：2 脚和 3 脚为反相和同相输入端，6 脚为输出端，7 脚和 4 脚分别为正(V_{CC})、负(V_{EE})电源端，1 脚和 5 脚为失调调零端，8 脚为空脚。表2.34 为 uA741 的典型参数规范。

表 2.34　$T=25$ ℃ $V_{CC}=-V_{EE}=15$ V

参数名称	参数值	参数名称	参数值
输入失调电压	1～5 mV	输出电阻	75 Ω
输入失调电流	10～20 nA	转换速率	0.5 V/μs
输入偏置电流	80 nA	输出电压峰值	±13 V
输入电阻	2 MΩ	输出电流峰值	±20 mA
输入电容	1.5 pF	共模输入电压	±13 V
开环差动电压增益	100 dB	差模输入电压	±30 V
共模抑制比	90 dB	应用频率	10 kHz

【实验设备与器材】

根据实验要求，所需实验设备与器材如下：

(1) “集成运放电路”模块；

(2) ±12 V 电源；

(3) 100 kΩ 电位器；

(4) 万用表；

(5) 信号发生器；

(6) 双踪示波器；

(7) 实验导线若干。

【实验内容与步骤】

集成运放模块既提供了模拟电路实验所需要的运算放大器，同时还为整个模拟电路实验系统提供了实验所需要的元器件，实验中所需的各种元器件均可从此模块获取。

1. 实验连线

在实验基板上正确插好“集成运放电路”模块(注意：若实验基板不带供电，则需在 V_{CC}、V_{EE}与 GND 间接入±12 V 电源。切忌电源接反或输出端短路，否则可能损坏集成块)。

2. 测量输入失调电压 U_{os}

按图 2.27 正确选择实验元器件并连接实验电路：选择 U_{o1} 作为输出端，检查连线正确无误后接通实验电源，模块上的电源指示灯点亮。用万用表测出输出电压 U_{o1}，并根据公式计算出 U_{os}，将数据记入表 2.35。

3. 测量输入失调电流 I_{os}

按图 2.28 正确选择实验元器件并连接实验电路:选择 U_{o1} 作为输出端,检查连线正确无误后接通实验电源,模块上的电源指示灯点亮。用万用表测出 U_{o1}(图中对应 U_{o2}),并根据公式计算出 I_{os},将数据记入表 2.35。

4. 测量输入偏置电流 I_{IB}*(若无微安级精度仪器此实验略过,有则先调零)

按图 2.29 正确连接实验电路,记录所测数据。

5. 测量开环差模放大倍数 A_{ud}

按图 2.30 正确连接实验电路,检查连线正确无误后接通电源。运放输入端输入频率为 100 Hz、峰峰值为 100 mV 的正弦信号 U_s,用示波器观察输出波形 U_o,调节 U_s 大小,使输出波形 U_o 最大且不失真,用毫伏表测量 U_o 和 U_i,并用公式计算 A_{ud},$A_{ud}=20\lg A_{ud}$(dB),将所得结果记入表 2.35。

6. 测量共模抑制比 K_{CMR}

按图 2.31 正确连接实验电路,检查连线正确无误后接通电源。运放输入端输入频率为 100 Hz、峰峰值为 10 V 的正弦信号 U_{iC},用毫伏表测量 U_{oC} 和 U_{iC},并根据公式计算 A_C 及 K_{CMR},将所得结果记入表 2.35。

表 2.35　测量共模抑制比 K_{CMR}

测量值						计算值					
U_{o1}/mV	U_{o2}/mV	U_{i1}/V	U_{o3}/V	U_{iC}/V	U_{oC}/V	U_{os}/mV	I_{os}/μA	A_{ud}/dB	A_d	A_C	K_{CMR}/dB

实验十四　集成运放的基本应用——模拟运算电路

【实验目的】

(1) 研究由集成运算放大器组成的比例、加法、减法和积分等基本运算电路的功能。

(2) 了解实际运用运算放大器时应考虑的一些问题。

【相关理论】

在线性应用方面，集成运放可组成比例、加法、减法、积分、微分、对数、指数等模拟运算电路。

1. 反相比例运算电路

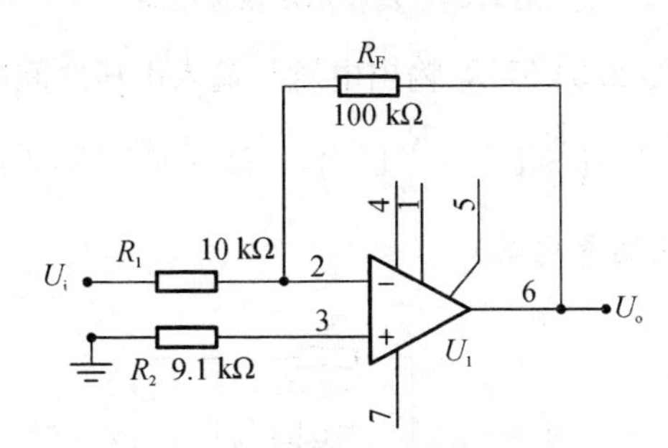

图 2.32　反相比例运算电路

反相比例运算电路如图 2.32 所示，对于理想运放，该电路的输出电压与输入电压之间的关系为：

$$U_o = \frac{R_F}{R_1} U_i$$

为减小输入级偏置电流引起的运算误差，应在同相输入端接入平衡电阻 $R_2 = R_1 /\!/ R_F$。[这一点要特别注意，实验中应在 3 端接两个并联电阻(10 kΩ 和 100 kΩ)到地，在下面的电路中出现 6.2 kΩ 和 9.1 kΩ 的电阻值，也应做相似的处理。]

2. 同相比例运算电路

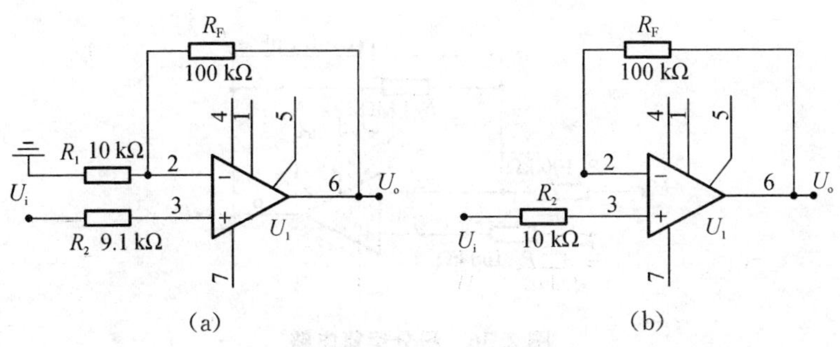

图 2.33　同相比例运算电路

图 2.33(a)是同相比例运算电路，它的输出电压与输入电压之间的关系为：

$$U_o=\left(1+\frac{R_F}{R_1}\right)U_i \quad R_2=R_1/\!/R_F$$

当 $R_1\to\infty$ 时，$U_o=U_i$，即得到如图 2.33(b)所示的电压跟随器。图中 $R_2=R_F$，用以减小漂移，且能保护作用。R_F 一般取 10 kΩ，因为 R_F 太小起不到保护作用，太大则影响跟随性。

3. 反相加法运算电路

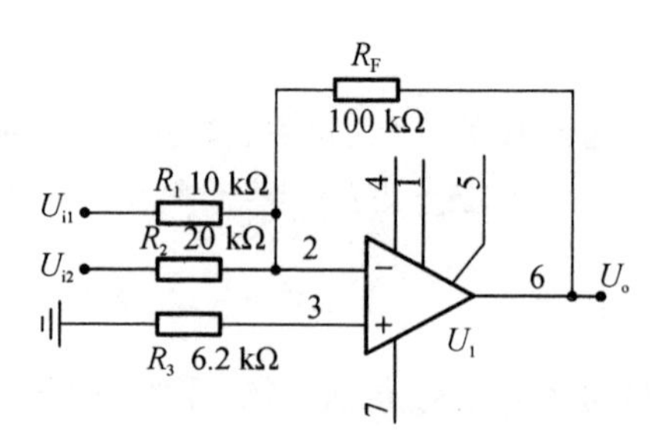

图 2.34　反相加法运算电路

反相加法运算电路如图 2.34 所示，输出电压与输入电压之间的关系为：

$$U_o=-\left(\frac{R_F}{R_1}U_{i1}+\frac{R_F}{R_2}U_{i2}\right),\quad R_3=R_1/\!/R_2/\!/R_F$$

4. 差动放大电路(减法运算电路)

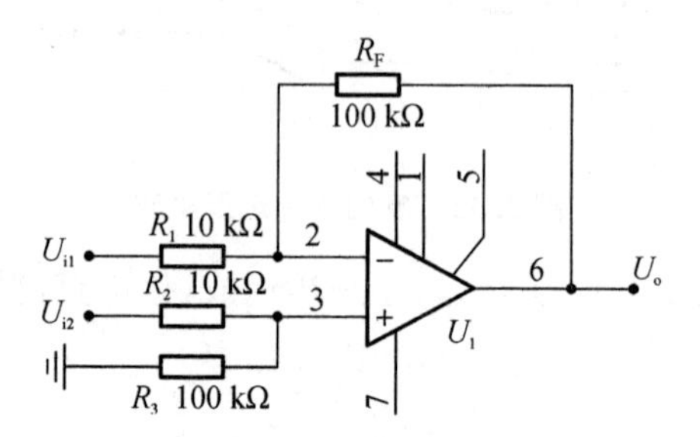

图 2.35　减法运算电路

对于图 2.35 所示的减法运算电路，当 $R_1=R_2$，$R_3=R_F$ 时，有如下关系式：

$$U_o=\frac{R_F}{R_1}(U_{i2}-U_{i1})$$

5. 积分运算电路

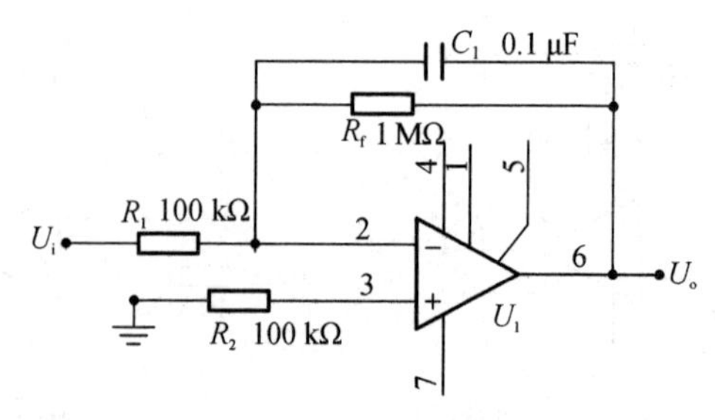

图 2.36　积分运算电路

反相积分运算电路如图 2.36 所示。在理想化条件下，输出电压 U_o 等于：

$$U_o(t)=-\frac{1}{RC}\int_0^t U_i\mathrm{d}t+U_C(0)$$

式中，$U_C(0)$是 $t=0$ 时刻电容 C 两端的电压值，即初始值。如果 $U_i(t)$是幅值为 E 的阶跃电压，并设 $U_C(0)=0$，则：

$$U_0(t)=-\frac{1}{RC}\int_0^t E\mathrm{d}t=-\frac{E}{RC}t$$

此时显然 RC 的数值越大，达到给定的 U_o 值所需的时间就越长，改变 R 或 C 的值积分波形也不同。一般积分电路可将方波变换为三角波，也可将正弦波移相。

6. 微分运算电路

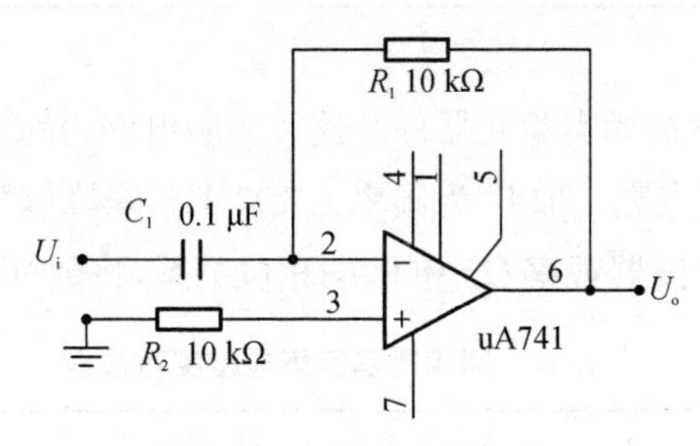

图 2.37　微分运算电路

微分电路的输出电压等于输入电压对时间的微分，一般表达式为：

$$U_o=-RC\frac{\mathrm{d}U_i}{\mathrm{d}t}$$

利用微分电路可实现对波形的变换，可将矩形波变换为尖脉冲。

【实验设备与器材】

根据实验要求，所需实验设备与器材如下：

(1) “集成运放电路”模块；

(2) ±12 V 电源；

(3) 双路可调电压源；

(4) 100 kΩ 电位器；

(5) 万用表；

(6) 信号发生器；

(7) 双踪示波器；

(8) 实验导线若干。

【实验内容与步骤】

1. 实验连线

在实验基板上正确插好“集成运放电路”模块（注意：若实验基板不带供电，则在 V_{CC}、

V_{EE}与 GND 间接入±12 V 电源，切忌电源接反或输出端短路，否则可能损坏集成块）。

2. 反相比例运算电路

按图 2.32 正确选择实验元器件并连接实验电路，检查连线正确无误后接通实验电源，模块上的电源指示灯点亮。取U_i为频率为 100 Hz、峰峰值为 500 mV 的正弦信号，用毫伏表测量U_i、U_o值，并用示波器观察U_o和U_i的相位关系，将数据记入表 2.36。

表 2.36　反相比例运算电路实验数据

U_i/V	U_o/V	U_i波形	U_o波形	A_V	
				实测值	计算值

3. 同相比例运算电路

按图 2.33(a)、(b)正确选择实验元器件并连接实验电路，检查连线正确无误后接通实验电源，模块上的电源指示灯点亮。取U_i为频率为 100 Hz、峰峰值为 0.5 V 的正弦信号，用毫伏表测量U_i、U_o值，并用示波器观察U_o和U_i的相位关系，将数据记入表 2.37。

表 2.37　同相比例运算电路实验数据

U_i/V	U_o/V	U_i波形	U_o波形	A_V	
				实测值	计算值

4. 反相加法运算电路

按图 2.34 正确选择实验元器件并连接实验电路，检查连线正确无误后接通实验电源，模块上的电源指示灯点亮。输入信号采用直流信号源，分别取两路电压作为信号源输入运放的反向输入端，当然也可通过电位器自己搭建简易直流信号源U_{i1}、U_{i2}：

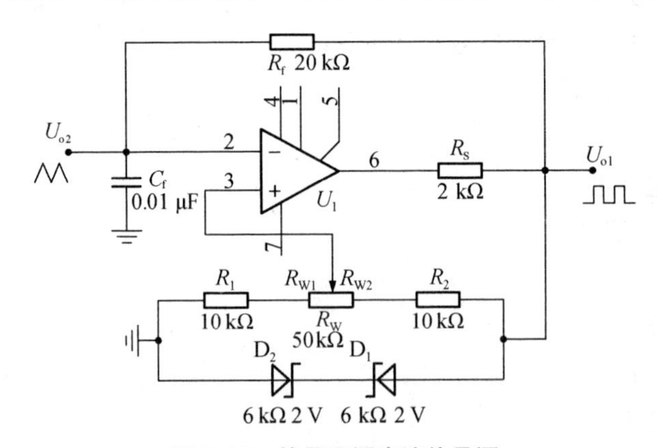

图 2.38　简易可调直流信号源

用万用表测量输入电压U_{i1}、U_{i2}（要求均大于 0 且小于 0.5 V）及输出电压U_o，将数据记入表 2.38。

表 2.38　反相加法运算电路数据

U_{i1}/V				
U_{i2}/V				
U_o/V				

5. 减法运算电路

按图 2.35 正确选择实验元器件并连接实验电路，检查连线正确无误后接通实验电源，模块上的电源指示灯点亮。参照“反相加法运算电路”实验，用万用表测量输入电压 U_{i1}、U_{i2}（要求均大于 0 且小于 0.5 V）及输出电压 U_o，将数据记入表 2.39。

表 2.39　减法运算电路数据

U_{i1}/V					
U_{i2}/V					
U_o/V					

6. 积分运算电路

按图 2.36 正确选择实验元器件并连接实验电路，选择 U_{o1} 作为输出端，检查连线正确无误后接通实验电源，模块上的电源指示灯点亮。取频率为 100 Hz、峰峰值为 2 V 的方波作为输入信号 U_i，用示波器在输出端观察输出为三角波，记录此波形。

7. 微分运算电路

按图 2.37 正确选择实验元器件并连接实验电路，选择 U_{o1} 作为输出端，检查连线正确无误后接通实验电源，模块上的电源指示灯点亮。取频率为 100 Hz、峰峰值为 0.5 V 的方波作为输入信号 U_i，用示波器在输出端观察输出为尖顶波。

实验十五 集成运放的基本应用——波形发生器

【实验目的】

(1) 学习用集成运放构成正弦波、方波和三角波发生器。

(2) 学习波形发生器的调整方法和主要性能指标的测试方法。

【相关理论】

1. *RC* 桥式正弦波振荡器(文氏电桥振荡器)

图 2.39 所示为 *RC* 桥式正弦波振荡器电路，该电路中 *RC* 串、并联电路构成正反馈支路同时兼作选频网络，R_1、R_2、R_W 及二极管等元件构成负反馈和稳幅环节。调节电位器 R_W，可以改变负反馈深度，以满足振荡的振幅条件并改善波形。该电路可利用两个反向并联二极管 D_1、D_2 正向电阻的非线性特性来实现稳幅。D_1、D_2 采用硅管(温度稳定性好)，且要求特性匹配，才能保证输出波形正、负半周对称。R_3 的接入是为了削弱二极管非线性影响，以改善波形失真。

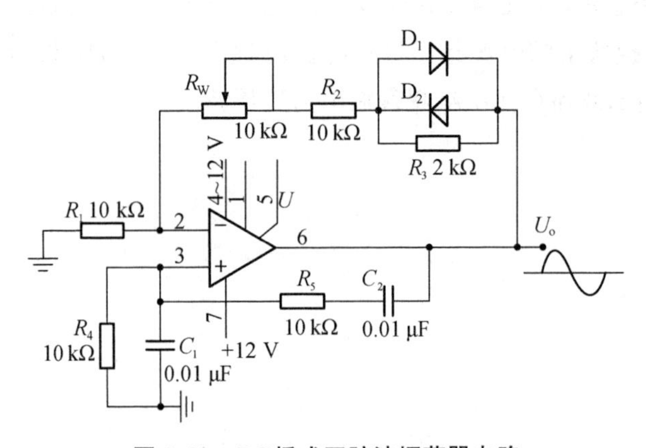

图 2.39 *RC* 桥式正弦波振荡器电路

R_4C_1 与 R_5C_2 形成正反馈支路，若取 $R_4=R_5=R$，$C_1=C_2=C$，则：

电路的振荡频率

$$f_0=\frac{1}{2\pi RC}$$

起振的幅值条件

$$\frac{R_F}{R_1}>2$$

式中，$R_F=R_W+R_2+R_3 /\!/ r_d$，r_d 为二极管正向导通电阻。

调整 R_W，使电路起振，且波形失真最小。如果不能起振，则说明负反馈太强，应适当加大 R_F；如果波形失真严重，则应适当减小 R_F。

改变选频网络的参数 C 或 R，即可调节振荡频率。一般通过改变电容 C 作频率量程切换，而通过调节 R 作量程内的频率细调。

2. 方波发生器

由集成运放构成的方波发生器和三角波发生器，一般均包括比较器和 RC 积分器两大部分。图 2.40 所示为由滞回比较器及简单 RC 积分电路组成的三角波-方波发生器。它的特点是线路简单，但三角波的线性度较差，主要用于产生方波，或用于对三角波要求不高的场合。

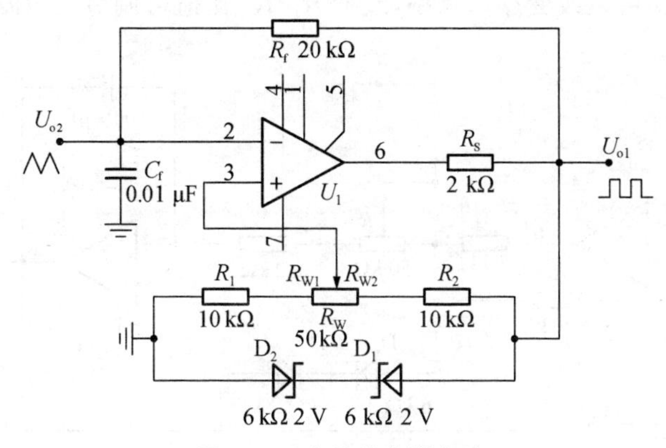

图 2.40　方波发生器电路

该电路的振荡频率：

$$f_0=\frac{1}{2R_fC_f\ln\left(1+2\,\dfrac{R_2'}{R_1'}\right)}$$

R_W 从中点触头分为 R_{W1} 和 R_{W2}：

$$R'_1=R_1+R_{W1}，\quad R_2'=R_2+R_{W2}，$$

方波的输出幅值

$$U_{om}=\pm U_z$$

式中，U_z 为两级稳压管稳压值。

三角波的幅值：

$$U_{cm}=\frac{R_2'}{R_1'+R_2'}U_z$$

调节电位器 $R_W\left(\text{即改变}\dfrac{R_2'}{R_1'}\right)$，可以改变振荡频率，但三角波的幅值也随之变化。如果需要它们互不影响，则可通过改变 R_f（或 C_f）来实现振荡频率的调节。

3. 三角波、方波发生器

如果把滞回比较器和积分器首尾相接形成正反馈闭环系统，如图 2.39 所示，则比较器输出的方波经积分器积分可变为三角波，三角波又触发比较器自动翻转形成方波，这样即可构成三角波、方波发生器。三角波、方波发生器采用了运放组成的积分电路，因此可实现恒流充电，使三角波线性特性大大改善。

电路的振荡频率

$$f_0=\frac{R_2}{4R_1(R_f+R_W)C_f}$$

方波的幅值

$$U_{om}=\pm U_z$$

三角波的幅值

$$U_{Im}=\pm R_1U_z/R_2$$

由上式可见，调节 R_W 可以改变振荡频率，改变 R_1/R_2 比值可调节三角波的幅值。

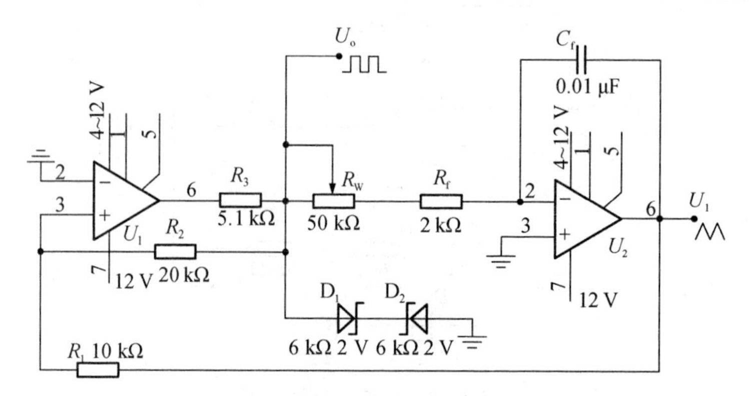

图 2.41　三角波、方波发生器电路

【实验设备与器材】

根据实验要求，所需实验设备与器材如下：

(1)“集成运放电路”模块；

(2)±12 V 电源；

(3)双路可调电压源；

(4)100 kΩ 电位器；

(5)万用表；

(6)信号发生器；

(7)双踪示波器；

(8)实验导线若干。

【实验内容与步骤】

1. 实验连线

在实验基板上正确插好“集成运放电路”模块(注意：若实验基板不带供电，则需在 V_{CC}、V_{EE}与 GND 间接入±12 V 电源。切忌电源接反、输出端短路，否则可能损坏集成块)

2. *RC* 桥式正弦波振荡器

按图 2.39 正确选择实验元器件并连接实验电路，选择 U_{o1} 作为输出端，检查连线正确无误后接通实验电源，模块上的电源指示灯点亮。

输出端 U_{o1} 接示波器，调节电位器 R_W（可在元件库中选择），使输出波形 U_o 从无到有，从正弦波到出现失真。描绘 U_o 的波形，记下临界起振、正弦波输出及失真情况下的 R_W 值，分析负反馈强弱对起振条件及输出波形的影响。调节电位器 R_W，使输出电压 U_o 幅值最大且不失真，用交流毫伏表分别测量输出电压 U_o、反馈电压 U_+（运放③脚电压）和 U_-（运放②脚电压），分析振荡的幅值条件。用示波器或频率计测量振荡输出波形的频率 f_o，然后在选频网络的两个电阻 R_4 和 R_5 上并联同一阻值电阻，观察并记录振荡频率的变化情况，并与理论值进行比较。断开二极管 D_1、D_2，重复实验内容，将测试结果与之前结果进行比较，分析 D_1、D_2 的稳幅作用。

3. 方波发生器

按图 2.40 正确选择实验元器件并连接实验电路，选择 U_{o2} 作为输出端，检查连线正确无误后接通实验电源，模块上的电源指示灯点亮。

将 100 kΩ 电位器（R_W）调至 1/4 位置接入实验电路，作为该电路的 R_W，检查连线正确无误后接通电源。用双踪示波器观察 U_{o1} 及 U_{o2} 的波形（注意其对应关系），测量它们的幅值及频率并记录下来。

改变 R_W 动点的位置，观察 U_{o1}、U_{o2} 幅值及频率变化情况。把动点调至最上端和最下端，用频率计测出频率范围，并记录下来。将 R_W 恢复到 1/4 位置，将稳压管 D_1 两端短接，观察 U_{o2} 波形，分析 D_2 的限幅作用。

4. 三角波、方波发生器

按图 2.41 正确选择实验元器件连接实验电路，选择 U_{o2} 作为输出端，检查连线正确无误后接通实验电源，模块上的电源指示灯点亮。调节 R_W，用双踪示波器观察 U_o 和 U_i 的波形，测出它们的幅值和频率，并测出与之相对应的 R_W 值。

(1) 改变 R_W 的位置，观察其对 U_o、U_i 幅值及频率的影响。

(2) 改变 R_1（或 R_2），观察其对 U_o、U_i 幅值及频率的影响。

实验十六　集成运放的基本应用——有源滤波器

【实验目的】

（1）熟悉用运放、电阻和电容组成有源低通滤波器、高通滤波器和带通、带阻滤波器的方法，并熟悉它们的特性。

（2）学会测量有源滤波器的幅频特性。

【相关理论】

1. 低通滤波器

低通滤波器是指低频信号能通过而高频信号不能通过的滤波器，由一级 RC 网络组成的低通滤波器称为一阶 RC 有源低通滤波器，如图 2.42 所示。

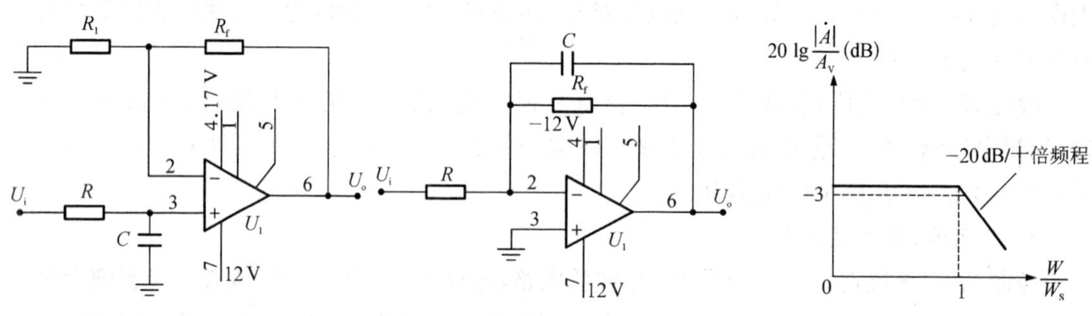

(a) RC 网络接在同相输入端　　(b) RC 网络接在反相输入端　　(c) 一阶 RC 低通滤器的幅频特性

图 2.42　基本的有源低通滤波器电路

为了改善滤波效果，在图 2.42(a)的基础上再加一级 RC 网络，并且为克服在截止频率附近的通频带范围内幅度下降过多的缺点，通常采用将第一级电容 C 的接地端改接到输出端的方式，图 2.43 所示为一个典型的二阶有源低通滤波器电路。

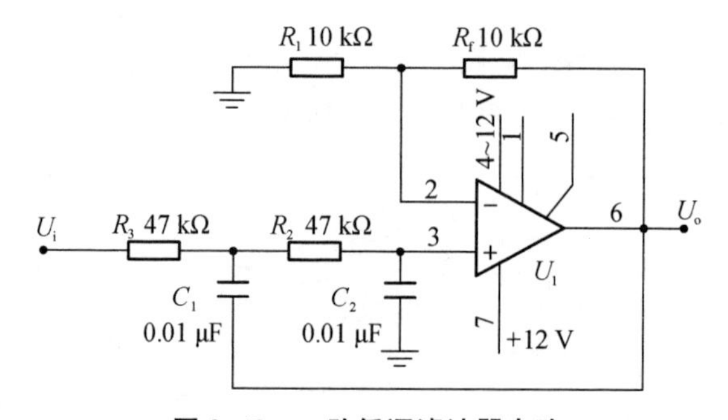

图 2.43　二阶低通滤波器电路

这种有源滤波器的幅频率特性为

$$\dot{A}=\frac{\dot{U}_o}{\dot{U}_i}=\frac{A_u}{1+(3-A_u)SCR+(SCR)^2}$$

式中：$A_u=1+R_f/R_1$ 为二阶低通滤波器的通带增益。$\omega_0=1/RC$ 为截止频率，它是二阶低通滤波器通带与阻带的界限频率。$Q=1/(3-A_u)$ 为品质因数，它的大小会影响低通滤波器在截止频率处幅频特性的形状。注：式中 S 代表 $j\omega$。

2. 高通滤波器

只要将低通滤波电路中起滤波作用的电阻、电容互换，即可变成有源高通滤波器，如图 2.44 所示。其频率响应和低通滤波器是"镜像"关系。

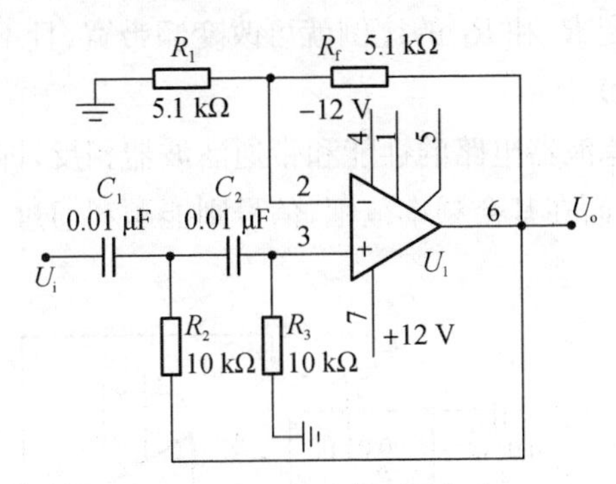

图 2.44　高通滤波器电路

这种高通滤波器的幅频特性为

$$\dot{A}=\frac{\dot{U}_o}{\dot{U}_i}=\frac{(SCR)^2A_u}{1+(3-A_u)SCR+(SCR)^2}=\frac{\left(\frac{\omega}{\omega_0}\right)^2A_u}{1-\left(\frac{\omega}{\omega_0}\right)^2+j\frac{1}{Q}\frac{\omega}{\omega_0}}$$

式中，A_u、ω_0、Q 的意义同上。

3. 带通滤波器*（选做）

这种滤波电路的作用是只允许在某一个通频带范围内的信号通过，而比通频带下限频率低和比上限频率高的信号都会被阻断。典型的带通滤波器可以通过将二阶低通滤波电路中的其中一级改成高通而得到。如图 2.45 所示，它的输入输出关系为

$$\dot{A}=\frac{\dot{U}_o}{\dot{U}_i}=\frac{\left(1+\frac{R_f}{R_1}\right)\left(\frac{1}{\omega_0RC}\right)\left(\frac{S}{\omega_0}\right)}{1+\frac{B}{\omega_0}\frac{S}{\omega_0}+\left(\frac{S}{\omega_0}\right)^2}$$

式中，ω_0 为中心角频率：$$\omega_0=\sqrt{\frac{1}{R_2C^2}\left(\frac{1}{R}+\frac{1}{R_3}\right)}$$

B 为频带宽：$$B=\frac{1}{C}\left(\frac{1}{R}+\frac{2}{R_2}+\frac{R_f}{R_1R_3}\right)$$

Q 代表选择性：$$Q=\frac{f_0}{B}$$

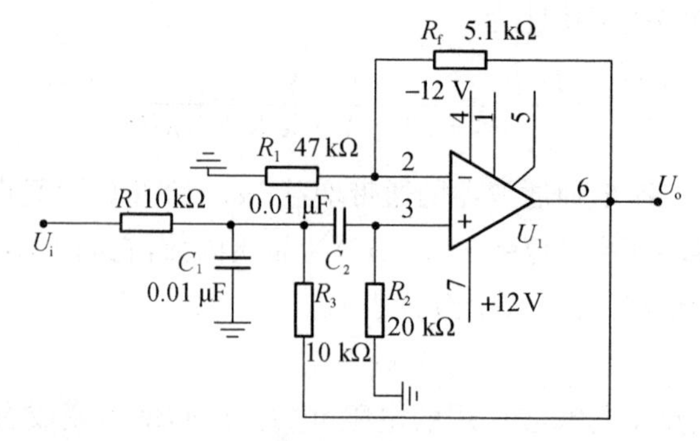

图 2.45　典型二阶带通滤波器电路

这种电路的优点是改变 R_f 和 R_1 的比例就可改变频带宽，且不影响中心频率。

4. 带阻滤波器*（选做）

如图 2.46 所示，带阻滤波器电路的性能和带通滤波器相反，即在规定的频带内，信号不能通过（或受到很大衰减），而在其余频率范围，信号则能顺利通过。带阻滤波器常用于抗干扰设备中。

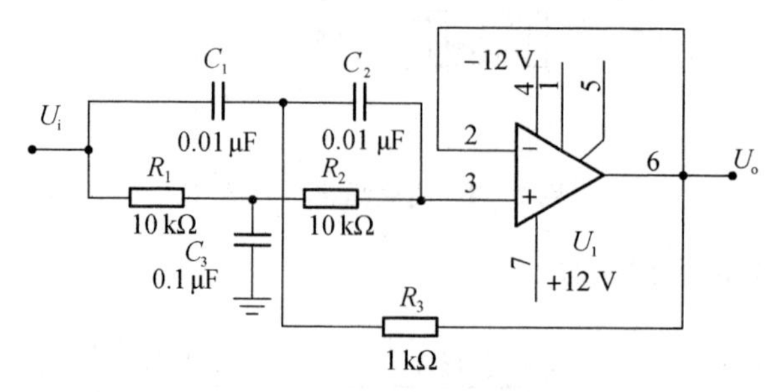

图 2.46　二阶带阻滤波器电路

这种电路的输入、输出关系为

$$\dot{A}=\frac{\dot{U}_o}{\dot{U}_i}=\frac{\left[\left(1+\frac{S}{\omega_0}\right)^2\right]A_u}{1+2(2-A_u)\frac{S}{\omega_0}+\left(\frac{S}{\omega_0}\right)^2}$$

式中：$A_u=R_f/R_1$，$\omega_0=1/RC$。由此可见，A_u 愈接近 2，$|A|$ 愈大，即起到阻断范围变窄的作用。

【实验设备与器材】

根据实验要求，所需实验设备与器材如下：

(1) “集成运放电路”模块；

(2) ±12 V 电源；

(3) 信号发生器；

(4) 双踪示波器；

(5) 实验导线若干。

【实验内容】

1. 实验连线

在实验基板上正确插好“集成运放电路”模块(注意:若实验基板不带供电,则需在 V_{CC}、V_{EE}与 GND 间接入±12 V 电源。切忌电源接反或输出端短路,否则可能损坏集成块)。

2. 二阶低通滤波器

按图 2.43 正确选择实验元器件并连接实验电路,选择 U_{o1} 作为输出端,检查连线正确无误后接通实验电源,模块上的电源指示灯点亮。

取 U_i 为峰峰值等于 1 V 的正弦波,改变其频率(在理论上的截止频率 338 Hz 附近改变),并维持 U_i 峰峰值不变。用示波器观察 U_o 的波形,用频率计测量输入频率,用毫伏表测量输出电压 U_o,记入表 2.40。

表 2.40　二阶低通滤波器

f/Hz			
U_o/V			

取 U_i 为峰峰值等于 1 V 的方波,调节频率(在理论上的截止频率 338 Hz 附近调节),用示波器观察 U_o 波形,越接近截止频率得到的正弦波越好,频率远小于截止频率时波形几乎不变仍为方波。有兴趣的同学可在以下的滤波器实验中用方波作为输入信号,因为方波频谱分量丰富,可以通过示波器很好地观察滤波器的效果。

3. 二阶高通滤波器

按图 2.44 选择实验元器件并连接实验电路,选择 U_{o1} 作为输出端,检查连线正确无误后接通实验电源,模块上的电源指示灯点亮。

取 U_i 为峰峰值等于 1 V 的正弦波,改变其频率(在理论上的高通截止频率 1.6 kHz 附近改变),并保持 U_i 峰峰值不变,用示波器观察 U_o 的波形,用频率计测量输入信号 U_i 的频率,用毫伏表测量输出电压 U_o,将数据记入表 2.41。

表 2.41　二阶高通滤波器

f/Hz			
U_o/V			

实验十七　集成运放的基本应用——电压比较器

【实验目的】

(1) 掌握比较器的电路构成及特点。

(2) 学会测试比较器的方法。

【相关理论】

图 2.47(a)所示为最简单的电压比较器电路，U_R为参考电压，输入电压 U_i加在反相输入端，图 2.47(b)为比较器的传输特性。

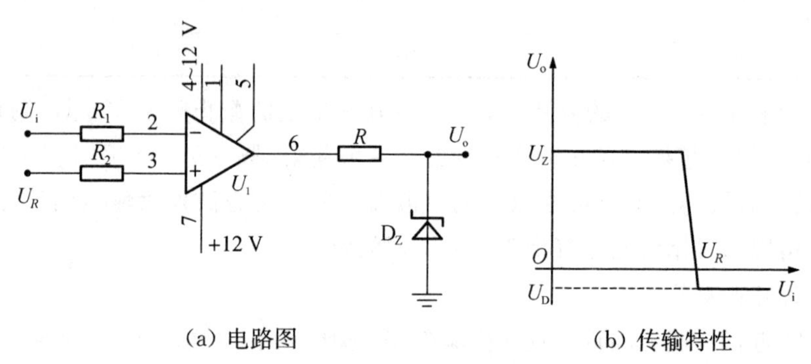

(a) 电路图　　(b) 传输特性

图 2.47　电压比较器电路

当 $U_i<U_R$ 时，运放输出高电平，稳压管 D_Z 反向稳压工作。输出端电位被其钳位在稳压管的稳定电压 U_Z，即 $U_o=U_Z$；当 $U_i>U_R$ 时，运放输出低电平，D_Z 正向导通，输出电压等于稳压管的正向压降 U_D，即 $U_o=-U_D$。

因此，以 U_R 为界，当输入电压 U_i变化时，输出端反映出两种状态——高电位和低电位。常用的幅度比较器有过零比较器、具有滞回特性的过零比较器(又称 Schmitt 触发器)、双限比较器(又称窗口比较器)等。

1. 过零比较器

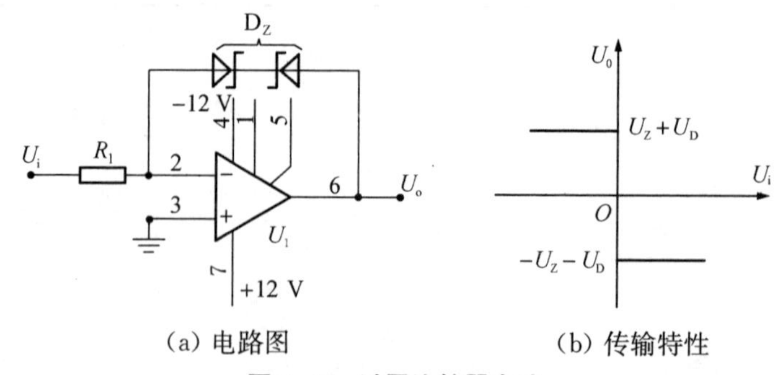

(a) 电路图　　(b) 传输特性

图 2.48　过零比较器电路

2. 具有滞回特性的过零比较器

过零比较器在实际工作时，如果 U_i 恰好在过零值附近，则由于零点漂移的存在，U_o 将不断由一个极限值转换到另一个极限值，在控制系统中，这对执行机构将是很不利的。因此，就需要输出特性具有滞回现象。具有滞回特性的过零比较器电路如图 2.49 所示。

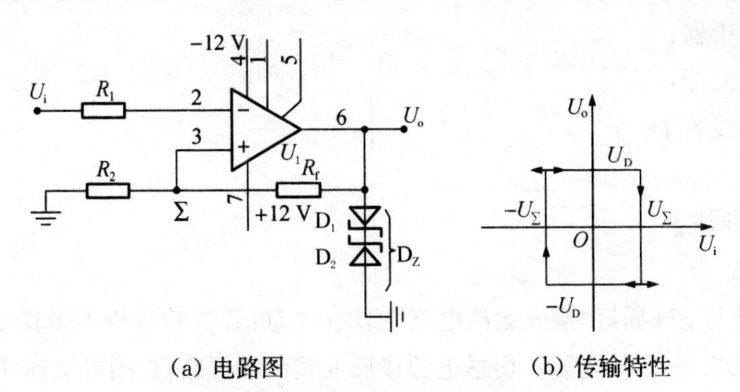

(a) 电路图　　(b) 传输特性

图 2.49　具有滞回特性的过零比较器电路

从输出端引一个电阻分压支路到同相输入端，若 U_o 改变状态，U_Σ 点也随之改变电位，使过零点离开原来位置。U_Σ 计算公示如下：

$$U_\Sigma=\frac{R_2}{R_f+R_2}U_D$$

当 U_o 为正（记作 U_D），则当 $U_D>U_\Sigma$ 后，U_o 即由正变负（记作 $-U_D$），此时 U_Σ 变为 $-U_\Sigma$。故只有当 U_i 下降到 $-U_\Sigma$ 以下，才能使 U_o 再度回升到 U_D，于是出现图 2.49(b)中所示的滞回特性。$-U_\Sigma$ 与 U_Σ 的差称为回差，改变 R_2 的数值可以改变回差的大小。

3. 窗口（双限）比较器

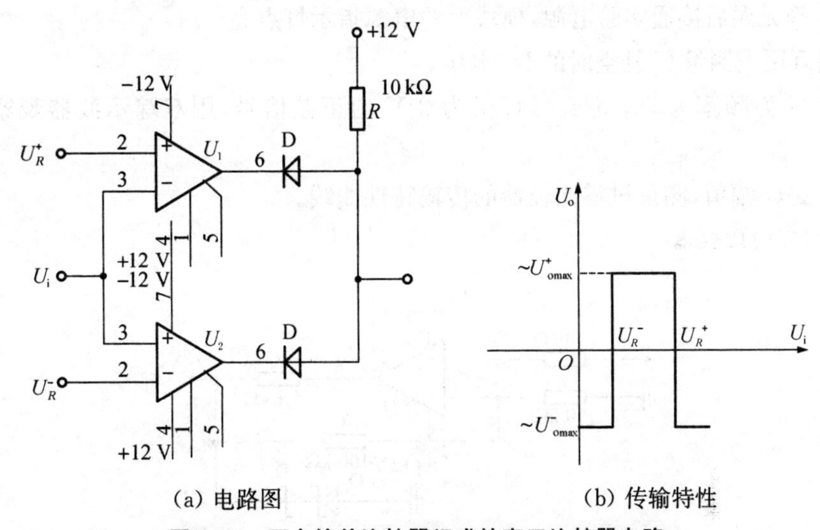

(a) 电路图　　(b) 传输特性

图 2.50　两个简单比较器组成的窗口比较器电路

简单的比较器仅能鉴别输入电压 U_i 比参考电压 U_R 高或低的情况，窗口比较电路由两个简单比较器组成，如图 2.50 所示，它能指示出 U_i 值是否处于 U_R^+ 和 U_R^- 之间。

【实验设备与器材】

根据实验要求,所需实验设备与器材如下:

(1)“集成运放电路”模块;

(2)±12 V 电源;

(3)信号发生器;

(4)双踪示波器;

(5)实验导线若干。

【实验内容与步骤】

1. 实验连线

在实验基板上正确插好“集成运放电路”模块(注意:若实验基板不带供电,则需在 V_{CC}、V_{EE}与 GND 间接入±12 V 电源。切忌电源接反或输出端短路,否则可能损坏集成块)。

2. 过零电压比较器

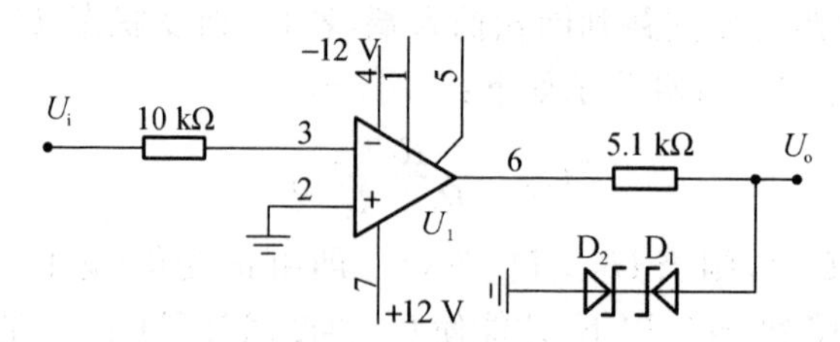

图 2.51　过零比较器电路

(1)按图 2.51 选择实验元器件并连接实验电路:选择 U_2 及其外围电路搭建实验电路,检查连线正确无误后接通实验电源,模块上的电源指示灯点亮。

(2)用万用表测量 U_i悬空时的 U_o 电压。

(3)取 U_i 为频率为 500 Hz、峰峰值为 2 V 的正弦信号,用双踪示波器观察 U_i 和 U_o 波形。

(4)改变 U_i幅值,测量过零比较器的传输特性曲线。

3. 反相滞回比较器

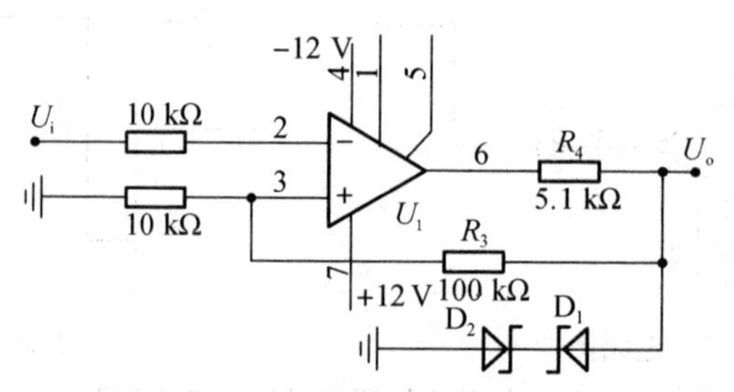

图 2.52　反相滞回比较器电路

(1)按图 2.52 选择实验元器件并连接实验电路:选择 U_2 及其外围电路搭建实验电路,检查连线正确无误后接通实验电源,模块上的电源指示灯点亮。

(2) U_i接频率为 500 Hz，峰峰值为 2 V 的正弦信号，用双踪示波器观察U_i和U_o的波形。

(3) 将分压支路 100 kΩ 电阻(R_3)改为 200 kΩ(100 kΩ+100 kΩ)，重复上述实验，测定传输特性。

4. 同相滞回比较器

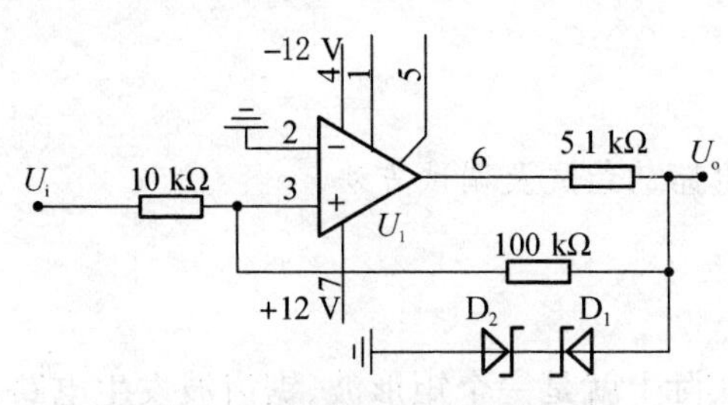

图 2.53　同相滞回比较器电路

按图 2.53 正确连接实验电路，参照“反相滞回比较器”实验步骤，自拟实验内容及方法。将所得结果与“反相滞回比较器”实验相比较。

5. 窗口比较器*(选做)

参照图 2.50 自拟实验内容和方法测定窗口比较器传输特性。

实验十八　电压-频率转换电路

【实验目的】

了解电压-频率转换电路的组成及调试方法。

【相关理论】

如图 2.54 所示电路实际上就是一个矩形波、锯齿波发生电路，只不过该电路是通过改变输入电压 U_i 的幅值大小来改变波形频率，从而将电压参量转换成频率参量。

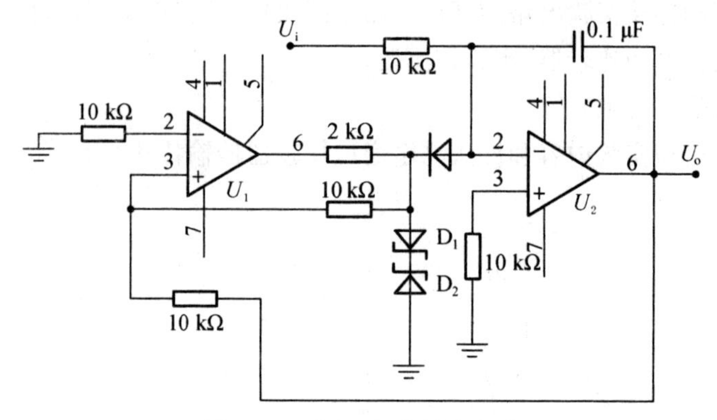

图 2.54　电压-频率转换电路

【实验设备与器材】

根据实验要求，所需实验设备与器材如下：

(1) “集成运放电路”模块；

(2) ±12 V 电源；

(3) 可调电压源；

(4) 信号发生器；

(5) 双踪示波器；

(6) 实验导线若干。

【实验内容与步骤】

在实验基板上正确插好“集成运放电路”模块(注意：若实验基板不带供电，则需在 V_{CC}、V_{EE} 与 GND 间接入±12 V 电源。切忌电源接反或输出端短路，否则可能损坏集成块)。

按图 2.54 选择实验元器件并连接实验电路：选择 U_{o2} 作为输出，检查连线正确无误后接通实验电源，模块上的电源指示灯点亮。

将一个 0.5～4.5 V 可调的直流信号源作为 U_i 输入，按表 2.42 的内容测量电路的电压-频率转换关系，分别调节 U_i 为各种不同幅值，用示波器观察 U_o 波形并测量 U_o 频率。将所测数值记录至表 2.42 中。

表 2.42　电压-频率转换关系

测量值	U_i/V	0.5	1	2	3	4	4.5
用示波器测得	T/ms						
	f/Hz						

作出电压-频率关系曲线，将电容变为 0.01 μF，重复以上实验内容，观察 U_o 波形如何变化。

实验十九　直流稳压电源——晶体管稳压电源

【实验目的】

(1) 研究单相桥式整流电路、电容滤波电路的特性。

(2) 掌握稳压管、串联晶体管稳压电源主要技术指标的测试方法。

【相关理论】

1. 稳压电路基本原理

电子设备一般都需要直流电源供电。这些直流电除了少数是直接利用干电池和直流发电机得到外，大多数是通过把交流电(市电)转变为直流电的直流稳压电源得到的。

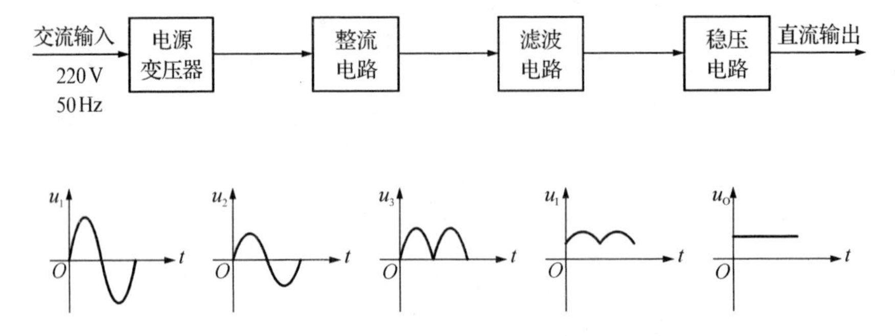

图 2.55　直流稳压电源框图及电压波形图

直流稳压电源由电源变压器、整流电路、滤波电路和稳压电路四部分组成，其原理框图如图 2.55 所示。电网供给的交流电压 u_1(220 V、50 Hz)经电源变压器降压后，变为符合电路需要的交流电压 u_2，然后由整流电路变换成方向不变、大小随时间变化的脉动电压 u_3，用滤波器滤去其交流分量，就可得到比较平直的直流电压 u_I。但这样的直流输出电压，还会随交流电网电压的波动或负载的变动而变化。在对直流供电要求较高的场合，还需要使用稳压电路，以保证输出直流电压更加稳定。

2. 稳压管稳压电路

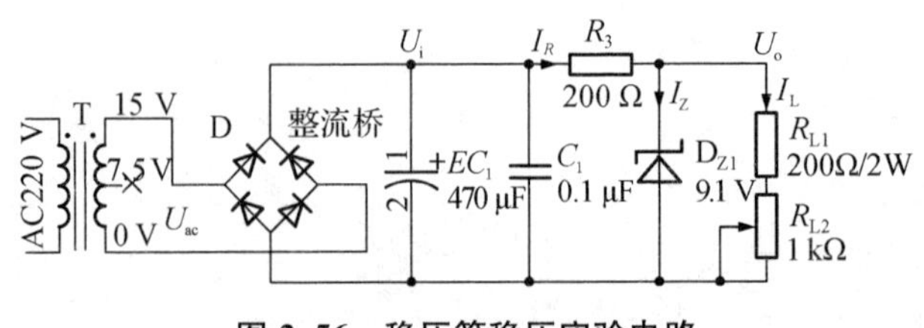

图 2.56　稳压管稳压实验电路

稳压管稳压电路的整流部分为单相桥式整流、电容滤波电路，稳压部分可分以下两种情况进行分析：

(1) 若电网电压波动，使 U_i 上升时，则

$$U_i\uparrow\rightarrow U_o\uparrow\rightarrow I_Z\uparrow\uparrow\rightarrow I_R\uparrow\rightarrow U_R\uparrow$$
$$U_o\uparrow\leftarrow$$

(2) 若负载改变，使 I_L 增大时，则

$$I_L\uparrow\rightarrow I_R\uparrow\rightarrow U_o\downarrow\rightarrow I_Z\downarrow\downarrow\rightarrow I_R\downarrow\rightarrow U_R\downarrow$$
$$U_o\uparrow\leftarrow$$

根据稳压管的伏安特性，为防止外接负载 R_L 短路，故串上 200 Ω/2 W 电阻以保护电位器，才能实现稳压。

3. 串联晶体管稳压

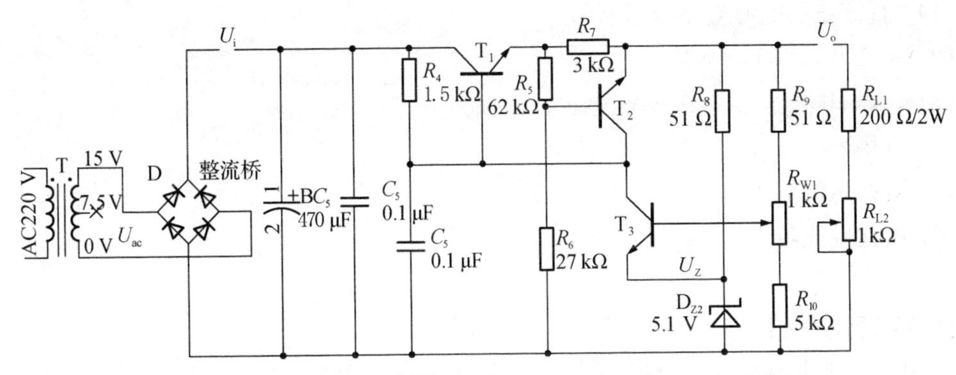

图 2.57　串联型稳压电源实验电路

如图 2.57 所示，由于在稳压电路中，调整管与负载串联，因此流过它的电流与负载电流一样大。当输出电流过大或电路发生短路时，调整管会因电流过大或电压过高而损坏，所以需要对调整管加以保护。在图 2.57 电路中，晶体管 T_2、R_5、R_6、R_7 组成减流型保护电路。此电路设计在 $I_{op}=1.2I_o$ 时开始起保护作用，此时输出电流减小，输出电压降低。故障排除后电路应能自动恢复正常工作。在调试时，若保护作用提前，应减少 R_6 值；若保护作用滞后，则应增大 R_6 值。稳压电源的主要性能指标如下：

(1) 输出电压 U_o 和输出电压调节范围

$$U_o=\frac{R_9+R_{W1}+R_{10}}{R_{10}+R'_{W1}}(U_Z+U_{BE2})$$

调节 R_{W1} 可以改变输出电压 U_o；可以得到最大负载电流 I_{Cm}（在输出电压 U_o 不变的前提下调节电位器 R_{W1} 得到的最大的负载电流）。

(2) 输出电阻 R_o

输出电阻 R_o 定义：输入电压 U_i（稳压电路输入）保持不变时，由负载变化而引起的输出电压变化量与输出电流变化量之比，即

$$R_o=\left.\frac{\Delta U_o}{\Delta I_o}\right|_{U_i=\text{常数}}$$

(3) 稳压系数 S(电压调整率)

稳压系数定义:负载保持不变时,输出电压相对变化量与输入电压相对变化量之比,即

$$S=\left.\frac{\Delta U_o/U_o}{\Delta U_I/U_I}\right|_{R_L=\text{常数}}$$

由于工程上常把电网电压波动±10%作为极限条件,因此有时也将此时输出电压的相对变化 $\Delta U_o/U_o$ 作为衡量指标,称为电压调整率。

(3) 纹波电压

输出纹波电压是指在额定负载条件下,输出电压中所含交流分量的有效值(或峰峰值)。

【实验设备与器材】

根据实验要求,所需实验设备与器材如下:

(1)"直流稳压电源电路"模块;

(2) AC15V/7.5V/0V 电源;

(3) 1 kΩ 电位器、200 Ω/2 W 电阻;

(4) 万用表;

(5) 双踪示波器;

(6) 实验导线若干。

【实验内容与步骤】

1. 整流滤波电路测试

在实验基板上正确插好"直流稳压电源电路"模块。注意:交流电源从仪表模块获取,电位器从元件库模块获取(若有配套的带源实验底板,则二者均可从实验底板获取)。

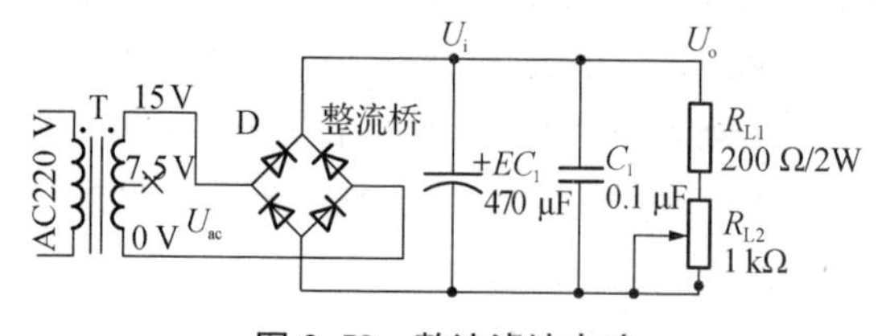

图 2.58 整流滤波电路

(1) 无滤波电容电路测试

调节 R_{L2} 使 $R_L=(R_{L1}+R_{L2})=200\ \Omega$,不加滤波电容,将 R_L 直接接入 DC^+ 与 DC^- 之间,检查连线正确无误后接通实验电源,用万用表测量 R_L 两端直流输出电压 U_o 及纹波电压 U_o(U_o 的交流成分),并用示波器分别观察 U_{ac},以及 R_L 两端输出 U_o 的波形(注意示波器接地点的位置),记入表 2.43。

(2) 有滤波电容电路测试

① 调节 R_{L2} 使 $R_L=(R_{L1}+R_{L2})=200\ \Omega$,按照图 2.58 加入滤波电容,将 R_L 直接接入 $EC_1{}^+$ 与 EC^- 之间,检查连线正确无误后接通实验电源,用万用表测量 R_L 两端直流输出电

压 U_o 及纹波电压 $\widetilde{U}_o$(U_o 的交流成分)，并用示波器分别观察 U_{ac}，以及输出 U_o 的波形，记入表 2.43；

② 调节 R_{L2} 使 $R_L=(R_{L1}+R_{L2})=300\ \Omega$，重复上述测量，记入表 2.43。

注意：每次改接电路时，必须切断变压器电源；在观察输出电压 U_o 波形的过程中，“Y 轴灵敏度”旋钮位置调好以后，不要再变动，否则将无法比较各波形的脉动情况。

表 2.43　整流滤波电路测试

实验电路图		U_o	$\widetilde{U}_o$	U_o 波形
$R_L=200\ \Omega$				u_L / O / t
$R_L=200\ \Omega$ $C=470\ \mu F$				u_L / O / t
$R_L=300\ \Omega$ $C=470\ \mu F$				u_L / O / t

2. 稳压管稳压性能测试

按图 2.56 正确连接实验电路：交流电源从仪表模块获取，电位器从元件库模块获取(若有配套的带源实验底板，则二者均可从实验底板获取)。

(1) U_o 开路(不接负载 R_L)

检查连线正确无误后接通电源，用万用表测出稳压源的稳压输出 U_{o1}^+ 与 GND_1 之间值，将数据填入表 2.44 中。

(2) U_o 接负载

U_{i1}^+ 与 GND_1 之间接入负载 R_L，调节 R_{L2}，检查连线正确无误后接通实验电源，用万用表测出在稳压情况下(稳压输出电压为 9.1 V)的最小负载(断开电源和负载连接线后测量负载)，将数据填入表 2.44 中。

(3) 输入电压测试

断开电源，把 AC15V 交流输入换为 AC7.5V 交流输入，重复(1)、(2)的内容。

表 2.44　稳压管稳压性能测试

输入电压 U_{ac}	测量条件	U_o	R_L
AC15V	U_o 开路		∞
	U_o 接负载		
AC7.5V	U_o 开路		∞
	U_0 接负载		

注：大于 7 V 的稳压管具有正温度系数，即在稳压电路长时间工作时稳压输出电压可能

会随稳压管温度的升高而上升。

3. 串联型稳压电源性能测试

按图 2.57 正确连接实验电路:交流电源从仪表模块获取,电位器从元件库模块获取(若有配套的带源实验底板,则二者均可从实验底板获取)。

(1) U_o 开路(不接负载 R_L)

稳压器输出负载端开路,即断开 U_{o2}^+ 与 GND_2 之间 R_L,检查连线正确无误后接通实电源,用万用表交流电压挡测量整流电路输入电压 U_{ac},万用表直流电压挡测量滤波电路输出电压 U_i 和电路输出电压 U_o。调节电位器 R_{W1},观察 U_o 的大小和变化情况,如果 U_o 能随 R_{W1} 线性变化,说明稳压电路各反馈环路工作基本正常;否则,说明稳压电路有故障。由于稳压器是一个深度负反馈闭环系统,只要环路中任意一个环节出现故障(某管截止或饱和),稳压器就会失去自动调节作用。此时可分别检查基准电压 U_Z,输入电压 U_i,输出电压 U_o,以及比较放大管(T_2)和调整管(T_1、T_3)各电极的电位(主要是 U_{BE} 和 U_{CE}),分析它们的工作状态是否都处在线性区,从而找出故障原因。排除故障以后就可以进行下一步测试。将 U_{ac} 改接 7.5 V 交流电源,重复以上实验内容,测试 U_o 的可调范围。

(2) U_o 接负载

在 U_{o2}^+ 与 GND_2 之间接入负载 R_L,调节 R_{L2} 使 $R_L=(R_{L1}+R_{L2})=200\ \Omega$,保持 R_L 不变,调节电位器 R_{W1},测量输出电压 U_o 可调范围 $U_{omin}\sim U_{omax}$。

(3) 测量各级静态工作点

在上述稳压范围的基础上调节 R_{W1} 使输出电压 $U_o=9$ V,调节 R_{L2} 使输出电流 $I_o=25$ mA。测量三极管 T_1、T_2、T_3 各极静态工作点,记入表 2.45。

表 2.45　测量各级静态工作点

测量值	T_1	T_2	T_3
U_B/V			
U_C/V			
U_E/V			

(4) 测量稳压系数 S

取 $I_o=25$ mA,按表 2.46 改变整流电路输入电压 U_{ac},分别测出相应的稳压器输入电压 U_i 及输出直流电压 U_o,将数据记入表 2.46。

(5) 测量输出电阻 R_o

取 $U_{ac}=15$ V,改变 R_{L2},使 I_o 为空载电流、25 mA 和 50 mA,测量相应的 U_o 值,将数据记入表 2.47。

表 2.46　测量稳压系数 S

测试值			计算值
U_{ac}/V	U_i/V	U_o/V	S
7.5		5	S=
15		9	

表 2.47 测量输出电阻 R_o

测试值		计算值
I_o/mA	U_o/V	R_o/Ω
空载电流	9	
25	9	
50	9	

(6) 测量输出纹波电压

取 $U_{ac}=15$ V,$U_o=9$ V,$I_o=25$ mA,测量输出纹波电压 $\widetilde{U}_o$(U_o 的交流成分),记录之。(用示波器测量纹波电压的峰峰值 U_{opp},或者用毫伏表直接测量其有效值,由于纹波电压不是正弦波,测量结果会有一定的误差。)

实验二十　直流稳压电源——集成稳压器

【实验目的】

(1) 掌握集成稳压器的特点和性能指标的测试方法。

(2) 学会用集成稳压器设计稳压电源。

【相关理论】

随着半导体工艺的发展,稳压电路也被制成了集成器件。由于集成稳压器具有体积小、外接线路简单、使用方便、工作可靠和具有通用性等优点,因此在各种电子设备中应用十分普遍,基本上取代了由分立元件构成的稳压电路。集成稳压器的种类很多,应根据设备对直流电源的要求来进行选择。对于大多数电子仪器、设备和电子电路来说,通常选用的是串联线性集成稳压器。而在这种类型的器件中,又以三端式稳压器应用最为广泛。

1. 固定式三端稳压器

W7800、W7900 系列三端式集成稳压器的输出电压是固定的,在使用中不能进行调整。W7800 系列三端式稳压器输出正极性电压,一般有 5 V、6 V、9 V、12 V、15 V、18 V、24 V 七个档次,输出电流最大可达 1.5 A(加散热片)。同类型 78 M 系列稳压器的输出电流为 0.5 A,78 L系列稳压器的输出电流为 0.1 A。若需要负极性输出电压,则可选用 W7900 系列稳压器。

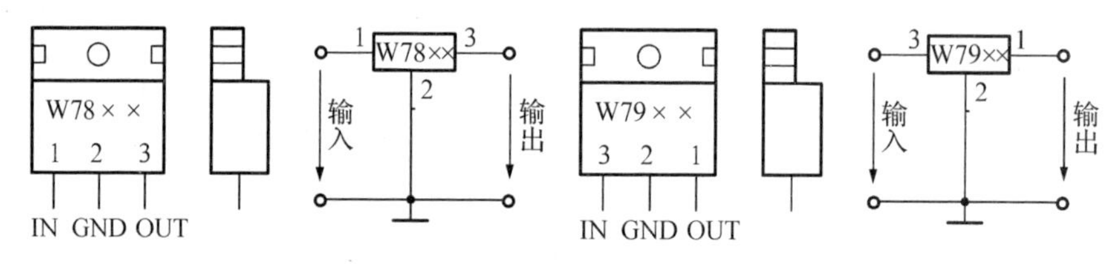

图 2.59　W7800、W7900 系列稳压器外形及接线图

图 2.60 所示是用三端式稳压器 7805 构成的实验电路图。该电路输出直流电压 $U_o=+5$ V,输出电流为 0.1 A(78L05)或 0.5 A(78M05),电压调整率 10 mV/V,输出电阻 $R_o=0.15\ \Omega$,输入电压 U_i的范围7～12 V。一般 U_i要比 U_o 大 2～5 V,才能保证集成稳压器工作在线性区。滤波电容 EC 一般选取几百到几千微法。在输入端必须接入电容器 C_1(0.1 μF),以抵消线路的电感效应,防止产生自激振荡。输出端电容 C_3(0.1 μF)用以滤除输出端的高频信号,改善电路的暂态响应。

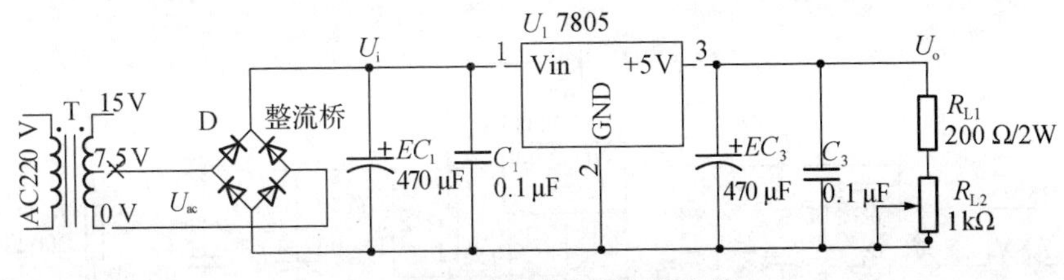

图 2.60　固定式稳压电源电路

图 2.61 是用三端式稳压器 7805、7905 构成的正负电源实验电路图。其基本工作原理与单路固定稳压电源类似，只是须注意区分稳压器的管脚分布，以及滤波电容的极性，本实验作为选做内容。

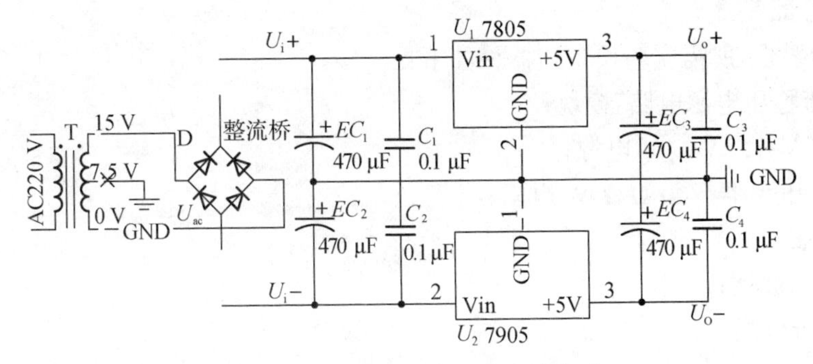

图 2.61　固定式正负稳压电源电路

2. 可调式三端稳压器

78、79 系列三端式集成稳压器的输出电压是固定的，在使用中不能进行调整。另有可调式三端稳压器 LM317 系列(正稳压器)和 LM337 系列(负稳压器)。

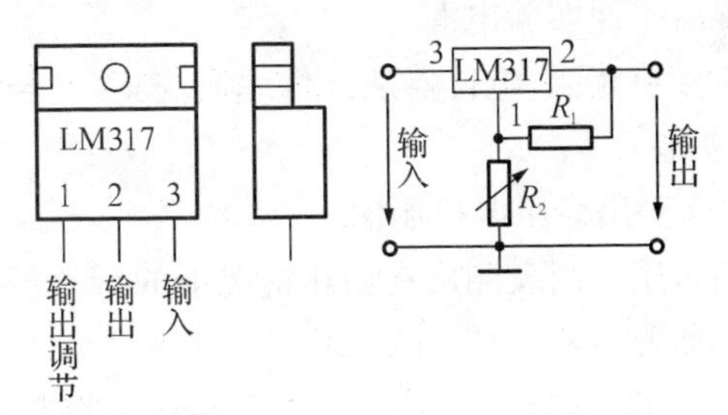

图 2.62　LW317 稳压器外形及接线图

输出电压计算公式：

$$U_o = 1.25\left(1+\frac{R_1}{R_2}\right)$$

最大输入电压：$U_{im}=40$ V；输出电压范围：$U_o=1.2\sim37$ V。可调集成稳压电路实验原理图如图 2.62 所示，此电路采用可调式三端稳压电源 LM317 电路，可输出连续可调的直流电压，其输出电压范围在 1.25～37 V，最大输出电流为 1.5 A，稳压器内部含有过流、过热保护电路。图 2.63 所示为可调集成稳压电源电路，EC_1、EC_3 为滤波电容，D_6 为保护二极管，用于防止稳压器输出端短路而损坏集成块。

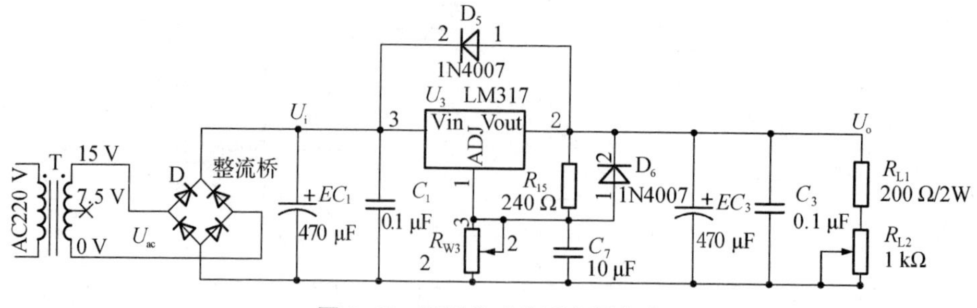

图 2.63 可调集成稳压电源电路

【实验设备与器材】

根据实验要求,所需实验设备与器材如下:

(1)“直流稳压电源电路”模块;

(2) AC15V/7.5V/0 V 电源;

(3) 1 kΩ 电位器、200 Ω/2 W 电阻;

(4) 万用表;

(5) 双踪示波器;

(6) 实验导线若干。

【实验内容与步骤】

1. 固定稳压电源电路测试

在实验基板上正确插好“直流稳压电源电路”模块。根据图 2.60 所示实验电路,正确连接电路,检查连线正确无误后接通实验电源。

说明:交流电源从仪表模块获取,电位器从元件库模块获取(若有配套的带源实验底板,则二者均可可从实验底板获取)。

(1) 断开负载,用万用表测出稳压源稳压值。

(2) 接入负载,调节 R_{L2},用万用表测出在稳压情况下的 U_o 变化情况。

2. 可调稳压电源电路测试

根据图 2.63,正确连接电路,检查连线正确无误后接通实验电源。

(1) 断开负载,用万用表测出稳压源稳压值。

① 测出开路情况下的稳压范围。

② 接入负载,调节 R_{L2} 使 $R_L=R_{L1}+R_{L2}=240\ \Omega$,调节 R_{W3},用万用表测出 U_o 变化情况。

(2) 测量稳压系数 S,参考“晶体管稳压电源”实验,取 $R_L=R_{L1}+R_{L2}=240\ \Omega$,在 U_{ac} 为 7.5 V 和 15 V 时求出 S,自拟表格进行实验。

① 测量输出电阻 R_o,参考“晶体管稳压电源”实验,自拟表格进行实验。

② 测量纹波电压,参考“晶体管稳压电源”实验,自拟表格进行实验。

3. 针对所学和实际调试情况,自己设计一个固定正负稳压电源实验*(选做)

实验二十一　晶闸管可控整流电路

【实验目的】

(1) 学习单结晶体管和晶闸管的简易测试方法。

(2) 熟悉单结晶体触发电路(阻容移相桥触发电路)的工作原理及调试方法。

(3) 熟悉用单结晶体管触发电路控制电路控制晶闸管调压电路的方法。

【相关理论】

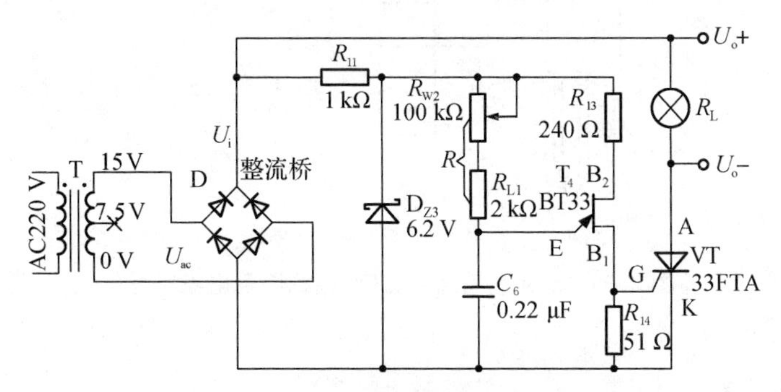

图 2.64　单相半控桥式整流实验电路

可控整流电路的作用是把交流电变换为电压值可以调节的直流电。图 2.64 所示为单相半控桥式整流实验电路。主电路由负载 R_L(发光二极管)和晶闸管 T_1 组成,触发电路为单结晶体管 T_2 及一些阻容元件构成的阻容移相桥触发电路。改变晶闸管 T_1 的导通角,便可调节主电路的可控输出整流电压(或电流)的数值,这点可由发光二极管的亮度变化看出。晶闸管导通角的大小决定于触发脉冲的频率 f,f 计算公式如下:

$$f=\frac{1}{RC\ln\left(\frac{1}{1-\eta}\right)}$$

可知,当单结晶体管的分压比 η(一般在 0.5～0.8 之间)及电容 C 值固定时,频率 f 大小由 R 决定,因此,调节电位器 R_{W2},可以改变触发脉冲频率,主电路的输出电压也随之改变,从而达到可控调压的目的。

用万用表的电阻挡可以对单结晶体管和晶闸管进行简易测试。图 2.65 为单结晶体管 BT33 管脚排列图、结构图及电路符号。好的单结晶体管 PN 结正向电阻 R_{EB_1}、R_{EB_2} 均较小,且 R_{EB_1} 稍大于 R_{EB_2},PN 结的反向电阻 R_{B_1E}、R_{B_2E} 均应很大,根据所测阻值,即可判断各管脚及管子的质量优劣。

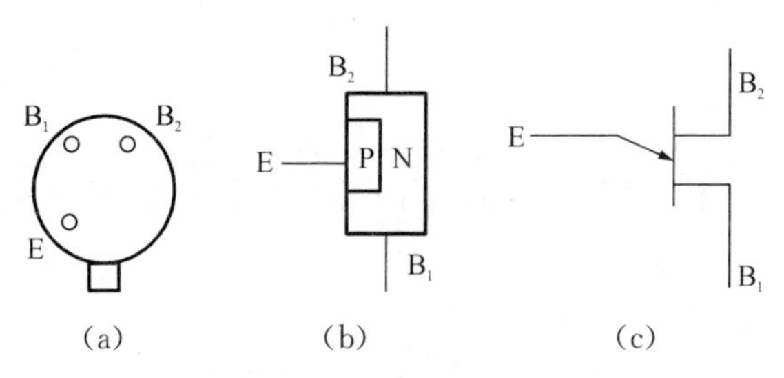

图 2.65　单结晶体管 BT33 管脚排列、结构图及电路符号

图 2.66 为晶闸管 3CT3A 管脚排列、结构图及电路符号。晶闸管阳极(A)—阴极(K)及阳极(A)—门极(G)之间的正、反向电阻 R_{AK}、R_{KA}、R_{AG}、R_{GA}均很大,而 G—K 之间为一个 PN 结,PN 结正向电阻应较小,反向电阻应很大。

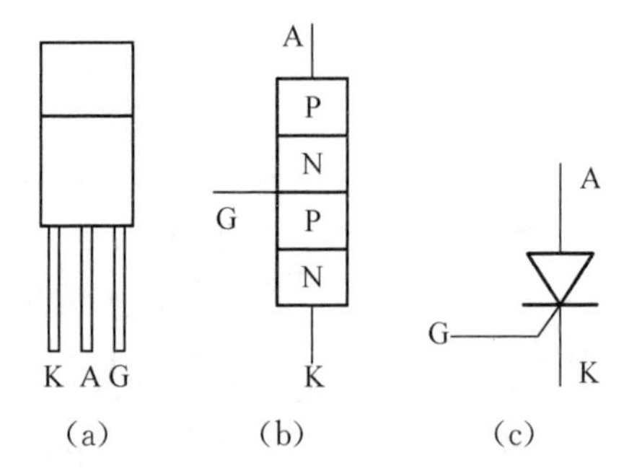

图 2.66　晶闸管管管脚排列、结构图及电路符号

【实验设备与器材】

根据实验要求,所需实验设备与器材如下:

(1) “直流稳压电源电路”模块;

(2) AC15V/7.5V/0 V 电源;

(3) 灯泡;

(4) 万用表;

(5) 双踪示波器;

(6) 实验导线若干。

【实验内容与步骤】

1. 单结晶体管的简易测试

在实验基板上正确插好“直流稳压电源电路”模块。用万用表分别测量 BT33 的 EB1、EB2 间正向、反向电阻,记入表 2.48。

表 2.48　单结晶体管的简易测试

R_{EB_1}/Ω	R_{EB_2}/Ω	$R_{B_1E}/\text{k}\Omega$	$R_{B_2E}/\text{k}\Omega$	结论

2. 晶闸管的简易测试

用万用表欧姆挡分别测量 3CT3A 的 A—K、A—G 间正向、反向电阻；测量 G—K 间正向、反向电阻，注意合适选择量程，将数据记入表 2.49。

表 2.49　晶闸管的简易测试

R_{AK}/kΩ	R_{KA}/kΩ	R_{AG}/kΩ	R_{GA}/kΩ	R_{GK}/kΩ	R_{KG}/kΩ	结论

3. 晶闸管可控整流电路

根据图 2.64 所示实验电路正确连接电路，检查连线正确无误后接通实验电源。交流电源从仪表模块获取，灯泡从元件库模块获取(若有配套的带源实验底板，则二者均可从实验底板获取)，调节电位器 R_{W2}，使灯泡由暗到中等亮，再到最亮，用示波器观察晶闸管两端电压 U_{T1}(A—K)、负载两端电压 U_L 波形，并用万用表测量交流压降 U_{T1}、负载两端直流电压 U_L 及变压器输出交流电压 U_{ac}的有效值(U_2)并记入表 2.50。

表 2.50　晶闸管可控整流电路

测量值	暗	较亮	最亮
U_L 波形			
U_{T1}波形			
U_L/V			
U_2/V			

实验二十二　综合应用实验——波形变换电路

【实验目的】

(1) 学习用各种基本电路组成实用电路的方法。

(2) 进一步掌握电路的基本理论及实验调试技术。

【相关理论】

本实验采用方波-三角波(占空比可调)-正弦波变换的电路设计方法。产生正弦波、方波、三角波的方法有多种,如首先产生正弦波,然后通过整形电路将正弦波变换成方波,再由积分电路将方波变成三角波;也可以首先产生三角波-方波,再将三角波变成正弦波或将方波变成正弦波等。这次实验我们采用方波-三角波-正弦波变换的电路设计方法。这次设计采用三级单元电路,电路图如图 2.67 所示。

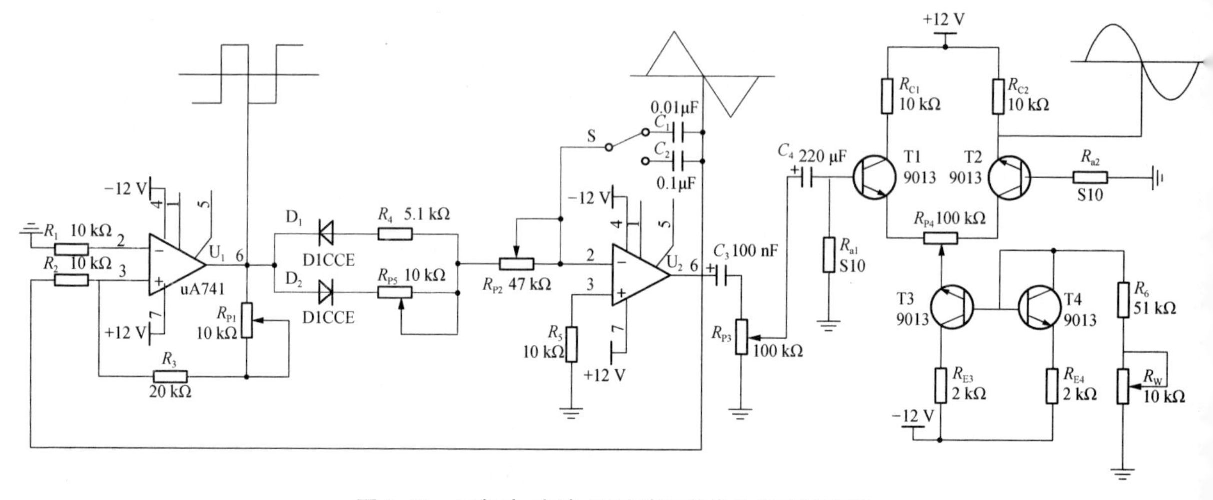

图 2.67　三角波-方波-正弦波函数发生器实验电路

该电路中方波是自激振荡产生的,最左边的是产生方波的电路,采用的芯片是 uA741。三角波是由一个积分电路对方波进行变换而产生的,它的占空比可调,由一个并联的反向二极管实现,这样在电位器调节到极值时,可以出现锯齿波,而且可通过一个开关来实现调节电容值的效果。

最右边是三角波-正弦波电路,主要是由差分放大器来完成波形变换。图 2.67 所示电路是由三级单元电路组成的,在调试多级电路时,通常按照单元电路的先后顺序进行分级调试与级联。差分放大器具有工作点稳定,输入阻抗高,抗干扰能力强等优点。特别是作为直流放大器时，可以有效抑制零点漂移，因此它可将频率很低的三角波变换成正弦波。

【实验设备与器材】

根据实验要求，所需实验设备与器材如下：

(1) “集成运放电路”模块；

(2) “晶体管放大电路二”模块；

(3) ±12 V 电源；

(4) 10 kΩ、100 kΩ 电位器；

(5) 万用表；

(6) 双踪示波器；

(7) 实验导线若干。

【实验内容与步骤】

1. 实验连线

在实验基板上正确插好“晶体管放大电路二”模块（备注：若实验基板不带供电，则需在 V_{CC} 与 GND 间接入 +12 V 电源）、“集成运放电路”模块（备注：若实验基板不带供电，则需在 V_{CC}、V_{EE} 与 GND 间接入 ±12 V 电源）。按图 2.67 所示正确连接实验电路，检查连线正确无误后接通实验电源，模块上的电源指示灯点亮。

集成运放模块既提供了模拟电路实验所需要的运算放大器，同时还为整个模拟电路实验系统提供了实验所需要的元器件，实验中所需的各种元器件均可从此模块获取。注意：切忌电源接反、输出端短路，否则可能损坏集成块。图 2.67 中开关 S 相当于选择连接上哪个电容，这里先连接 $C_1=0.01\ \mu F$。

2. 方波-三角波发生器的调试

比较器 U_1 与积分器 U_2 组成正反馈闭环电路，分别输出方波与三角波，这两个单元电路可以同时调试。先使 $R_{P1}=5\ k\Omega$，$R_{P5}=5.1\ k\Omega$，R_{P2} 取 2.5～35 kΩ 内的任一值，否则电路可能不起振。只要电路接线正确，就能使 U_1 输出为方波，U_2 输出为三角波。

用示波器观察 U_1 和 U_2 的输出波形，微调 R_{P1}，用毫伏表测量三角波的幅度变化范围；调节 R_{P2}，用频率计测量出三角波和正弦波可连续调节的频率范围。

将 R_{P2} 调节至小于 2.5 kΩ，调节 R_{P5}，在 U_2 输出端可观测到占空比可调的三角波（锯齿波）。把电容 C_1 换为 $C_2=0.1\ \mu F$，重复内容实验。

3. 三角波-正弦波变换电路的调试

调节 R_{P3} 使输出三角波的幅度（经 R_{P3} 后的输出）最大且不失真，调节 P_{R4}、R_W 来改变静态工作点，这时在与图 2.67 中正弦波输出点对应的地方用示波器观察，此处波形应接近正弦波，如果观测到的波形出现正弦波失真，则应调节相应电位器。产生失真的原因及相应解决措施如下：

钟形失真：如图 2.68(a)所示，传输特性曲线的线形区太宽，应减小 R_{P4}。半波圆顶或平顶失真：如图 2.68(b)所示，传输特性曲线对称性差，工作点 Q 偏上或偏下，应调整 R_W。

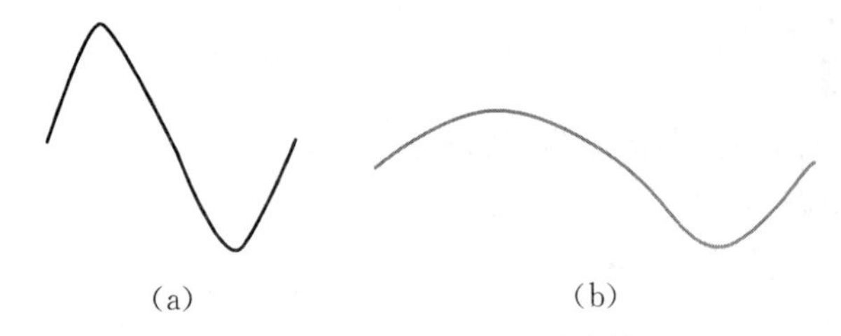

图 2.68　三角波-正弦波变换

注：若要使转换特性更好一些，则可把差分放大器的－12 V 电源改接成－5 V，但切忌连线时把－5 V 电源与－12 V 电源连接在一起。

4. 性能指标测量与误差分析恢复完整的电路连接图

(1) 输出波形

用示波器观察正弦波、方波、三角波的波形，调节好波形并记录之。

(2) 频率范围

函数发生器的输出的频率范围一般分为若干波段，如低频信号发生器的频率范围为：1～10 Hz，10～100 Hz，100 Hz～1 kHz，1～10 kHz，10～100 kHz，100 Hz～1 MHz 等六个波段，测出本实验函数发生器可输出哪几个波段。

(3) 输出电压一般指输出波形的峰峰值，用示波器测量出各种波形的最大峰峰值。

(4) 波形特性*

表征正弦波特性的参数是非线性失真系数，一般要求小于 3%。表征三角波特性的参数也是非线性失真系数，一般要求小于 2%。表征方波特性的参数是上升时间，一般要求小于 100 ns(1 kHz，最大输出时)。若有失真度测试仪可以测试一下各波形的失真系数。

实验二十三　测量放大器的设计

【实验目的】

（1）学习测量放大器的设计方法。

（2）掌握测量放大器的调试方法。

【相关理论】

测量放大器由两个同相放大器、一个差动放大器以及第三级比例放大电路组成，如图 2.69 所示。该电路具有输入阻抗高，电压放大倍数容易调节，输出不包含共模信号等优点。

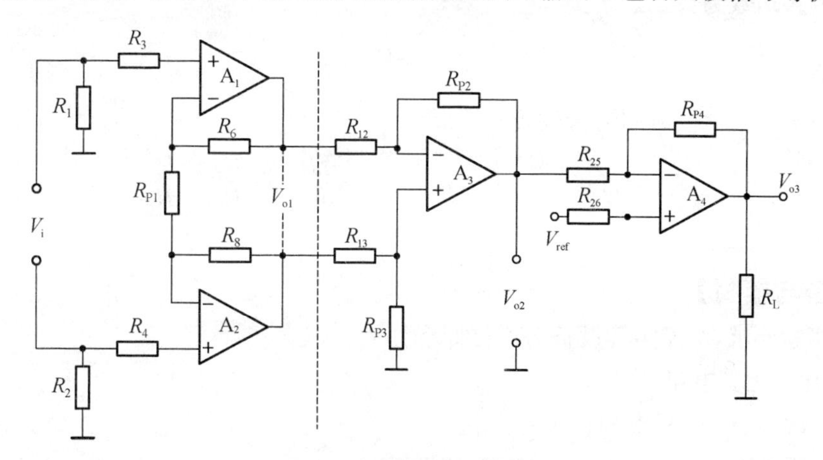

图 2.69　测量放大器电路

1. 测量放大器的第一级电路分析

测量放大器的第一级有两个同相放大器，它们并联组成同相并联差动放大器，该电路的输入电阻很大。不接 R_1 时，该电路的差模输入电阻 $R_{id}\approx 2r_{ic}$（r_{ic}为运放的共模输入电阻）。共模输入电阻 $R_{ic}\approx r_{ic}/2$。由于运放的共模输入电阻 r_{ic}很大，当接入电阻 R_1 后，由于 R_1 小，则 R_1 与 R_{id}或 R_{ic}并联后，该电路的输入电阻就近似等于 R_1。

第一级放大器放大倍数为：

$$A_{Vo1}=\frac{V_{o1}}{V_i}=1+\frac{2R_6}{R_{P1}}(R_6=R_8)$$

由上式可知，改变 R_{P1}的值就能改变电路的电压放大倍数。通常用一个电位器与一个固定电阻串联来代替 R_{P1}。这样调节电位器的值，就能改变电路的电压放大倍数。该电路的优点是输入电阻很大，电压放大倍数调节简单，适用于不接地的“浮动”负载；缺点是把共模信号按 1∶1 的比例传送到了输出端。

2. 测量放大器的第二级电路分析

测量放大器的第二级由运算放大器 A_3 与电阻 R_{12}、R_{13}、R_{P2}、R_{P3}一起组成基本差动放大器。

该电路的差模输入电阻：

$$R_{id}=2R_{12}$$

共模输入电阻：

$$R_{ic}=R_{12}+R_{P12}$$

差模电压放大倍数为：

$$A_{Vo2}=\frac{R_{P2}}{R_{12}}$$

3. 测量放大器的第三级电路分析

测量放大器的第三级由运算放大器 A_4 与电阻 R_{25}、R_{26}、R_{P4}以及调零电路组成，第三级为基本比例运算放大器。

电压放大倍数为：

$$A_{Vo3}=\frac{R_{P4}}{R_{25}}$$

因此测量放大器整体的电压放大倍数为：

$$A_{Vo}=A_{Vo1}\cdot A_{Vo2}\cdot A_{Vo3}=\left(1+\frac{2R_6}{R_{P1}}\right)\times\frac{R_{P2}}{R_{12}}\times\frac{R_{P4}}{R_{25}}$$

【实验设备与器材】

根据实验要求，所需实验设备与器材如下：

(1)“比例运算电路”模块；

(2) +12 V、−12 V 电源；

(3) 可调电源；

(4) 万用表；

(5) 信号发生器；

(6) 双踪示波器；

(7) 实验导线若干。

【实验内容与步骤】

在实验基板上正确插好“比例运算电路”模块，根据图 2.69 搭建实验电路。

1. 双运放差动放大器放大倍数测量

按图 2.69 正确连接实验电路，$R_L=10\ \text{k}\Omega$，检查连线正确无误后接通实验电源，从 V_i 端加入可调电源，调节电源输出使 $V_i=10\ \text{mV}$，逆时针调节 R_{P1}电位器到底，使 $R_{P1}=1\ \text{k}\Omega$，测量 V_{o1}的电压，然后再顺时针调节 R_{P1}电位器到底，使 $R_{P1}=11\ \text{k}\Omega$，测量 V_{o1}的电压，计算第一级放大电路的电压放大倍数 A_{Vo1}，并与理论值比较，将测量及计算结果填入表 2.51。

表 2.51　双运放差动放大器放大倍数测量

输入电压 V_i	输出电压 V_{o1}/mV		A_{Vo1}(理论值)	A_{Vo1}(实测值)
$V_i=10$ mV	($R_{P1}=1$ kΩ)			
	($R_{P1}=11$ kΩ)			

2. 两级放大器放大倍数测量

在上一步实验的基础上，逆时针调节 R_{P1} 电位器到底，使 $R_{P1}=1$ kΩ，然后通过同时改变 R_{P4} 和 R_{P4} 对应的电阻，选择二级放大电路放大倍数，计算第二级放大电路的电压放大倍数 A_{Vo2}，最后计算测量放大器总的电压放大倍数 A_{Vo}，并与理论值比较，将测量及计算结果填入表 2.52。

表 2.52　两级放大器放大倍数测量

输入电压 V_i	输出电压 V_{o2}/mV		A_{Vo}(理论值)	A_{Vo}(实测值)
$V_i=10$ mV ($R_{P1}=1$ kΩ)	$R_{P2}=R_{P3}=10$ kΩ			
	$R_{P2}=R_{P3}=20$ kΩ			
	$R_{P2}=R_{P3}=51$ kΩ			
	$R_{P2}=R_{P3}=100$ kΩ			

3. 三级放大器放大倍数测量

(1) 比例运算电路调零：JP1～JP6 依次短接为“接通”“10 K”“10 K”“接通”“100 K”“C3”，将 R_{W1} 逆时针旋到底，将 R_{W3} 顺时针旋到底(比例放大倍数约为：$4.6\times1\times10$)，短接 $V_{in1}+$ 与 $V_{in1}-$ 到 GND，电压表选择 2 V 挡，调节 R_{W2} 使电压表读数 $|U_0|<|0.1\ \text{V}|$，调零完毕，恢复比例运算模块与电阻应变模块的连接。

注意：比例运算模块调零完毕，若非实验要求，一级、二级及调零电路不允许再次调整。

(2) 比例运算电路测量：$R_L=10$ kΩ，检查连线正确无误后接通实验电源，从 V_i 端加入可调电源，调节电源输出使 $V_i=10$ mV，测量 V_{o3} 的电压，计算测量放大器总的电压放大倍数 A_{Vo}，并将其与理论值比较，将测量及计算结果填入表 2.53。

表 2.53　比例运算电路测量

输入电压 V_i	输出电压 V_{o3}/mV		A_{Vo}(理论值)	A_{Vo}(实测值)
$V_i=10$ mV ($R_{P1}=1$ kΩ; $R_{P2}=R_{P3}=10$ kΩ)	$R_{P4}=10$ kΩ			
	$R_{P4}=20$ kΩ			
	$R_{P4}=51$ kΩ			
	$R_{P4}=100$ kΩ			

4. 测量放大器的信号放大调节及测试

按图 2.69 正确连接实验电路，$R_L=10$ kΩ，检查连线正确无误后接通实验电源，从 V_i 端加入峰峰值$=100$ mV，$f=1$ kHz 正弦交流信号，通过调节 R_{P1}、R_{P2}、R_{P3}、R_{P4} 电位器，使测量放大器输出指定需求信号，比如 $U_{oVP\text{-}P}=2$ V，$f=1$ kHz；$U_{oVP\text{-}P}=4$ V，$f=1$ kHz。观察并记录输入输出波形，并分析输出波形畸形或失真的原因，思考改善的办法。

模块3　数字电子技术实验

实验一　TTL门电路的逻辑功能和参数测试

【实验目的】

(1) 掌握TTL器件的使用规则。

(2) 掌握TTL集成与非门的逻辑功能。

(3) 掌握TTL集成与非门的主要性能参数及其测试方法。

【相关理论】

本实验采用二输入端四与非门74LS00,即一块集成块内含有四个相互独立的与非门,每个与非门有两个输入端,如图3.1所示。

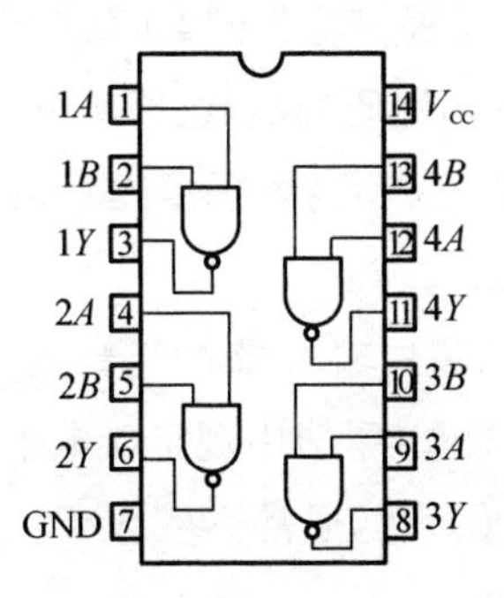

图3.1　74LS00二输入端四与非门

1. TTL集成与非门的逻辑功能

与非门的逻辑功能框图如图3.2所示,当输入端中输入有一个或一个以上是低电平时,输出端输出为高电平;只有输入端输入全都为高电平时,输出端输出才是低电平。

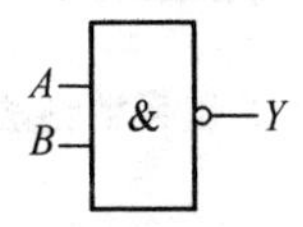

图3.2　74LS00的逻辑图

2. TTL集成与非门的主要参数

TTL集成与非门的主要参数包括输出高电平V_{oH}、输出低电平V_{oL}、输入短路电流I_{is}、扇出系数N_o、电压传输特性和平均传输延迟时间t_{pd}等。

(1) TTL门电路的输出高电平V_{oH}

V_{oH}是与非门有一个或多个输入端接地或接低电平时的输出电压值,此时与非门工作管处于截止状态。与非门空载时，V_{oH}的典型值为3.4～3.6 V，接有拉电流负载时，V_{oH}下降。

(2) TTL门电路的输出低电平V_{oL}

V_{oL}是与非门所有输入端都接高电平时的输出电压值，此时与非工作管处于饱和导通状态。与非门空载时，它的典型值约为0.2 V，接有灌电流负载时，V_{oL}将上升。

(3) TTL门电路的输入短路电流I_{is}

I_{is}是指当被测输入端接地，其余端悬空，输出端空载时，由被测输入端输出的电流值，测试电路图如图3.3所示。

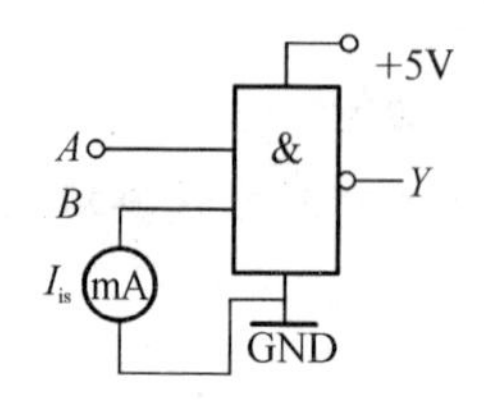

图3.3　I_{is}的测试电路图

(4) TTL门电路的扇出系数N_o

扇出系数N_o是指门电路输出端最多能带同类门的个数，它是衡量门电路负载能力的一个参数，TTL集成与非门有两种不同性质的负载，即灌电流负载和拉电流负载。因此，它有两种扇出系数，即低电平扇出系数N_{oL}和高电平扇出系数N_{oH}。通常有$I_{iH}<I_{iL}$，则$N_{oH}>N_{oL}$，故常以N_{oL}作为门的扇出系数。

N_{oL}的测试电路如图3.4所示，芯片输入端全部悬空，输出端接灌电流负载R_W，调节R_W使I_{oL}增大，V_{oL}随之增高，V_{oL}达到V_{oLm}(手册中规定低电平规范值为0.4 V)时的I_{oL}就是允许灌入的最大负载电流，则：$N_{oL}=I_{oL}/I_{is}$，通常$N_{oL}>8$。

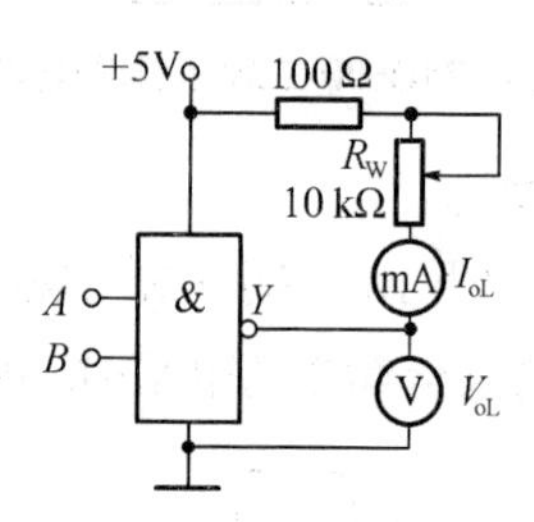

图3.4　扇出系数测试电路

(5) TTL门电路的电压传输特性

门的输出电压V_o随输入电压V_i而变化的曲线$V_o=f(V_i)$称为门的电压传输特性，通过它可读得门电路的一些重要参数，如输出高电平V_{oH}、输出低电平V_{oL}、关门电平V_{off}、开门电平V_{oN}等值。测试电路如图3.5所示，采用逐点测试法，即调节R_W，逐点测得V_i及V_o，然后绘成曲线。

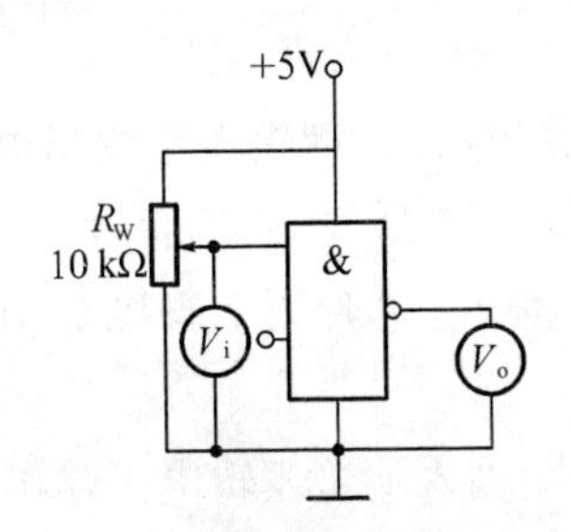

图 3.5　电压传输特性测试电路

(6) TTL 门电路的平均传输延迟时间 t_{pd}

t_{pd}是衡量门电路开关速度的参数，它是指门电路在输入脉冲波形的作用下，其输出波形相对于输入波形延迟的时间。具体地说，是指输出波形边沿的 $0.5\,U_m$ 至输入波形对应边沿 $0.5\,U_m$ 点的时间间隔，如图 3.6(a)所示。由于传输延迟时间很短，一般为纳秒数量级。

图 3.6(a)中的 t_{pdL}为导通延迟时间，t_{pdH}为截止延迟时间，平均传输时间为：$t_{pd}=(t_{pdL}+t_{pdH})/2$。$t_{pd}$的测试电路如图 3.6(b)所示，由于门电路的延迟时间较短，直接测量延迟时间对信号发生器和示波器的性能要求较高，故实验采用测量由奇数个非门组成的环形振荡器的振荡周期 T 的方法来求得延迟时间。其工作原理是：假设电路在接通电源后某一瞬间，电路中的 A 点为逻辑“1”，经过三级门的延时后，A 点由原来的逻辑“1”变为逻辑“0”；再经过三级门的延时后，A 点重新回到逻辑“1”。电路的其他各点电平也随着变化。说明 A 点发生一个周期的振荡，必须经过 6 级门(两次循环)的延迟时间。因此平均传输延迟时间为：$t_{pd}=T/6$。TTL 电路的 t_{pd}一般在 10～40 ns 之间。

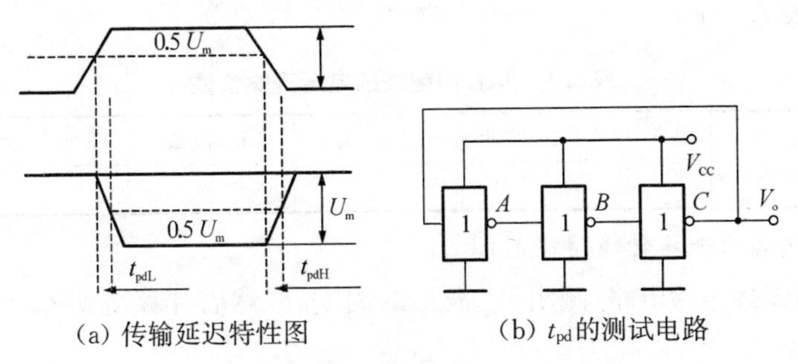

(a) 传输延迟特性图　　(b) t_{pd}的测试电路

图 3.6　传输延迟特性图与测试电路图

【实验设备与器材】

根据实验要求，所需实验设备与器材如下：

(1) 实验模块：DIP 拓展电路、逻辑电平输出电路、逻辑电平指示电路。

(2) 仪器：数字万用表，双踪示波器。

(3) 器件：74LS00 1 片，100 Ω 电阻 1 只，10 kΩ 的电位器 1 只。

【实验内容与步骤】

在实验基板上正确插好 DIP 拓展电路、逻辑电平输出电路、逻辑电平指示电路实验模块（备注：若实验基板不带供电，则需从+5 V 与 GND 间接入+5 V 电源）。将芯片 74LS00 插入 DIP 拓展电路模块上的 14PIN 插座。芯片第 7 脚接 GND，第 14 脚接+5 V 电源。

1. 74LS00 逻辑功能测试

参照图 3.2 连接实验电路芯片，输入端接逻辑电平输出电路实验模块的 TTL 电平输出开关，输出端接逻辑电平指示电路。检查连线正确无误后接通实验电源，模块上的电源指示灯点亮，改变输入 TTL 电平，测试与非门(74LS00)的逻辑功能，观察逻辑电平指示变化情况，并用万用表测出 TTL 门电路的输出高电平 V_{oH} 和低电平 V_{oL}，自拟真值表，记录实验结果。

2. TTL 门电路的输入短路电流 I_{is}

按图 3.3 连接实验电路，用万用表的电流挡测出 TTL 门电路的输入短路电流 I_{is}，自拟真值表，记录实验结果。

3. TTL 门电路的输出短路电流 I_{oL}(选做，切勿长时间短路)

按图 3.4 连接实验电路，用万用表的电压挡测出 V_{oL}，调节电位器 R_W 使 V_{oL} 达到 V_{oLm}（手册中规定低电平规范值为 0.4 V），再用万用表测出 I_{oL}，求得扇出系数 N_o，自拟真值表，记录实验结果。

4. TTL 门电路的电压传输特性

按图 3.5 连接实验电路，调节电位器 R_W，使 V_i 从 0 V 向高电平变化，逐点测量 V_i 和 V_o，将结果记入表 3.1 中：

表 3.1 TTL 门电路的电压传输特性

V_i/V	0	0.2	0.4	0.6	0.8	1.0	1.5	2.0	2.5	3.0	3.5	4.0	…
V_o/V													

5. TTL 门电路的平均传输延迟时间 t_{pd}

按图 3.6(b)连接实验电路，测出 V_o 波形的周期 T，然后计算得到 $t_{pd}=T/6$，自拟真值表，记录实验结果。

实验二　组合逻辑电路的设计与测试

【实验目的】

(1) 掌握组合逻辑电路的分析与设计方法。

(2) 加深对基本门电路使用的理解。

【相关理论】

组合电路是最常用的逻辑电路，可以用一些常用的门电路来组成具有其他功能的电路。例如，根据与门的逻辑表达式 $Z=AB=\overline{\overline{A}+\overline{B}}$，合成一个与门，可以采用更复杂的逻辑关系，如可以用两个非门和一个或非门组合而成。

1. 分析组合逻辑电路的一般步骤

(1) 由逻辑图写出各输出端的逻辑表达式；

(2) 化简和变换各逻辑表达式；

(3) 列出真值表；

(4) 根据真值表和逻辑表达式对逻辑电路进行分析，最后确定其功能。

2. 设计组合逻辑电路的一般步骤

(1) 根据任务的要求，列出真值表；

(2) 用卡诺图或代数化简法求出最简的逻辑表达式；

(3) 根据表达式，画出逻辑电路图，用标准器件构成电路；

(4) 最后，用实验来验证设计的正确性。

3. 组合逻辑电路的设计举例

用“与非门”设计一个表决电路。当四个输入端中有三个或四个“1”时，输出端才为“1”。设计步骤如下：

(1) 根据题意，列出真值表如表 3.2 所示，再填入卡诺图中(表 3.3)。

表 3.2　表决电路的真值表

D	0	0	0	0	0	0	0	1	1	1	1	1	1	1	1
A	0	0	0	1	1	1	1	0	0	0	0	1	1	1	1
B	0	0	1	0	0	1	1	0	0	1	1	0	0	1	1
C	0	1	0	0	1	0	1	0	1	0	1	0	1	0	1
Z	0	0	0	0	0	0	1	0	0	0	1	0	1	1	1

表 3.3 表决电路的卡诺图

BC \ DA	00	01	11	10
00				
01			1	
11		1	1	1
10			1	

(2) 由卡诺图得出逻辑表达式,并演化成“与非”的形式:

$$Z=ABC+BCD+CDA+ABD=\overline{\overline{ABD}\times\overline{BCD}\times\overline{ACD}\times\overline{ABC}}$$

(3) 画出用“与非门”构成的逻辑电路如图 3.7 所示:

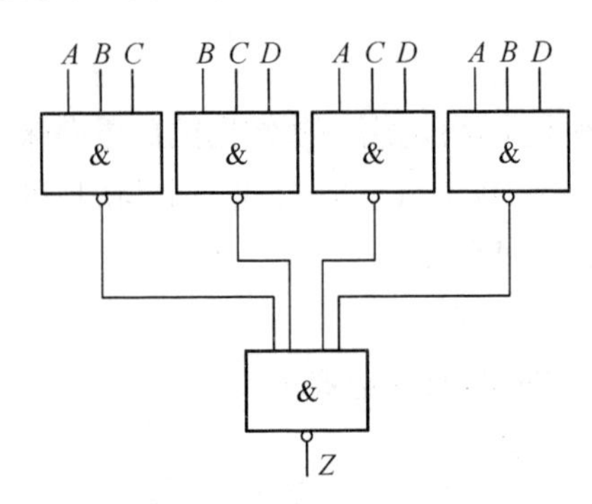

图 3.7 表决电路原理图

(4) 输入端接至逻辑开关(拨位开关)输出插口,输出端接逻辑电平显示端口,自拟真值表,逐次改变输入变量,验证逻辑功能。

【实验设备与器材】

(1) 实验模块:DIP 拓展电路、逻辑电平输出电路、逻辑电平指示电路。

(2) 仪器:数字万用表,双踪示波器。

(3) 器件:74LS00 二输入端四与非门 1 片,74LS02 二输入端或非门 1 片,74LS04 六非门 1 片,74LS10 三输入端三与非门 2 片,74LS20 四输入端二与非门 1 片,74LS151 八选一数据选择器 1 片。

【实验内容与步骤】

在实验基板上正确插好 DIP 拓展电路、逻辑电平输出电路、逻辑电平指示电路实验模块。(备注:若实验基板不带供电,则需在+5 V 与 GND 间接入+5 V 电源。)

(1) 设计一个四人无弃权表决电路(多数赞成则提议通过),要求用二输入四与非门来实现(如果资源不够可以使用 74LS04 或 74LS20)。

(2) 设计一位全加器,要求用与、或、非门实现。

(3) 设计一个保险箱用的 4 位数字代码锁，该锁有规定的地址代码 A、B、C、D 四个输入端和一个开箱钥匙孔信号 E 的输入端，锁的代码由实验者自编。当用钥匙开箱时，如果输入代码正确，保险箱被打开；如果输入代码错误，电路将发出警报。要求用最少的与非门实现。

(4) 设计用三个开关控制一个电灯的逻辑电路，要求改变任何一个开关的状态都能控制电灯由亮变灭或者由灭变亮。要求用数据选择器来实现。

实验三　译码器和数据选择器

【实验目的】

(1) 掌握 3－8 线译码器逻辑功能和使用方法。

(2) 掌握数据选择器的逻辑功能和使用方法。

【相关理论】

译码的功能是对具有特定含义的二进制码进行辨别，并将其转换成控制信号，具有译码功能的逻辑电路称为译码器。译码器在数字系统中有广泛的应用，不仅可用于代码的转换、终端的数字显示，还可用于数据分配、存储器寻址和组合控制信号等。实现不同的功能可选用不同种类的译码器。

图 3.8 表示二进制译码器的一般原理图。二进制译码器具有 n 个输入端，$2n$ 个输出端和 1 个使能输入端。在使能输入端为有效电平时，对应每一组输入代码，只有一个输出端为有效电平，其余输出端则为非有效电平。每一个输出所代表的函数对应于 n 个输入变量的最小项。二进制译码器实际上也是负脉冲输出的脉冲分配器，若利用使能端中的一个输入端输入数据信息，器件就成为一个数据分配器(又称为多路数据分配器)。

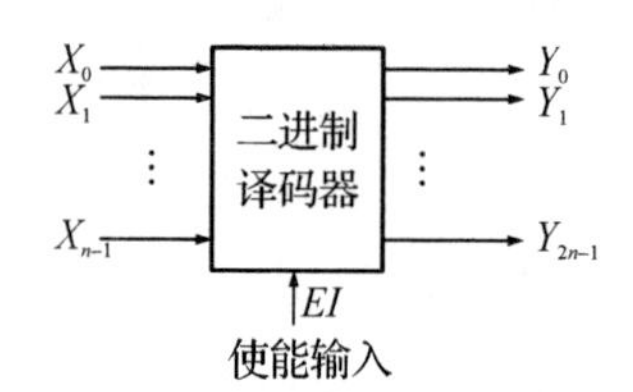

图 3.8　二进制译码器的一般原理图

1. 3-8 线译码器 74LS138

74LS138 有三个地址输入端 A、B、C，它们共有 8 种状态的组合，即可译出 8 个输出信号 $Y_0 \sim Y_7$。另外它还有三个使能输入端 E_1、E_2、E_3。它的引脚排列见图 3.9，功能表见表 3.4。

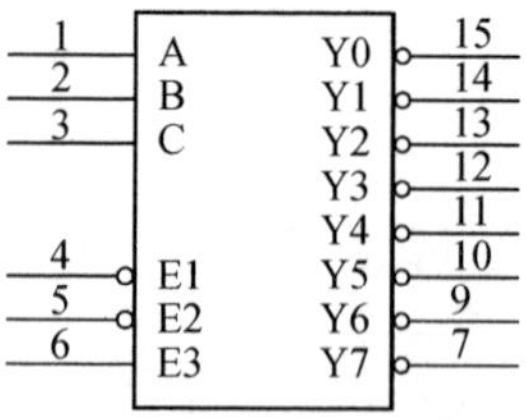

图 3.9　74LS138 的引脚排列图

表 3.4　74LS138 的功能表

输入						输出							
E_3	$\overline{E_2}$	$\overline{E_1}$	C	B	A	$\overline{Y_0}$	$\overline{Y_1}$	$\overline{Y_2}$	$\overline{Y_3}$	$\overline{Y_4}$	$\overline{Y_5}$	$\overline{Y_6}$	$\overline{Y_7}$
×	H	×	×	×	×	H	H	H	H	H	H	H	H
×	×	H	×	×	×	H	H	H	H	H	H	H	H
L	×	×	×	×	×	H	H	H	H	H	H	H	H
H	L	L	L	L	L	L	H	H	H	H	H	H	H
H	L	L	L	L	H	H	L	H	H	H	H	H	H
H	L	L	L	H	L	H	H	L	H	H	H	H	H
H	L	L	L	H	H	H	H	H	L	H	H	H	H
H	L	L	H	L	L	H	H	H	H	L	H	H	H
H	L	L	H	L	H	H	H	H	H	H	L	H	H
H	L	L	H	H	L	H	H	H	H	H	H	L	H
H	L	L	H	H	H	H	H	H	H	H	H	H	L

2. 数据选择

数据选择是指选择多个数据通道中的一路，将数据传送到唯一的公共数据通道上去。实现数据选择功能的逻辑电路称为数据选择器，它相当于一个具有多个输入端的单刀多掷开关，其示意图如图 3.10：

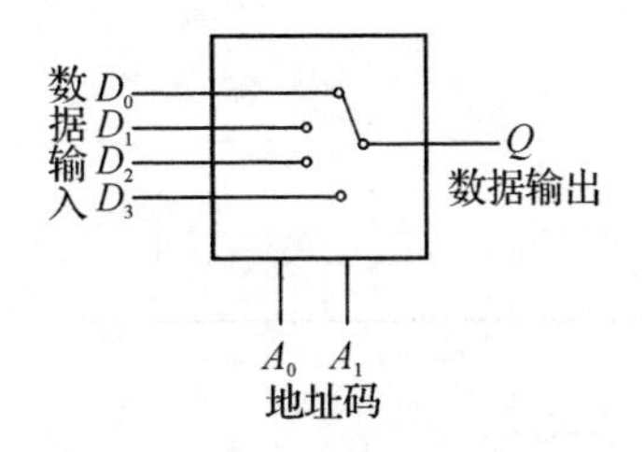

图 3.10　4 选 1 数据选择器示意图

3. 数据选择器 74LS151

74LS151 是一种典型的集成电路数据选择器，它有 3 个地址输入端 C、B、A，可选择 $I_0 \sim I_7$ 8 个数据源，具有两个互补输出端，即同相输出端 Z 和反相输出端 $\overline{Z}$。其引脚图和功能表分别如图 3.11 和表 3.5。

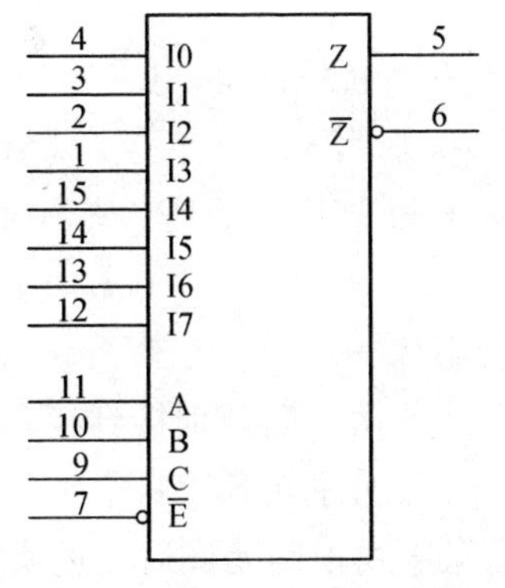

图 3.11　74LS151 的引脚图

表 3.5　74LS151 的功能表

$\bar{E}$	C	B	A	I_0	I_1	I_2	I_3	I_4	I_5	I_6	I_7	$\bar{Z}$	Z
H	×	×	×	×	×	×	×	×	×	×	×	H	L
L	L	L	L	L	×	×	×	×	×	×	×	H	L
L	L	L	L	H	×	×	×	×	×	×	×	L	H
L	L	L	H	×	L	×	×	×	×	×	×	H	L
L	L	L	H	×	H	×	×	×	×	×	×	L	H
L	L	H	L	×	×	L	×	×	×	×	×	H	L
L	L	H	L	×	×	H	×	×	×	×	×	L	H
L	L	H	H	×	×	×	L	×	×	×	×	H	L
L	L	H	H	×	×	×	H	×	×	×	×	L	H
L	H	L	L	×	×	×	×	L	×	×	×	H	L
L	H	L	L	×	×	×	×	H	×	×	×	L	H
L	H	L	H	×	×	×	×	×	L	×	×	H	L
L	H	L	H	×	×	×	×	×	H	×	×	L	H
L	H	H	L	×	×	×	×	×	×	L	×	H	L
L	H	H	L	×	×	×	×	×	×	H	×	L	H
L	H	H	H	×	×	×	×	×	×	×	L	H	L
L	H	H	H	×	×	×	×	×	×	×	H	L	H

【实验设备与器材】

（1）实验模块：DIP 拓展电路、逻辑电平输出电路、逻辑电平指示电路。

（2）仪器：数字万用表、双踪示波器、脉冲信号源。

（3）器件：74LS138 3－8 线译码器 2 片，74LS151 八选一数据选择器 1 片。

【实验内容与步骤】

在实验基板上正确插好 DIP 拓展电路、逻辑电平输出电路、逻辑电平指示电路实验模块。（备注：若实验基板不带供电，则需从＋5 V 与 GND 间接入＋5 V 电源。）将芯片 74LS138 插入 DIP 拓展电路模块上的 16PIN 插座。芯片第 8 脚接 GND，第 16 脚接＋5 V 电源。

1. 74LS138 译码器逻辑功能测试

将 74LS138 的使能输入端和地址输入端分别接到逻辑电平输出电路实验模块的 TTL 电平输出，将 74LS138 输出端 $Y_0 \sim Y_7$ 分别接到逻辑电平显示（从实验底板或元器件库中获取）的 8 个发光二极管上，检查确保连线正确无误后接通实验电源，模块上的电源指示灯点亮，改变输入端对应的 TTL 电平，测试 74LS138 的逻辑功能，自拟真值表，记录实验结果。

2. 74LS151 译码器逻辑功能测试

测试方法与 74LS138 测试方法类似，只是它们的输入与输出脚的个数不同，功能引脚不同。自拟真值表，记录实验结果。

3. 两片 74LS138 组合成 4－16 线译码器

按图 3.12 连接实验电路，检查连线正确无误后接通实验电源，模块上的电源指示灯点亮，改变输入端对应的 TTL 电平，测试 4－16 线译码器的逻辑功能，观察逻辑电平显示的变化，自拟真值表，记录实验结果。

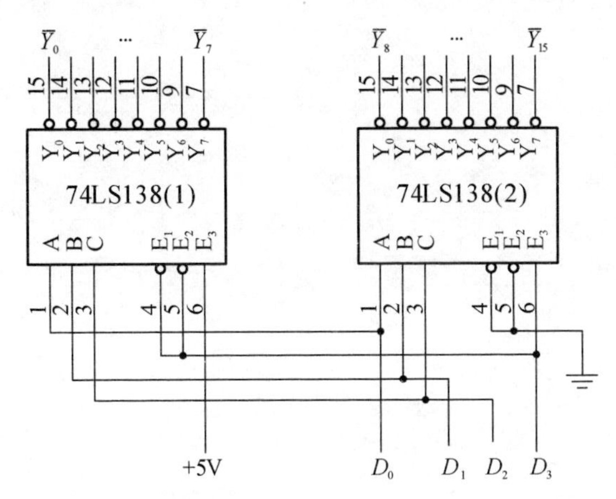

图 3.12　两片 74LS138 组合成 4—16 线译码器

4. 用 74LS138 实现逻辑函数及将其用作数据分配器

(1) 实现逻辑函数

一个 3－8 线译码器能产生三变量函数的全部最小项，利用这一点能够很方便地实现三变量逻辑函数。设计实现了：$F=\overline{X}\overline{Y}\overline{Z}+\overline{X}Y\overline{Z}+X\overline{Y}\overline{Z}+XYZ$。

(2) 用作数据分配器

若使 $E_1=E_2=1$，在 E_3 端输入数据信息，地址码所对应的输出端输出的是 E_3 端数据的反码，如 $E_3=1$，$CBA=000$，则 $Y_0=0$；若 $E_3=0$，$CBA=000$，则 $Y_0=1$。若 $E_3=1$，$E_1=1$，从 E_2 端输入数据信息，地址码所对应的输出端输出的是 E_2 端数据信息的原码。若输入信息是时钟脉冲，则数据分配器便成为时钟脉冲分配器。

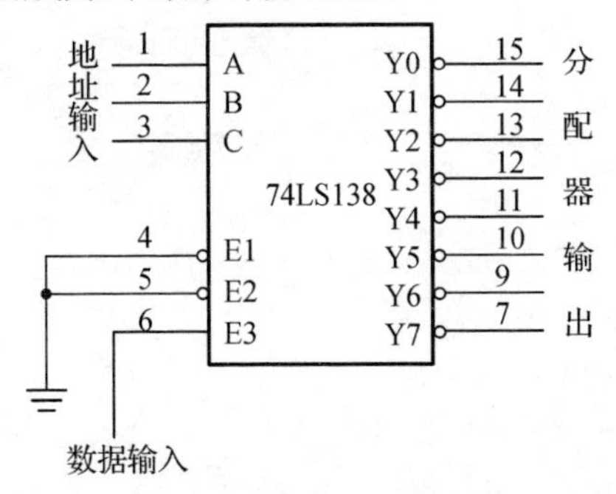

图 3.13　数据分配器

取时钟脉冲 CP 的频率约为 10 Hz，要求分配器输出端 $\overline{Y}_0 \sim \overline{Y}_7$ 的信号与 CP 输入信号同相。参照图 3.13 画出分配器的实验电路，用示波器观察和记录地址端 CBA 分别取 000～111 这 8 种不同状态时 $\overline{Y}_0 \sim \overline{Y}_7$ 端的输出波形，注意输出波形与 CP 输入波形之间的相位关系。

实验四　加法器与数值比较器

【实验目的】

(1) 掌握半加器和全加器的工作原理。

(2) 掌握数值比较器的工作原理。

(3) 掌握四位数值比较器 74LS85 的逻辑功能。

【相关理论】

1. 半加器

半加器是可实现表 3.6 逻辑功能的电路,由表 3.6 可以看出这种加法运算只考虑了两个加数本身,而没有考虑由低位来的进位,所以称为半加器。

表 3.6　两个 1 位二进制的加法

被加数 A	加数 B	和数 S	进位数 C
0	0	0	0
0	1	1	0
1	0	1	0
1	1	0	1

由真值表可得:

$$S=\overline{A}B+A\overline{B}$$

$$C=AB$$

用异或门和与门组成的半加器的原理图见图 3.14(a):

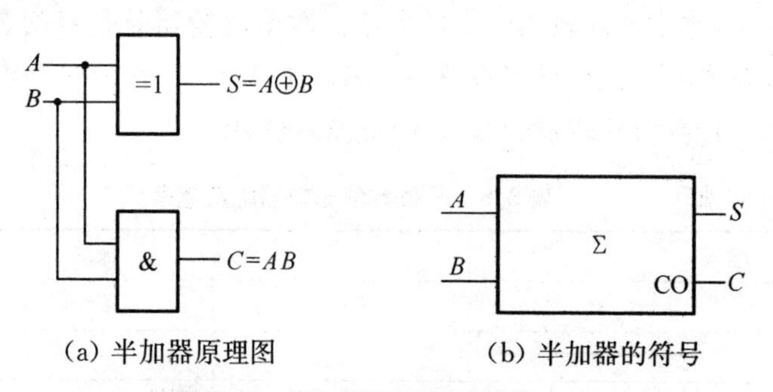

(a) 半加器原理图　　(b) 半加器的符号

图 3.14　半加器原理图及符号

2. 全加器

全加器能将加数、被加数和低位来的进位信号相加,并根据求和的结果给出该位的进位信号。根据全加器的功能,可列出它的真值表,如表 3.7 所示。其中,C_{i-1}为相邻低位来的进位数,S_i为本位和数(称为全加和),C_i为向相邻高位的进位数。由全加器的真值表可以写出 S_i和C_i的逻辑表达式:

$$S_i = A_i \oplus B_i \oplus C_{i-1},$$
$$C_i = A_i B_i + (A_i \oplus B_i) C_{i-1}$$

表 3.7 全加器的真值表

A_i	B_i	C_{i-1}	S_i	C_i
0	0	0	0	0
0	0	1	1	0
0	1	0	1	0
0	1	1	0	1
1	0	0	1	0
1	0	1	0	1
1	1	0	0	1
1	1	1	1	1

全加器的原理图见图 3.15(a):

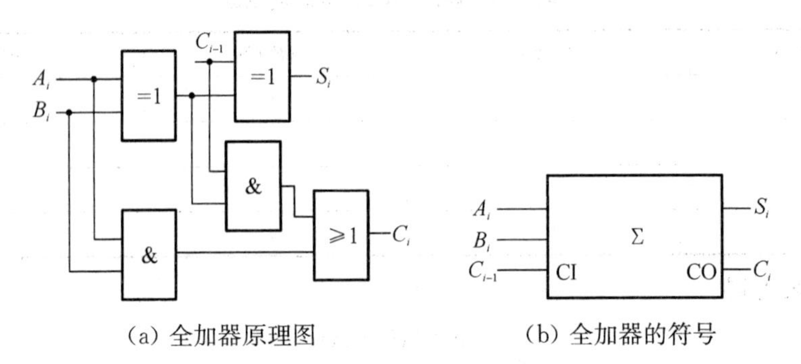

(a) 全加器原理图　　(b) 全加器的符号

图 3.15 全加器原理图及符号

3. 数值比较器的原理

在数字系统中,常常要比较两个数的大小。数值比较器就是对两数 A、B 进行比较,以判断其大小的逻辑电路。比较结果有 $A>B$、$A<B$、$A=B$ 三种情况。表 3.8 和图 3.16 所示分别是最简单的一位数值比较器的真值表和逻辑电路图。

表 3.8 一位数值比较器的真值表

输入		输出		
A	B	$F_{A>B}$	$F_{A<B}$	$F_{A=B}$
0	0	0	0	1
0	1	0	1	0
1	0	1	0	0
1	1	0	0	1

对于多位数，一般说来，先比较高位，当高位不等时，两个数的比较结果就是高位的比较结果。当高位相等时，两个数的比较结果由低位决定。

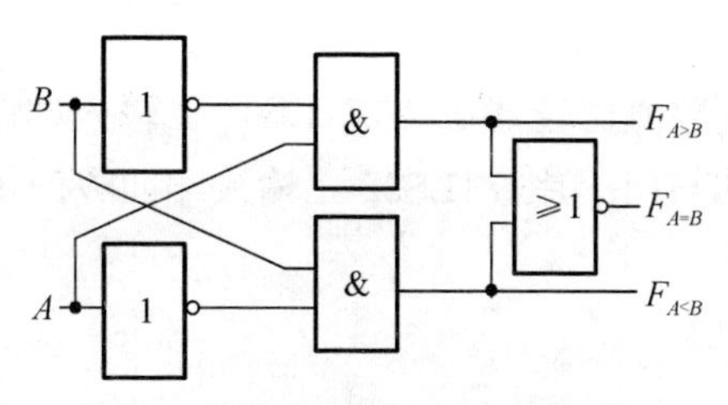

图 3.16　一位数值比较器的逻辑电路图

4. 集成数值比较器 74LS85

集成数值比较器 74LS85 是四位数值比较器，它的管脚图和真值表分别如图 3.17 和表 3.9 所示。

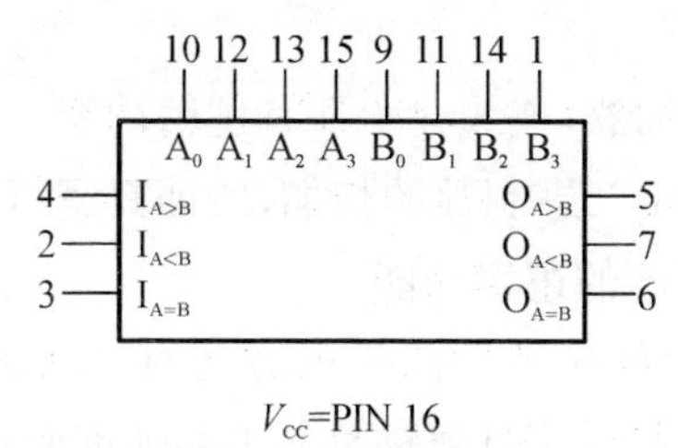

V_{CC}=PIN 16
GND=PIN 8

图 3.17　74LS85 的管脚图

其中 10、12、13、15(或 1、9、11、14)脚是输入端，5、6、7 脚为输出端，2、3、4 脚为级联输入端。8 脚为地，16 脚为电源。

表 3.9　74LS85 的真值表

比较输入				级联输入			输出		
$A_3 \cdot B_3$	$A_2 \cdot B_2$	$A_1 \cdot B_1$	$A_0 \cdot B_0$	$I_{A>B}$	$I_{A<B}$	$I_{A=B}$	$O_{A>B}$	$O_{A<B}$	$O_{A=B}$
$A_3>B_3$	×	×	×	×	×	×	H	L	L
$A_3<B_3$	×	×	×	×	×	×	L	H	L
$A_3=B_3$	$A_2>B_2$	×	×	×	×	×	H	L	L
$A_3=B_3$	$A_2<B_2$	×	×	×	×	×	L	H	L
$A_3=B_3$	$A_2=B_2$	$A_1>B_1$	×	×	×	×	H	L	L
$A_3=B_3$	$A_2=B_2$	$A_1<B_1$	×	×	×	×	L	H	L
$A_3=B_3$	$A_2=B_2$	$A_1=B_1$	$A_0>B_0$	×	×	×	H	L	L
$A_3=B_3$	$A_2=B_2$	$A_1=B_1$	$A_0<B_0$	×	×	×	L	H	L
$A_3=B_3$	$A_2=B_2$	$A_1=B_1$	$A_0=B_0$	H	L	L	H	L	L
$A_3=B_3$	$A_2=B_2$	$A_1=B_1$	$A_0=B_0$	L	H	L	L	H	L
$A_3=B_3$	$A_2=B_2$	$A_1=B_1$	$A_0=B_0$	×	×	H	L	L	H
$A_3=B_3$	$A_2=B_2$	$A_1=B_1$	$A_0=B_0$	H	H	L	L	L	L
$A_3=B_3$	$A_2=B_2$	$A_1=B_1$	$A_0=B_0$	L	L	L	H	H	L

【实验设备与器材】

(1) 实验模块:DIP 拓展电路、逻辑电平输出电路、逻辑电平指示电路。

(2) 仪器:数字万用表。

(3) 器件:74LS85 集成数值比较器 1 片,74LS00 二输入端四与非门 1 片,74LS04 六反相器片,74LS08 二输入端四与门 1 片,74LS32 二输入端四或门 1 片,74LS86 二输入端四异或门 1 片。

【实验内容与步骤】

在实验基板上正确插好 DIP 拓展电路、逻辑电平输出电路、逻辑电平指示电路实验模块。(备注:若实验基板不带供电,则需从+5 V 与 GND 间接入+5 V 电源。)

(1) 在 DIP 扩展板上插好实验需要的芯片,用门电路组成一个半加器,连线并验证其逻辑功能。

(2) 用门电路组成一个全加器,连线并验证其逻辑功能。

(3) 设计用全加器实现八位二进制数的相加,验证其逻辑功能。

(4) 自己连线,验证 74LS85 的逻辑功能。

(5) 数值比较器的扩展:数值比较器的扩展方式有串联和并联两种。一般比较位数较少时,用串联方式;如果比较位数较多且要满足一定的速度要求时,用并联方式。

本实验采用串联方式,用两片 74LS85 组成八位数值比较器。对于两个 8 位数,若高 4 位相同,它们的大小将由低 4 位的比较结果确定。因此,低 4 位的比较结果作为高 4 位的条件,即低 4 位比较器的输出端应分别与高 4 位比较器的 $I_{A>B}$、$I_{A<B}$ 和 $I_{A=B}$ 端连接,见图 3.18。

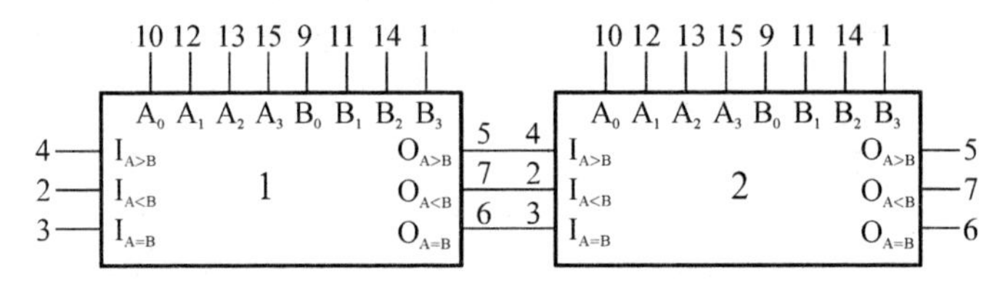

图 3.18　用两片 74LS85 组成八位数值比较器

如图 3.18 所示,接下来把 B_7,B_6,B_5,B_4,B_3,B_2,B_1,B_0 和 A_7,A_6,A_5,A_4,A_3,A_2,A_1,A_0 作为两组数据(它们的顺序是从高位到低位),需要比较这两组数据中的哪两位就把这两位引脚引出接辅助扩展板逻辑电平输出单元插孔。控制第 1 片输入端 $I_{A>B}$,$I_{A<B}$,$I_{A=B}$ 为不同的逻辑电平组合,观察实验现象。自拟表格,记录所得的实验数据。

实验五　数码管显示实验

【实验目的】

(1) 熟悉共阴、共阳数码管的使用方法。

(2) 掌握数码管的驱动方法。

【相关理论】

在数字测量仪表和各种数字系统中,都需要将数字量直观地显示出来,一方面使人们能直接读取测量和运算的结果;另一方面人们通过这些数据可监视数字系统的工作情况。因此,数字显示电路是许多数字设备不可缺少的部分。数字显示电路通常由译码器、驱动器和显示器等部分组成,如图 3.19 所示。

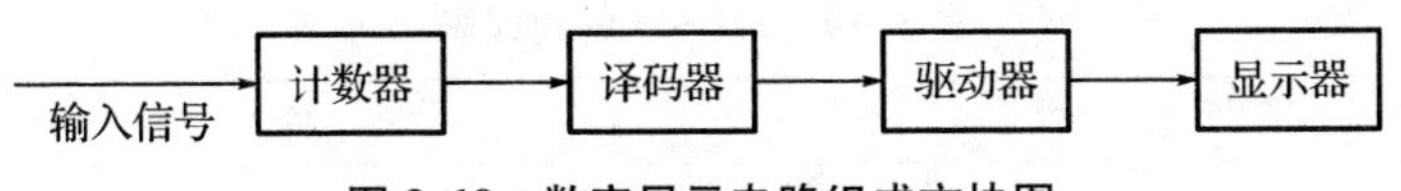

图 3.19　数字显示电路组成方块图

数码的显示方式一般有三种:第一种是字型重叠式;第二种是分段式;第三种是点阵式。目前以分段式应用最为普遍,该方式所用主要器件是七段发光二极管(LED)显示器。它可分为两种,一是共阳极显示器(发光二极管的阳极都接在一个公共点上);另一种是共阴极显示器(发光二极管的阳极都接在一个公共点上,使用时公共点接地)。图 3.20(a)、(b)分别是共阴极显示器和共阳极显示器的电路,其中 M 表示负极应当接地,N 表示正极应当接 V_{CC}。

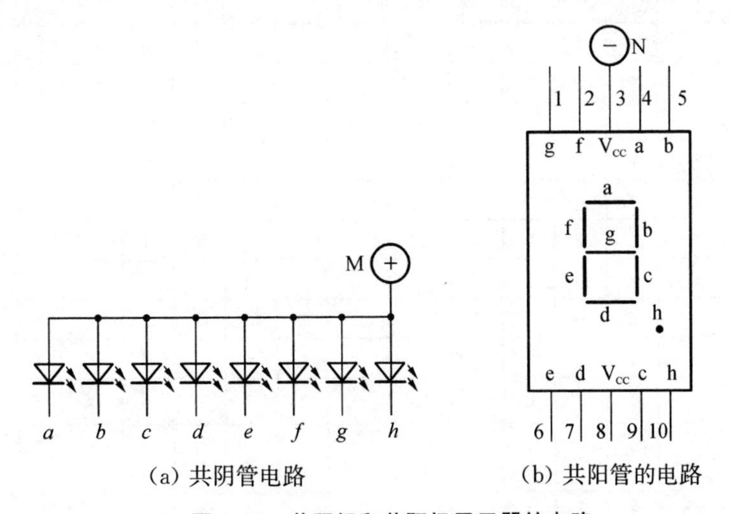

(a) 共阴管电路　　(b) 共阳管的电路

图 3.20　共阴极和共阳极显示器的电路

一个 LED 数码管可用来显示一位十进制数(0～9)和一个小数点。小型数码管每段发光二极管的正向压降随显示光的颜色(通常为红、绿、黄、橙色)不同略有差别,通常约为 1.6～2.5 V,高亮数码管每段点亮电流为 1～3 mA,普亮数码管每段点亮电流为 5～10 mA。LED 数码管要显示 BCD 码所表示的十进制数字就需要有一个专门的译码器,该译码器不但要有译码功能,还要有相当的驱动能力。

1. 74LS48 共阴极译码驱动器

74LS48 的引脚排列图见图 3.21。

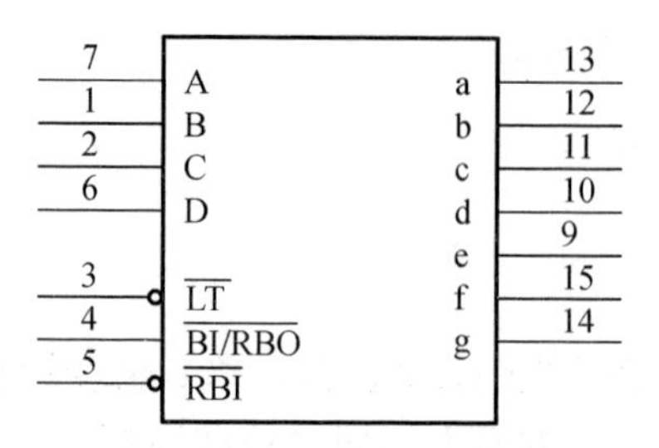

图 3.21　74LS48 的引脚排列

74LS48 的功能见表 3.10。

表 3.10　74LS48 的功能表

功能或数字	输入						输出								显示字型
	$\overline{LT}$	$\overline{RBI}$	A_3	A_2	A_1	A_0	$\overline{BI/RBO}$	a	b	c	d	e	f	g	
灭灯	×	×	×	×	×	×	0	0	0	0	0	0	0	0	灭灯
试灯	0	×	×	×	×	×	1	1	1	1	1	1	1	1	8
动态灭零	1	0	0	0	0	0	0	0	0	0	0	0	0	0	灭灯
0	1	1	0	0	0	0	1	1	1	1	1	1	1	0	0
1	1	×	0	0	0	1	1	0	1	1	0	0	0	0	1
2	1	×	0	0	1	0	1	1	1	0	1	1	0	1	2
3	1	×	0	0	1	1	1	1	1	1	1	0	0	1	3
4	1	×	0	1	0	0	1	0	1	1	0	0	1	1	4
5	1	×	0	1	0	1	1	1	0	1	1	0	1	1	5
6	1	×	0	1	1	0	1	0	0	1	1	1	1	1	6
7	1	×	0	1	1	1	1	1	1	1	0	0	0	0	7
8	1	×	1	0	0	0	1	1	1	1	1	1	1	1	8
9	1	×	1	0	0	1	1	1	1	1	1	0	1	1	9
10	1	×	1	0	1	0	1	0	0	0	1	1	0	1	
11	1	×	1	0	1	1	1	0	0	1	1	0	0	1	
12	1	×	1	1	0	0	1	0	1	0	0	0	1	1	
13	1	×	1	1	0	1	1	1	0	0	1	0	1	1	
14	1	×	1	1	1	0	1	0	0	0	1	1	1	1	
15	1	×	1	1	1	1	1	0	0	0	0	0	0	0	灭灯

2. 74LS47 共阳极译码驱动器

74LS47 的引脚排列与 74LS48 的引脚排列一模一样，两者的功能也差不多。使用时要注意：74LS47 是用来驱动共阳极显示器的，74LS48 是用来驱动共阴极显示器的；74LS48 内部有升压电阻，使用时可以直接与显示器相连，而 74LS47 为集电极开路输出，使用时要外接电阻。

3. 74LS248 共阴极译码驱动器

74LS248 的使用方法与 74LS48 的使用方法一模一样，两者的功能也几乎一模一样，但两者有一点差别，它们显示 6 与 9 这两个数字的方式不同。如图 3.22 所示，3.22(a)为 74LS248 显示，3.22(b)为 74LS48 的显示。

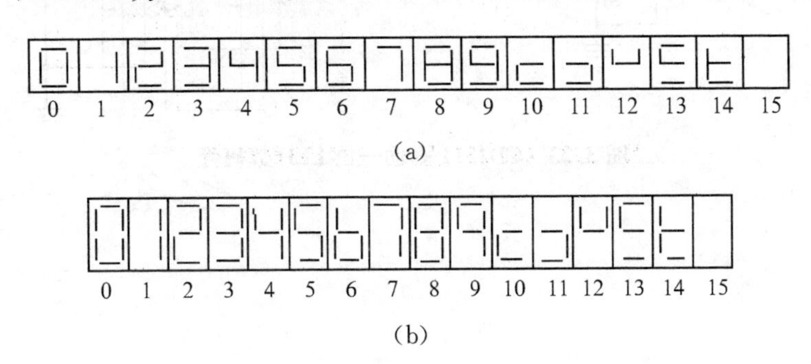

图 3.22　74LS248 与 74LS48 的显示区别

4. CD4511 共阴极译码驱动器

CD4511 的使用方法、功能和显示效果与 74LS48 基本一样，两者的区别在于 CD4511 的输入码超过 1001(即大于 9)时，它的输出全为"0"，数码管熄灭。此外，使用 CD4511 时，输出端与数码管之间要串入限流电阻。

【实验设备与器材】

(1) 实验模块：DIP 拓展电路、逻辑电平输出电路、LED 显示电路、逻辑电平指示电路。

(2) 仪器：数字万用表。

(3) 器件：74LS47 共阳 4-7 译码器/驱动器 1 片，74LS48 共阴 4-7 译码器/驱动器 1 片，74LS248 共阴 4-7 译码器/驱动器 1 片，CD4511 共阴 4-7 段锁存译码器/驱动器 1 片。

【实验内容与步骤】

在实验基板上正确插好 DIP 拓展电路、逻辑电平输出电路、LED 显示电路实验模块。(备注：若实验基板不带供电，则需在+5 V 与 GND 间接入+5 V 电源。)

将芯片 74LS248 插入 DIP 拓展电路模块上。芯片第 8 脚接 GND，第 16 脚接+5 V 电源，按照图 3.23，搭建实验外围电路，观察 BCD 码输入与数码管的显示情况(从 0000～1111)，测试并验证 74LS248 的功能。

选做：分别将 74LS48 换为 74LS47，CD4511(注意要改变连线)，验证它们的功能。

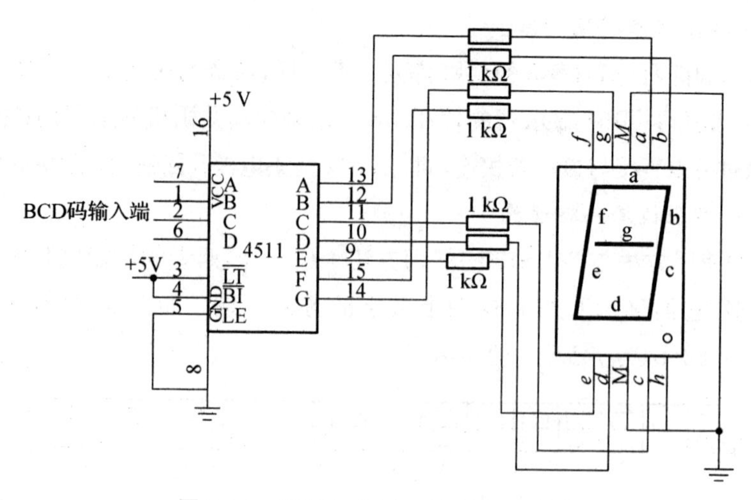

图 3.23 CD4511 驱动一位 LED 数码管

实验六　触发器实验

【实验目的】

(1) 掌握基本 RS 触发器、JK 触发器、T 触发器和 D 触发器的逻辑功能。

(2) 掌握集成触发器的功能和使用方法。

(3) 熟悉触发器之间相互转换的方法。

【相关理论】

触发器是能够存储1位二进制码的逻辑电路，它有两个互补输出端，其输出状态不仅与输入有关，而且还与原先的输出状态有关。触发器有两个稳定状态，用以表示逻辑状态“1”和“0”，在一定的外界信号作用下，可以从一个稳定状态翻转到另一个稳定状态，它是一个具有记忆功能的二进制信息存储器件，是构成各种时序电路的最基本逻辑单元。

1. 基本 RS 触发器

图3.24所示为由两个与非门交叉耦合构成的基本 RS 触发器，它是无时钟控制低电平直接触发的触发器。基本 RS 触发器具有置“0”、置“1”和保持三种功能。通常称 S 为置“1”端，因为 $S=0$ 时触发器被置“1”；R 为置“0”端，因为 $R=0$ 时触发器被置“0”。当 $S=R=1$ 时状态保持，当 $S=R=0$ 时为不定状态，应当避免这种状态。基本 RS 触发器也可以用两个“或非门”组成，此时为高电平有效。

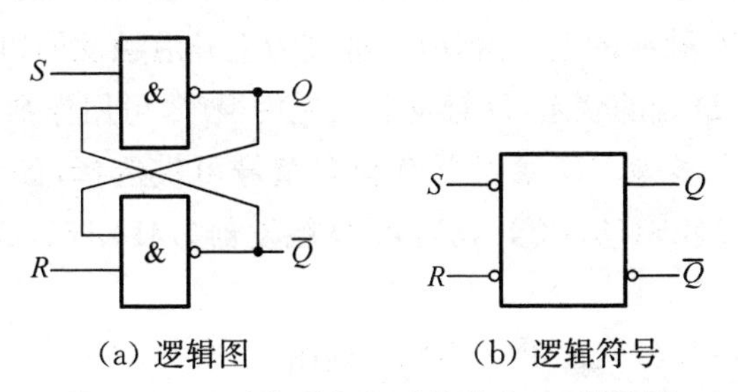

图3.24　两个与非门组成的基本 RS 触发器

基本 RS 触发器的逻辑符号见图3.24(b)，二输入端的边框外侧都画有小圆圈，这是因为置1与置0都是低电平有效。

2. JK 触发器

在输入信号为双端的情况下，JK 触发器是功能完善、使用灵活和通用性较强的一种触发器。本实验采用74LS112双 JK 触发器，它是下降边沿触发的边沿触发器。引脚逻辑图如图3.25所示。JK 触发器的状态方程为：

$$Q^{n+1}=J\overline{Q^n}+\overline{K}Q^n$$

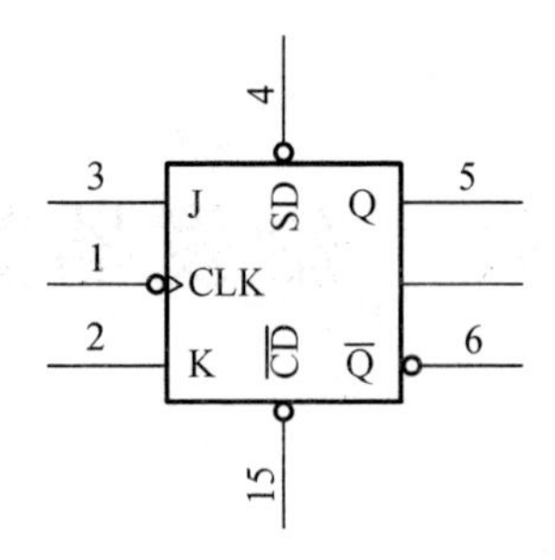

图 3.25　*JK* 触发器的引脚逻辑图

其中，J 和 K 是数据输入端，是触发器状态更新的依据，若 J、K 有两个或两个以上输入端时，组成“与”的关系。Q 和 $\bar{Q}$ 为两个互补输出端。通常把 $Q=0$、$\bar{Q}=1$ 的状态定为触发器“0”状态；而把 $Q=1$，$\bar{Q}=0$ 定为“1”状态。

JK 触发器常被用作缓冲存储器、移位寄存器和计数器。CC4027 是 CMOS 双 JK 触发器，其功能与 74LS112 相同，但 CC4027 采用上升沿触发，R、S 端为高电平有效。

3. T 触发器

在 JK 触发器的状态方程中，令 $J=K=T$ 则变换为：

$$Q^{n+1}=T\bar{Q}^n+\bar{T}Q^n$$

这就是 T 触发器的特性方程。由上式有：

$$\text{当 } T=1 \text{ 时，} Q^{n+1}=\bar{Q}^n$$

$$\text{当 } T=0 \text{ 时，} Q^{n+1}=Q^n$$

即当 $T=1$ 时，触发器为翻转状态；当 $T=0$ 时，触发器为保持状态。

4. D 触发器

在输入信号为单端的情况下，D 触发器用起来更为方便，其状态方程为：$Q^{n+1}=D$；其输出状态的更新发生在 CP 脉冲的上升沿，故又称其为上升沿触发的边沿触发器，触发器的状态只取决于时钟到来前 D 端的状态，D 触发器的应用很广，可用作数字信号的寄存器、移位寄存器、分频和波形发生器等。D 触发器有很多型号可供选择，如双 D 触发器（74LS74，CC4013），四 D 触发器（74LS175，CC4042），六 D 触发器（74LS174，CC14174），八 D 触发器（74LS374）等。

图 3.26 为双 D 触发器（74LS74）的引脚排列图。

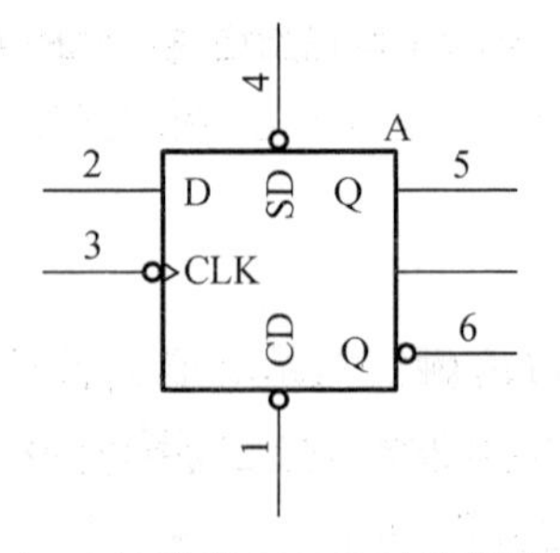

图 3.26　*D* 触发器（74LS74）的引脚排列图

5. 触发器之间的相互转换

在集成触发器产品中，每一种触发器都有自己固定的逻辑功能。可以利用转换的方法获得具有其他功能的触发器。例如将 JK 触发器的 J、K 两端接在一起，并认它为 T 端，就可得到 T 触发器。JK 触发器也可以转换成为 D 触发器，如图 3.27 所示。

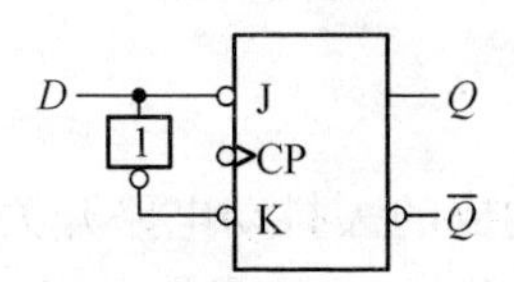

图 3.27　JK 触发器转换成为 D 触发器

【实验设备与器材】

(1) 实验模块：DIP 拓展电路、逻辑电平输出电路、逻辑电平指示电路。

(2) 仪器：数字万用表、双踪示波器、脉冲信号源。

(3) 器件：74LS00 二输入四与非门 1 片，74LS022 输入端或非门 1 片，74LS04 六反相器 1 片，74LS10 三输入端三与非门 1 片，74LS74(或 CC4013)双 D 触发器 1 片，74LS112(或 CC4027)双 JK 触发器 1 片。

【实验内容与步骤】

在实验基板上正确插好 DIP 拓展电路、逻辑电平输出电路、逻辑电平指示电路实验模块。(备注：若实验基板不带供电，则需从＋5 V 与 GND 间接入＋5 V 电源。)选取合适的实验电路模块，寻找到适合的芯片完成对基本 RS 触发器逻辑功能的测试。

按图 3.24，用两个与非门组成基本 RS 触发器，输入端 S、R 接逻辑电平输出插孔(拨位开关输出端)，输出端 Q 和 $\overline{Q}$ 接逻辑电平显示单元输入插孔(发光二极管输入端)，测试它的逻辑功能并画出真值表，将实验结果填入表内。

将两个与非门换成两个或非门，要求同上，测试基本 RS 触发器的逻辑功能并画出真值表，将实验结果填入自拟表内。

1. 测试 JK 触发器的逻辑功能

(1) 测试 JK 触发器的复位、置位功能。选取合适的实验电路模块，用 74LS112 芯片完成本实验。

取一个 JK 触发器，其 CD、SD、J、K 端接逻辑电平输出插孔，CP 接单次脉冲源，输出端 Q 和 $\overline{Q}$ 接逻辑电平显示单元输入插孔。要求改变 CD、SD(J、K 和 CP 处于任意状态)，并在 $CD=0(SD=1)$ 或 $CD=0(SD=1)$ 期间任意改变 J、K 和 CP 的状态，观察 Q 和 $\overline{Q}$ 的状态，自拟表格并记录之。

(2) 测试 JK 触发器的逻辑功能

不断改变 J、K 和 CP 的状态，观察 Q 和 $\overline{Q}$ 的状态变化，观察触发器状态更新是否发生在 CP 的下降沿，记录之。

(3) 将 JK 触发器的 J、K 端连在一起，构成 T 触发器。在 CP 端输入 1 Hz 连续脉冲，观察 Q 端的变化，用双踪示波器观察 CP、Q 和 $\overline{Q}$ 的波形，注意相位关系，将波形描绘出来。

(4) JK 触发器转换成 D 触发器

按图 3.27 连线，方法与步骤同上，测试 D 触发器的逻辑功能并画出真值表，将实验结果填入表内。

2. RS 基本触发器的应用举例

图 3.28 是由基本 RS 触发器构成的去抖动电路开关，它是利用基本 RS 触发器的记忆作用来消除开关振动带来的影响。参考有关资料分析其工作原理，在实验板上搭建电路来验证该去抖动电路的功能。

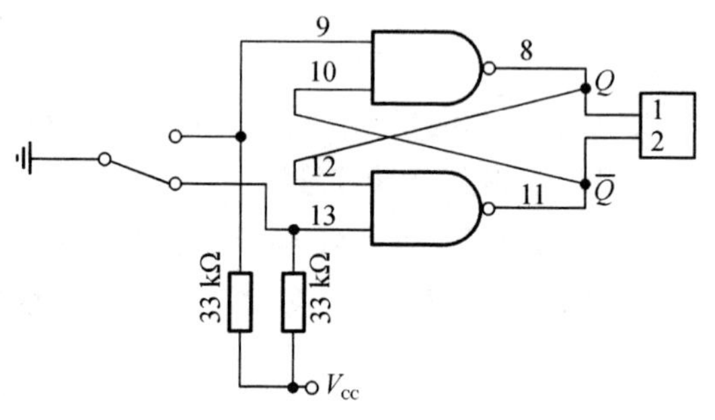

图 3.28　去抖动电路图

3. 测试双 D 触发器 74LS74 的逻辑功能

(1) 测试 D 触发器的复位、置位功能

测试方法与步骤同 JK 触发器(见 JK 触发器的复位、置位功能测试部分)，只是它们的功能引脚不同，相关的管脚分布参见附录，自拟表格记录。

(2) 测试 D 触发器的逻辑功能

表 3.11　D 触发器的逻辑功能

D	CP	Q^{n+1}	
		$Q^n=0$	$Q^n=1$
0	0 变 1		
	1 变 0		
1	0 变 1		
	1 变 0		

按表 3.11 要求进行测试，并观察触发器状态变化是否发生在 CP 脉冲的上升沿(即由 0 变 1)，记录至表 3.11 中。

实验七　移位寄存器及其应用

【实验目的】

(1) 掌握四位双向移位寄存器的逻辑功能与使用方法。

(2) 了解移位寄存器的使用——实现数据的串行、并行转换和构成环形计数器。

【相关理论】

1. 移位寄存器基本知识

移位寄存器是一个具有移位功能的寄存器，寄存器中所存的代码能够在移位脉冲的作用下依次左移或右移。既能左移又能右移的移位寄存器称为双向移位寄存器，只需要改变左右移的控制信号便可实现该寄存器双向移位要求。根据寄存器存取信息的方式不同分为：串入串出、串入并出、并入串出、并入并出四种形式的寄存器。

本实验选用的四位双向通用移位寄存器型号为 74LS194 或 CC40194，两者功能相同，可互换使用，其逻辑符号及引脚排列如图 3.29 所示。

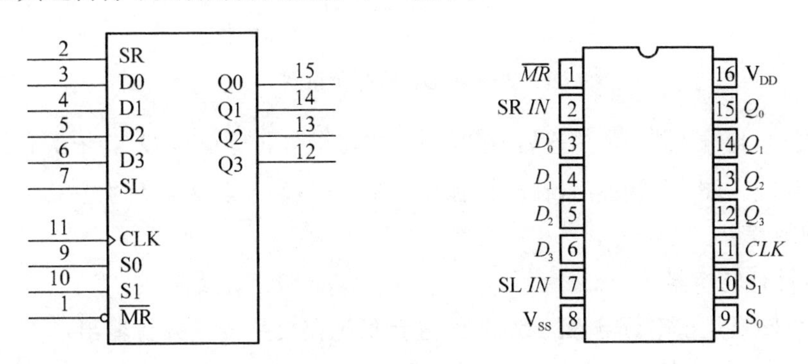

图 3.29　74LS194(或 CC40194)的逻辑符号及引脚排列

表 3.12　74LS194 的功能表

CP	CR	S_1	S_0	功能	$Q_3Q_2Q_1Q_0$
×	0	×	×	消除	$\overline{MR}=0$，使 $Q_3Q_2Q_1Q_0=0000$，寄存器正常工作时，$\overline{MR}=1$
↑	1	1	1	送数	CP 上升沿作用后，并行输入数据送入寄存器。 $Q_3Q_2Q_1Q_0=D_3D_2D_1D_0$，此时串行数据($SR$、$SL$)被禁止
↑	1	0	1	右移	串行数据送至右移输入端 SR，CP 上升沿进行右移。 $Q_3Q_2Q_1Q_0=SRQ_3Q_2Q_1$
↑	1	1	0	左移	串行数据送至左移输入端 SL，CP 上升沿进行左移。 $Q_3Q_2Q_1Q_0=Q_2Q_1Q_0SL$

续表

CP	CR	S_1	S_0	功能	$Q_3Q_2Q_1Q_0$
↑	1	0	0	保持	CP 作用后寄存器内容保持不变，$Q_3Q_2Q_1Q_0=Q_3^nQ_2^nQ_1^nQ_0^n$
↓	1	×	×	保持	$Q_3Q_2Q_1Q_0=Q_3^nQ_2^nQ_1^nQ_0^n$

表 3.12 中的 CP 与图 3.29 中的 MR 是对应的。其中 D_3、D_2、D_1、D_0 为并行输入端；Q_3、Q_2、Q_1、Q_0 为并行输出端；SR 为右移串行输入端，SL 为左移串行输入端；S_1、S_0 为操作模式控制端；MR 为无条件清零端；CP 为时钟脉冲输入端。

74LS194 有 5 种不同的操作模式：即并行送数寄存、右移（方向由 $Q_3 \rightarrow Q_0$）、左移（方向由 $Q_0 \rightarrow Q_3$）、保持及清"0"。S_1、S_0 和 MR 端的控制作用如表 3.12 所示。

2. 移位寄存器的应用

移位寄存器应用很广，其可构成移位寄存器型计数器、顺序脉冲发生器和串行累加器；可用作数据转换器，即把串行数据转换为并行数据，或把并行数据转换为串行数据等。

（1）环形计数器

把移位寄存器的输出反馈到它的串行输入端，就可以进行循环移位，如图 3.30 所示。

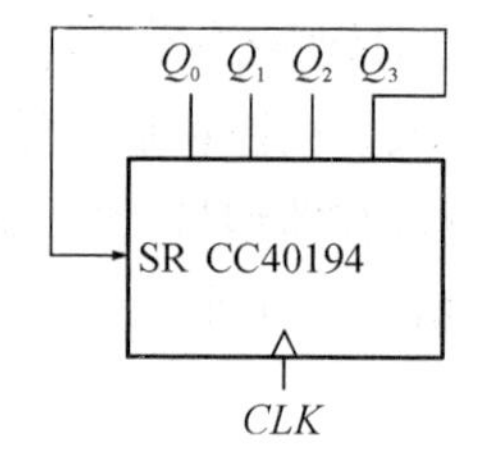

图 3.30　环形计数器示意图

将输出端 Q_3 与输入端 SR 相连后，在时钟脉冲的作用下 $Q_0Q_1Q_2Q_3$ 将依次右移。同理，将输出端 Q_0 与输入端 SL 相连后，在时钟脉冲的作用下 $Q_0Q_1Q_2Q_3$ 将依次左移。

（2）实现数据串、并转换

① 串行/并行转换器

串行/并行转换是指串行输入的数据，经过转换电路之后变成并行输出。图 3.31 所示是用两片 74LS194 构成的七位串行/并行转换电路。

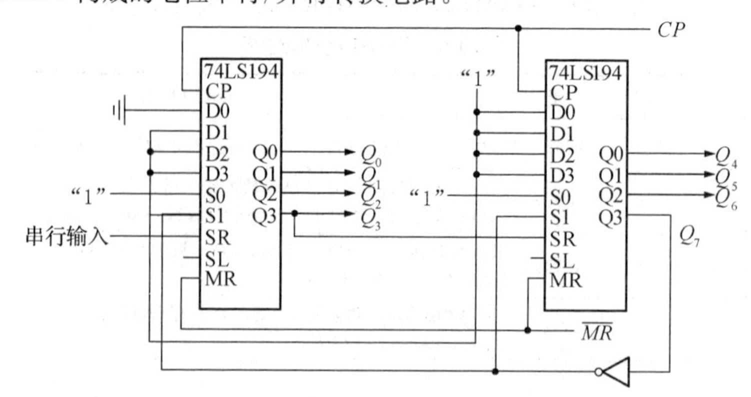

图 3.31　七位串行/并行转换电路示意图

电路中 S_0 端接高电平 1,S_1 受 Q_7 控制，两片寄存器连接成串行输入右移工作模式。Q_7 是转换结束标志。当 $Q_7=1$ 时,S_1 为 0,$S_1S_0=01$，电路为串入右移工作方式。当 $Q_7=0$ 时，S_1 为 1，有 $S_1S_0=11$，则串行送数结束，标志着串行输入的数据已转换成为并行输出了。

② 并行/串行转换器

并行/串行转换是指并行输入的数据经过转换电路之后变成串行输出。图 3.32 所示为用两片 74LS194 构成的七位并行/串行转换电路。与图 3.31 相比，它多了两个与非门，而且还多了一个转动启动信号(负脉冲或低电平)，工作方式同样为右移。

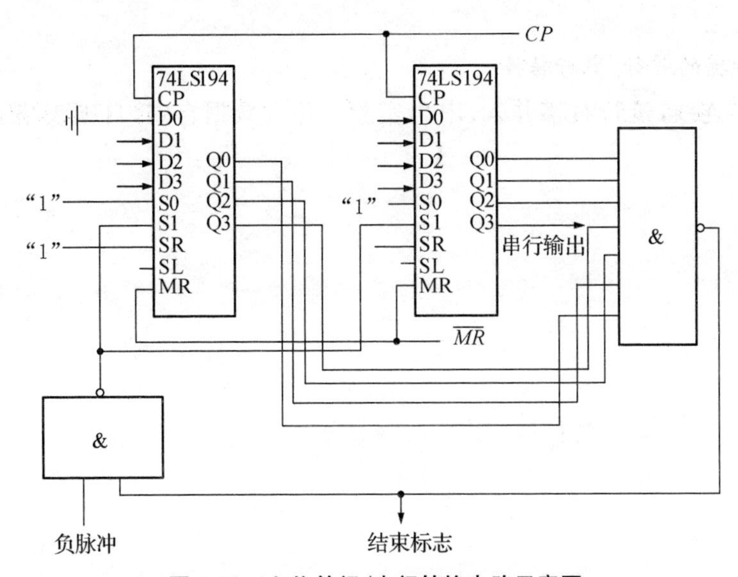

图 3.32　七位并行/串行转换电路示意图

对于中规模的集成移位寄存器，其位数往往以 4 位居多，当所需要的位数多于 4 位时，可以把几片集成移位寄存器用级联的方法来扩展位数。

【实验设备与器材】

(1) 实验模块:DIP 拓展电路、逻辑电平输出电路、逻辑电平指示电路。

(2) 仪器:数字万用表、双踪示波器、脉冲信号源。

(3) 器件:74LS00 二输入端四与非门 1 片，74LS04 六反相器 1 片，74LS30 八输入与非门 1 片，74LS194(或 CC40194)四位双向移位寄存器 2 片。

【实验内容与步骤】

在实验基板上正确插好 DIP 拓展电路、逻辑电平输出电路、逻辑电平指示电路实验模块。(备注:若实验基板不带供电，则需在+5 V 与 GND 间接入+5 V 电源。)

1. 测试 74LS194(或 CC40194)的逻辑功能

参考图 3.29 连线，$\overline{MR}$接"1",S_1、S_0、SL、SR、D_0、D_1、D_2、D_3 分别接至辅助扩展板逻辑电平输出单元插孔;Q_0、Q_1、Q_2、Q_3 分别接至辅助扩展板逻辑电平显示单元插孔。CP 接单

次脉冲源。自拟表格，逐项进行测试并与实验指导书给出的功能表做对比。

2. 环形计数器

参考图 3.30 自拟实验线路，并行预置计数器为某二进制代码（如 0100），然后进行右移循环，观察寄存器输出端状态的变化；再进行左移循环，观察寄存器输出端状态的变化，将结果记录下来。

3. 实现数据的串行/并行转换

按图 3.31 连线，进行右移串入、并出实验。串入数据自定，自拟表格并记录下实验结果。

4. 实现数据的并行/串行转换

按图 3.32 连线，进行右移并入、串出实验。并入数据自定，自拟表格并记录下实验结果。

实验八　集成计数器

【实验目的】

(1) 学会用触发器构成计数器。

(2) 熟悉集成计数器。

(3) 掌握集成计数器的基本功能。

【相关理论】

计数器是数字系统中用的较多的基本逻辑器件，它的基本功能是统计时钟脉冲的个数，即实现计数操作，它也可用于分频、定时、产生节拍脉冲和脉冲序列等。例如，计算机中的时序发生器、分频器、指令计数器等都要使用计数器。

计数器的种类很多。按构成计数器的各触发器是否使用一个时钟脉冲源来分，可分为同步计数器和异步计数器；按进位体制的不同，可分为二进制计数器、十进制计数器和任意进制计数器；按计数过程中数字增减趋势的不同，可分为加法计数器、减法计数器和可逆计数器等。

1. 用 D 触发器构成异步二进制加法/减法计数器

如图 3.33 所示，三位二进制异步加法器是由 3 个上升沿触发的 D 触发器组成的。图中各个触发器的反相输出端与该触发器的 D 输入端相连，把 D 触发器转换成为计数型触发器 T。

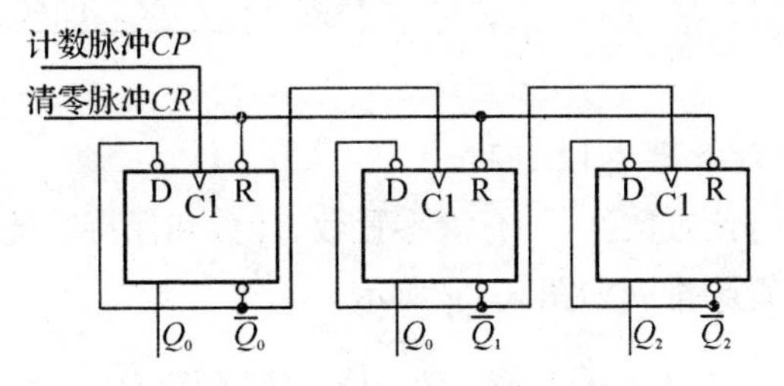

图 3.33　三位二进制异步加法器

将图 3.33 加以少许改变，即将低位触发器的 Q 端与高一位的 CP 端相连，就得到三位二进制异步减法器，如图 3.34 所示。

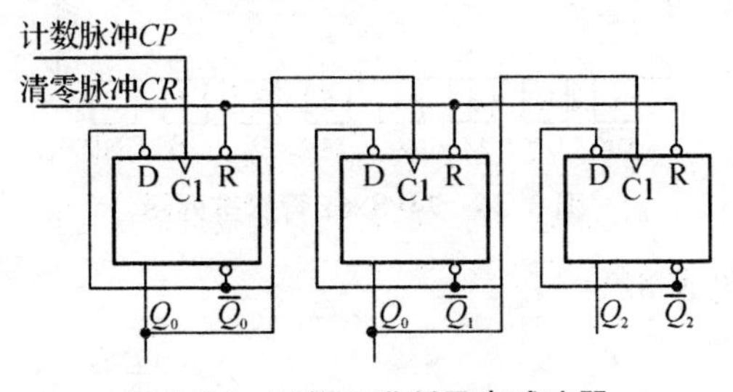

图 3.34　三位二进制异步减法器

2. 异步集成计数器 74LS90

74LS90 为中规模 TTL 集成计数器，可实现二分频、五分频和十分频等功能，它由一个二进制计数器和一个五进制计数器构成。其引脚排列图和功能表分别如图 3.35 和表 3.13 所示。

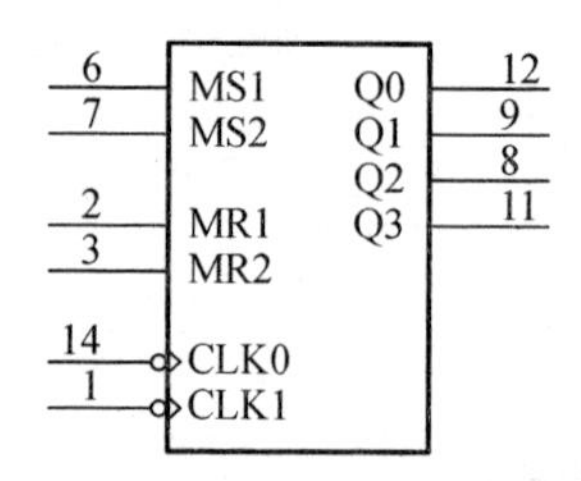

图 3.35　74LS90 的引脚排列图

表 3.13　74LS90 的功能表

重置/输入设置				输出			
MR_1	MR_2	MR_1	MR_2	Q_0	Q_1	Q_2	Q_3
H	H	L	×	L	L	L	L
H	H	×	L	L	L	L	L
×	×	H	H	H	L	L	H
L	×	L	×	计数			
×	L	×	L	计数			
L	×	×	L	计数			
×	L	L	×	计数			

H=高电中

L=低电中

×=不定状态

计数	输出			
	Q_0	Q_1	Q_2	Q_3
0	L	L	L	L
1	H	L	L	L
2	L	H	L	L
3	H	H	L	L
4	L	L	H	L
5	H	L	H	L
6	L	H	H	L
7	H	H	H	L
8	L	L	L	H
9	H	L	L	H

3. 四位二进制同步计数器 74LS161

74LS161 能同步并行预置数据，具有清零置数、计数和保持功能，具有进位输出端，可以串接计数器使用。它的管脚排列如图 3.36 所示。

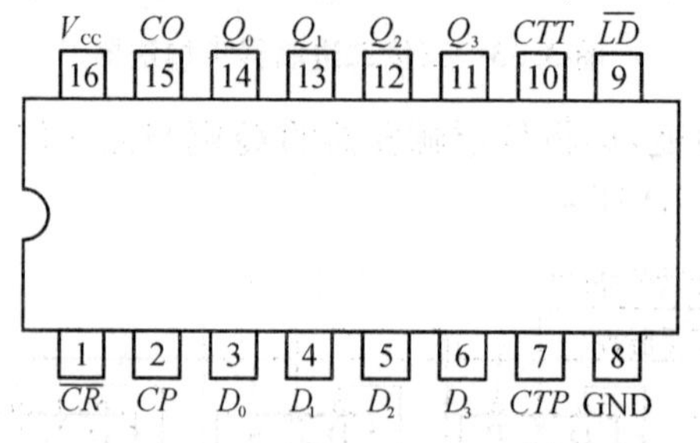

图 3.36　74LS161 管脚排列图

74LS161 的功能表见表 3.14。

表 3.14　74LS161 功能表

输入									输出			
$\overline{CR}$	$\overline{LD}$	CTT	CTP	CP	D_0	D_1	D_2	D_3	Q_0	Q_1	Q_2	Q_3
0	×	×	×	×	×	×	×	×	0	0	0	0
1	0	×	×	↑	d_0	d_1	d_2	d_3	d_0	d_1	d_2	d_3
1	1	1	1	↑	×	×	×	×	计数			
1	1	0	×	×	×	×	×	×	保持			
1	1	×	0	×	×	×	×	×	保持			

从逻辑图和功能表可知，该计数器具有清零信号$\overline{CR}$，使能信号 CTT，CTP，置数信号$\overline{LD}$，时钟信号 CP 和四个数据输入端 $D_0 \sim D_3$，四个数据输出端 $Q_0 \sim Q_3$，以及进位输出 CO，且 $CO = Q_0 \cdot Q_1 \cdot Q_2 \cdot Q_3 \cdot CTT$。

【实验设备与器材】

(1) 实验模块：DIP 拓展电路、逻辑电平输出电路、LED 显示电路、逻辑电平指示电路。

(2) 仪器：数字万用表、双踪示波器、脉冲信号源。

(3) 器件：74LS74 双上升沿 D 触发器 2 片，74LS90 异步集成计数器 1 片，74LS161 四位二进制同步计数器 1 片，74LS248 共阴极译码驱动器 1 片。

【实验内容与步骤】

在实验基板上正确插好 DIP 拓展电路、逻辑电平输出电路、LED 显示电路实验模块。(备注：若实验基板不带供电，则需在+5 V 与 GND 间接入+5 V 电源。)

1. 用 D 触发器构成三位二进制异步加法计数器

(1) 按图 3.33 连线，清零脉冲 CR 接至 TTL 逻辑电平输出插孔，将低位计数脉冲 CP 端接单次脉冲源，输出端 Q_2、Q_1、Q_0 接逻辑电平显示输入插孔，各清零端和置位端 CLR、PR 接高电平“1”。

(2) 清零后，逐个送入单次脉冲，观察并列表记录 $Q_2 \sim Q_0$ 的状态。

(3) 将单次脉冲改为 1 Hz 的连续脉冲，观察并列表记录 $Q_2 \sim Q_0$ 的状态。

(4) 将 1 Hz 的连续脉冲频率改为 1 kHz，用示波器观察 CP、Q_2、Q_1、Q_0 端的波形，描绘之。

2. 用 D 触发器构成三位二进制异步减法计数器。

实验方法及步骤同上，记录实验结果。

3. 测试 74LS90 的逻辑功能

注意 74LS90 的第 5 脚接 V_{CC}，第 10 脚接 GND。

参考表 3.13 和图 3.35，MS_1、MS_2、MR_1、MR_2 都接“0”，计数脉冲由单次脉冲源提供。74LS90 有四种不同的计数情况：如果从 CLK_0 端输入，从 Q_0 端输出，则其是二进制计数器；

如果从 CLK_1 端输入，从 Q_3、Q_2、Q_1 端输出，则其是异步五进制加法计数器；如果 Q_0 和 CLK_1 端相连，时钟脉冲从 CLK_0 端输入，从 Q_3、Q_2、Q_1、Q_0 端输出，则其是 8421 码十进制计数器；如果 CLK_0 端和 Q_3 端相连，时钟脉冲从 CLK_1 端输入，从 Q_3、Q_2、Q_1、Q_0 端输出，则其是对称二-五混合十进制计数器。74LS90 输出端 Q_3、Q_2、Q_1、Q_0 接译码器 74LS248，输出经译码后接至数码管单元的共阴数码管。自拟表格记录这四组不同连接的实验结果。

4. 测试 74LS161 的逻辑功能

具体的测试方法同 74LS90，只是 74LS161 的管脚分布不同，功能不同。同样需要将 74LS161 的输出译码后在数码管上显示出来，关于 74LS161 和 74LS248 的功能及用法请参考有关资料。

实验九　序列信号发生器

【实验目的】

(1) 熟悉双向移位寄存器的工作原理、集成电路的使用方法和使能端的作用。

(2) 学习设计和组装特殊状态序列的移位寄存器。

【相关理论】

设计并组装产生循环灯所需的具有下列状态序列的电路：

$$
\begin{array}{ccccccc}
0000 & \rightarrow & 0001 & \rightarrow & 0011 & \rightarrow & 0110 \\
 & & & & \uparrow & & \downarrow \\
 & & & & 1001 & \leftarrow & 1100
\end{array}
$$

设计实验任务所要求实现的电路。寄存器的每一位控制一组灯，用双向移位寄存器与一个次态逻辑电路来产生控制信号。这个次态逻辑电路以寄存器的并行输出 Q_3、Q_2、Q_1、Q_0 为自变量。函数是 M、D_{SL} 和 D_{SR}。其中，M 控制寄存器的移位方向，$M=1$ 时寄存器左移；$M=0$ 时，寄存器右移。D_{SL} 是左移串行输入；D_{SR} 是右移串行输入。由现态(第 n 拍)和次态(第 $n+1$ 拍)的 $Q_3Q_2Q_1Q_0$，可确定寄存器应向左移还是向右移，串行输入应该是 1 还是 0，从而列出真值表，画出次态逻辑电路，实现预期的状态序列。例如，$Q_0Q_1Q_2Q_3$ 的现态为 1000，要求次态为 0100，则寄存器中的数码应右移，$M=0$，右移串行输入 $D_{SR}=0$，与左移串行输入 D_{SL} 无关。也就是说，当 $Q_0=1$，$Q_1=0$，$Q_2=0$，$Q_3=0$ 时，$M=0$，$D_{SR}=0$，$D_{SL}=\times$。

同理，分析 $Q_0Q_1Q_2Q_3$ 的 16 个组合，就可列出真值表。

状态序列设计如图 3.37 所示，引脚图如图 3.38 和 3.39 所示。74LS194 功能如表 3.15 所示。

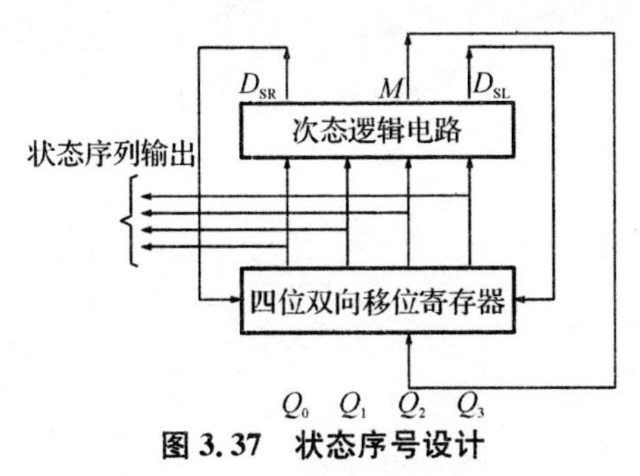

图 3.37　状态序号设计

表 3.15　74LS194 功能表

CR	CP	S_1	S_0	功能
0	∅	∅	∅	直接清零
1	↑	0	0	保持
1	↑	0	1	右移(从 Q_0 向右移动)
1	↑	1	0	左移(从 Q_3 向左移动)
1	↑	1	1	并入

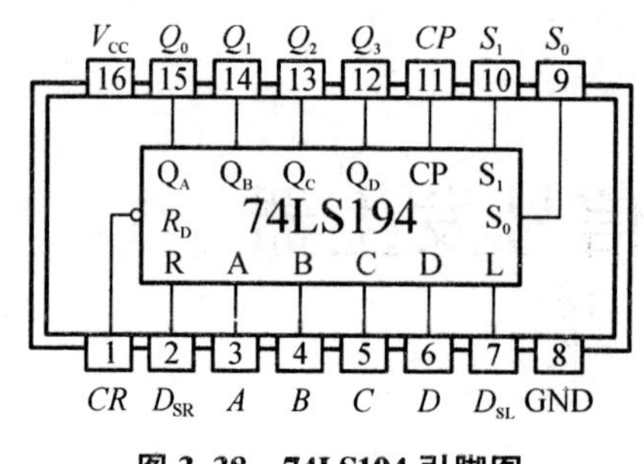

图 3.38　74LS194 引脚图

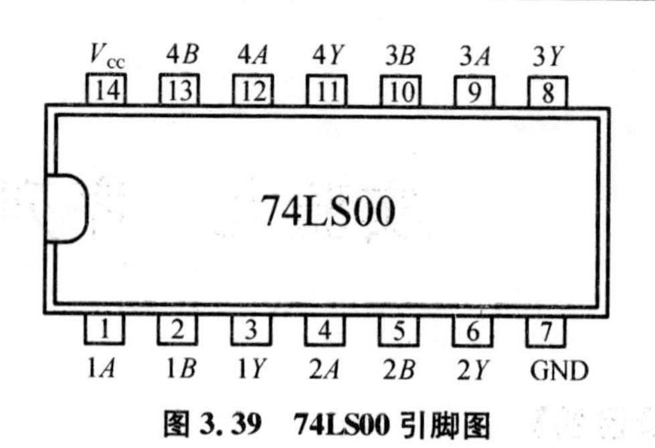

图 3.39　74LS00 引脚图

【实验设备与器材】

(1) 实验模块:DIP 拓展电路、逻辑电平输出电路、LED 显示电路、逻辑电平指示电路。

(2) 仪器:数字万用表、双踪示波器、脉冲信号源。

(3) 器件:74LS00 二输入端四与非门 2 片,74LS90 异步集成计数器 1 片,74LS161 四位二进制同步计数器 1 片,74LS194(或 CC40194)四位双向移位寄存器 2 片。

【实验内容与步骤】

设计并组装能产生循环灯所需状态序列的电路。测试其功能,研究各使能端的作用。分析并排除可能出现的故障。

实验十　计数器 MSI 芯片的应用

【实验目的】

（1）学会使用集成电路构成计数器的方法。

（2）掌握中规模集成计数器的使用及功能测试方法。

（3）掌握用集成计数器构成 $1/N$ 分频器的方法。

【相关理论】

计数器是典型的中规模集成电路(MSI)，它用来累计和记忆输入脉冲的个数。计数是数字系统中很重要的基本操作，集成计数器是最广泛应用的逻辑部件之一。计数器种类较多，按构成计数器中的多触发器是否使用一个时钟脉冲源来分，有同步计数器和异步计数器；根据计数制的不同，分为二进制计数器、十进制计数器和任意进制计数器；根据计数的增减趋势，又分为加法、减法和可逆计数器。此外，还有可预置数和可编程序功能计数器等。

1. 计数器的级连使用

一个十进制计数器只能显示 0～9 十个数，为了扩大计数器范围，常将多个十进制计数器级连使用。同步计数器往往设有进位(或借位)输出端，故可选用其进位(或借位)输出信号来驱动下一级计数器。图 3.40 是由 74LS192 利用进位输出控制高一位的加计数端构成的加数级联示意图。

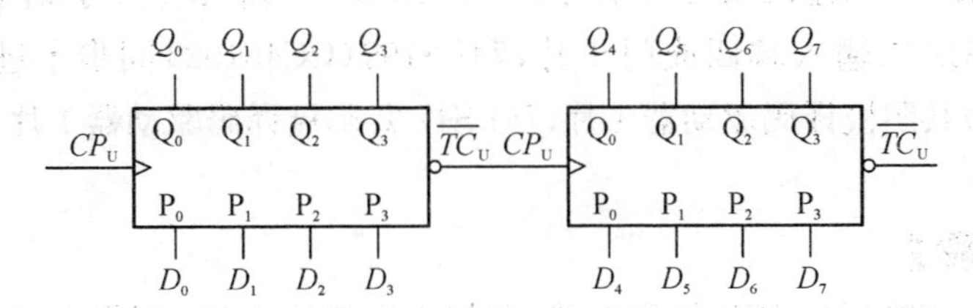

图 3.40　74LS192 级联示意图

2. 实现任意进制计数

用复位法获得任意进制计数器：假定已有一个 N 进制计数器，当需要得到一个 M 进制计数器时，只要 $M<N$，用复位法使计数器计数到 M 时置零，即获得 M 进制计数器。图 3.41 所示为一个由 74LS192 十进制计数器接成的六进制计数器。

图 3.42 是一个特殊的十二进制的计数器电路方案。在数字钟里，对十位的计时顺序是 1,2,3,…,11,12，即采用的是十二进制的，且数字里面没有 0。如图 3.42 所示，当计数到 13 时，通过与非门产生一个复位信号，使 74LS192 第二片的十位直接置成 0000，而 74LS192 第一片的个位直接置成 0001，从而实现了从 1 开始到 12 的计数。

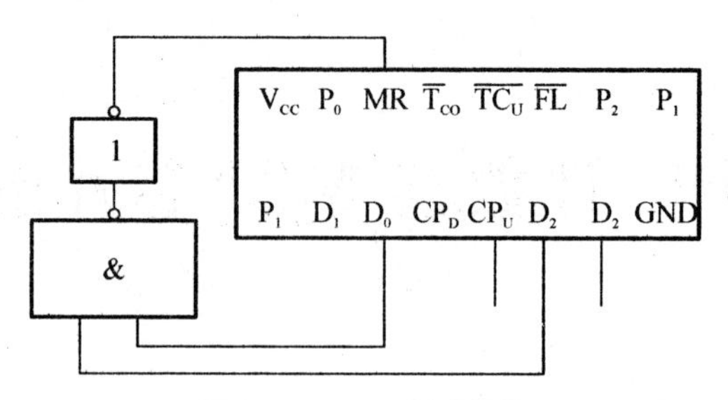

图 3.41　六进制计数器

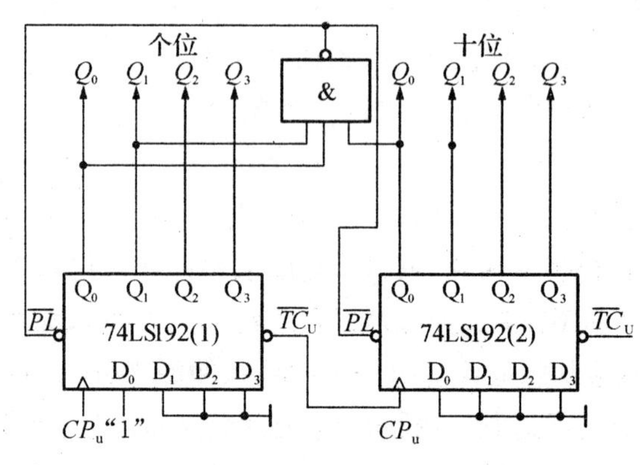

图 3.42　特殊的十二进制计数器

【实验设备与器材】

(1) 实验模块:DIP 拓展电路、逻辑电平输出电路、逻辑电平指示电路。

(2) 仪器:数字万用表、双踪示波器、脉冲信号源。

(3) 器件:74LS00 二输入端四与非门 1 片,74LS10 三输入端三与非门 1 片,74LS04 六反相器 1 片,74LS32 二输入端四或门 1 片,74LS192(CC40192)同步十进制计数器 2 片,74LS248(74LS48)共阴极译码驱动器 1 片,74LS47 共阳极译码驱动器 1 片。

【实验内容与步骤】

在实验基板上正确插好 DIP 拓展电路、逻辑电平输出电路、逻辑电平指示电路实验模块。(备注:若实验基板不带供电,则需在+5 V 与 GND 间接入+5 V 电源。)

(1) 如图 3.40 所示,用两片 74LS192 组成二位十进制加法计数器,输入 1 Hz 的连续脉冲,进行由 00 到 99 的累加计数并记录之。同样可以将 74LS192 的输出端接译码器,用两个数码管来显示其计数情况(可采用 74LS248 驱动)。

(2) 将二位十进制加法计数器改为二位十进制减法计数器,实现由 99 到 00 的递减计数并记录之。具体的实现方法请自己查阅有关资料。画出详细的接线图,在扩展板上实现。

(3) 按图 3.41 电路进行实验,记录实验结果并仔细分析实验原理。

(4) 按图 3.42 电路进行实验,记录实验结果并仔细分析实验原理。

实验十一　555 定时器及其应用

【实验目的】

(1) 熟悉 555 型集成时基电路的电路结构、工作原理及其特点。

(2) 掌握 555 型集成时基电路的基本应用。

【相关理论】

555 集成时基电路称为集成定时器，是一种数字、模拟混合型的中规模集成电路，其应用十分广泛。该电路使用灵活、方便，只需外接少量的阻容元件就可以构成单稳触发器、多谐振荡器和施密特触发器，因而广泛用于信号的产生、变换、控制与检测中。它的内部使用了三个 5 kΩ 的电阻，故取名为 555 电路。其电路类型有双极型和 CMOS 型两大类，它们的工作原理和结构相似。几乎所有的双极型产品型号最后的三位数码都是 555 或 556；所有的 CMOS 产品型号最后四位数码都是 7555 或 7556，两者的逻辑功能和引脚排列完全相同，易于互换。555 和 7555 是单定时器，556 和 7556 是双定时器。双极型的电压是 +5～+15 V，输出的最大电流可达 200 mA，CMOS 型的电源电压是 +3～+18 V。

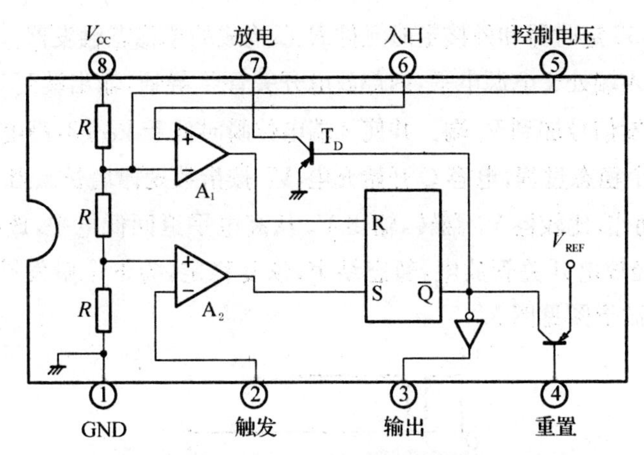

图 3.43　555 定时器内部框图

1. 555 电路的工作原理

555 电路的内部电路方框图如图 3.43 所示。它含有两个电压比较器，一个基本 *RS* 触发器，一个放电开关管 T_D，比较器的参考电压由三只 5 kΩ 的电阻器分压，它们分别使低电平比较器反相比较端和高电平比较器的同相输入端的参考电平为 $2V_{CC}/3$ 和 $V_{CC}/3$。两个比较器的输出端控制 *RS* 触发器状态和放电管开关状态。当输入信号输入并超过 $2V_{CC}/3$ 时，触发器复位，555 的输出端 3 脚输出低电平，同时放电，开关管导通；当输入信号自 2 脚输入并低于 $V_{CC}/3$ 时，触发器置位，555 的 3 脚输出高电平，同时放电，开关管截止。

4 脚是异步置零端，当其为 0 时，555 输出低电平。平时该端开路或接 V_{CC}。

5 脚是控制电压端，平时输出 $2V_{CC}/3$ 作为比较器 V_{r1} 的参考电平，5 脚外接一个输入电压时，即改变了比较器的参考电平，从而实现对输出的另一种控制；在不接外加电压时，通常接一个 0.01 μF 的电容器到地，该电容起滤波作用，以消除外来的干扰，确保参考电平的稳定。T_D 为放电管，当 T_D 导通时，将给接于脚 7 的电容器提供低阻放电电路。

2. 555 定时器的典型应用

(1) 构成单稳态触发器

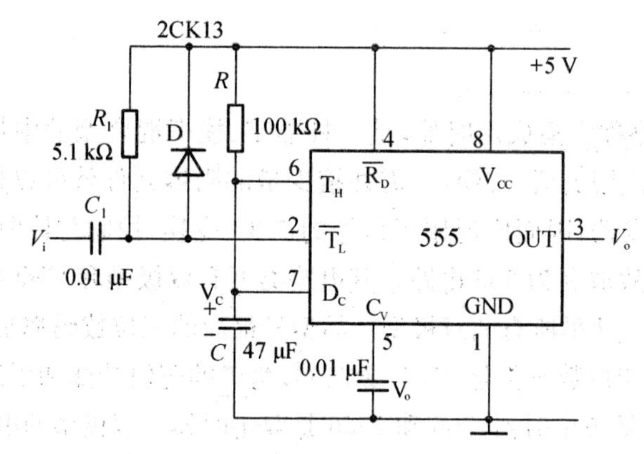

图 3.44 555 定时器构成单稳态触发器

图 3.44 为由 555 定时器和外接定时元件 R、C 构成的单稳态触发器。D 为钳位二极管，稳态时 555 电路输入端处于电源电平，内部放电开关管 T 导通，输出端 V_o 输出低电平，当有一个外部负脉冲触发信号加到 V_i 端。并使 2 端电位瞬时低于 $V_{CC}/3$，高电平比较器动作，单稳态电路即开始一个稳态过程，电容 C 开始充电，V_C 按指数规律增长。当 V_C 充电到 $2V_{CC}/3$ 时，低电平比较器动作，比较器 V_{r1} 翻转，输出 V_o 从高电平返回低电平，放电开关管 T_D 重新导通，电容 C 很快经放电开关管放电，暂态结束，恢复稳定，为下个触发脉冲的来到作好准备。单稳态触发器波形图见图 3.45。

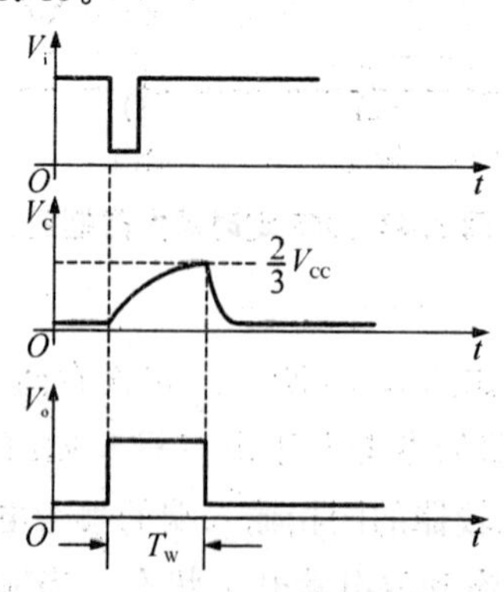

图 3.45 单稳态触发器波形图

暂稳态的持续时间 T_W（即为延时时间）决定于外接元件 R、C 的大小。

$$T_W = 1.1RC$$

通过改变 R、C 的大小，可使延时时间在几微秒和几十分钟之间变化。当这种单稳态电路作为计时器时，可直接驱动小型继电器，并可采用复位端接地的方法来终止暂态，重新计时。此外需用一个续流二极管与继电器线圈并接，以防继电器线圈反电势损坏内部功率管。

（2）构成多谐振荡器

图 3.46 所示为由 555 定时器和外接元件 R_1、R_2、C 构成的多谐振荡器电路，脚 2 与脚 6 直接相连。电路没有稳态，仅存在两个暂稳态，电路亦不需要外接触发信号，利用电源通过 R_1、R_2 向 C 充电，以及 C 通过 R_2 向放电端 D_C 放电，使电路产生振荡。电容 C 在 $1/3V_{CC}$ 和 $2/3V_{CC}$ 之间充电和放电，从而在输出端得到一系列的矩形波，对应的波形如图 3.47 所示。

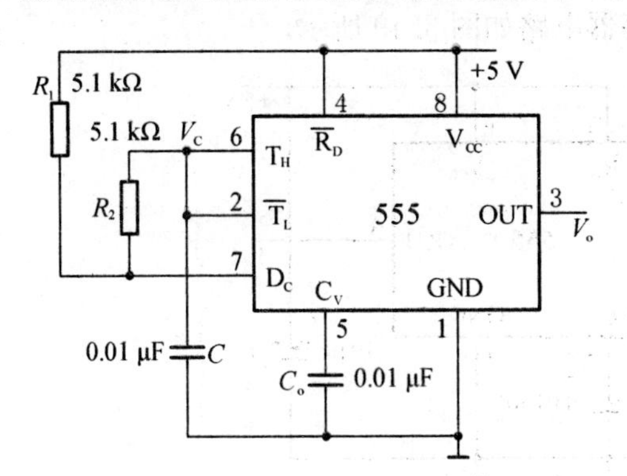

图 3.46　555 构成的多谐振荡器电路

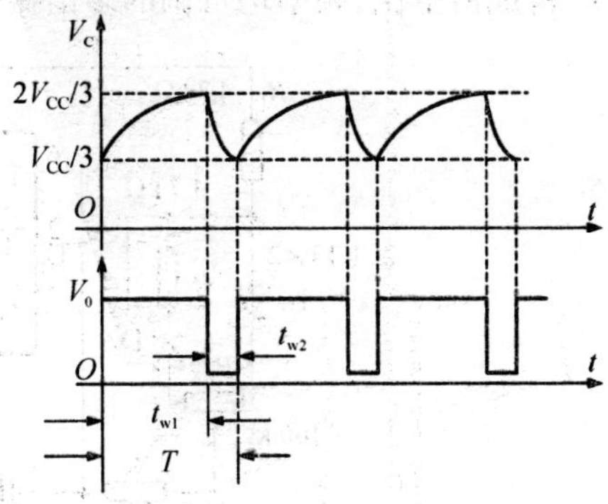

图 3.47　多谐振荡器的波形图

输出信号的时间参数是：

$$T = t_{w1} + t_{w2}$$

其中：

$$t_{w1} = 0.7(R_1 + R_2)C$$

$$t_{w2} = 0.7R_2C$$

t_{w1} 为 V_{CC} 由 $V_{CC}/3$ 上升到 $2V_{CC}/3$ 所需的时间，t_{w2} 为电容 C 放电所需的时间。555 电路要求 R_1 与 R_2 均应不小于 1 kΩ，但两者之和应不大于 3.3 MΩ。外部元件的稳定性决定了多谐振荡器的稳定性，555 定时器配以少量的元件即可获得较高精度的振荡频率和较强的功率输出能力。因此，这种形式的多谐振荡器应用很广。

（3）组成占空比可调的多谐振荡器

多谐振荡器路电路如图 3.48 所示，它比图 3.46 电路增加了一个电位器和两个引导二极管。D_1、D_2 用来决定电容充、放电电流流经电阻的途径（充电时 D_1 导通，D_2 截止；放电时 D_2 导通，D_1 截止）。

占空比 η 为：

$$\eta = \frac{t_{w1}}{t_{w1} + t_{w2}} = \frac{0.7(R_1 + R_{W1})C}{0.7(R_1 + R_{W2})C}$$

可见，若取 $R_1 = R_2$，电路即可输出占空比为 50% 的方波信号。

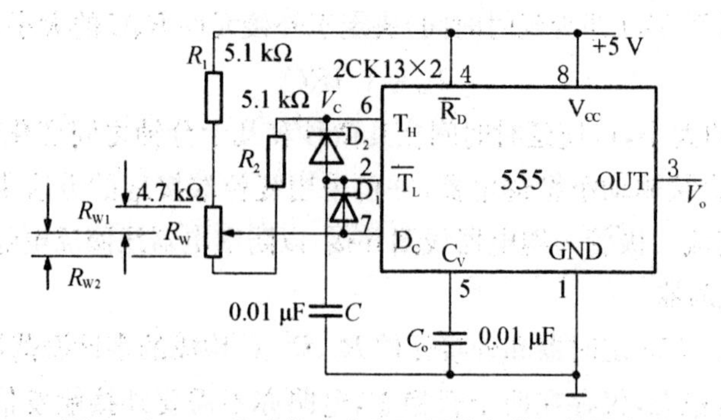

图 3.48　555 构成的占空比可调的多谐振荡器电路

(4) 组成占空比连续可调并能调节振荡频率的多谐振荡器。

555 构成占空比、频率均可调的多谐振荡器电路如图 3.49 所示。

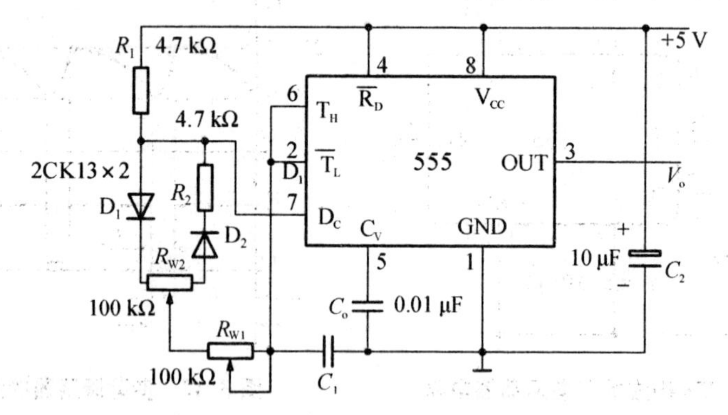

图 3.49　555 构成的占空比、频率均可调的多谐振荡器电路

对 C_1 充电时，充电电流通过 R_1、D_1、R_{W2} 和 R_{W1}，放电时通过 R_{W1}、R_{W2}、D_2、R_2。当 $R_1=R_2$、R_{W2} 调至中心点时，因为充放电时间基本相等，该振荡器占空比约为 50%，此时调节 R_{W1} 仅改变频率，占空比不变。如 R_{W2} 调至偏离中心点，再调节 R_{W1}，不仅振荡频率改变，而且对占空比也有影响。R_{W1} 不变，调节 R_{W2}，仅改变占空比，对频率无影响。因此，当接通电源后，应首先调节 R_{W1} 使频率至规定值，再调节 R_{W2}，以获得需要的占空比。若频率调节的范围比较大，还可以用波段开关改变 C_1 的值。

(5) 组成施密特触发器

电路如图 3.50 所示，只要将 555 脚 2 和脚 6 连在一起作为信号输入端，即得到施密特触发器。图 3.51 为 V_S、V_i 和 V_o 的波形图。V_S 被整形变换的电压为正弦波，其正半波通过二极管 D 同时加到 555 定时器的 2 脚和 6 脚，得到的 V_i 为半波整流波形。当 V_i 上升到 $2V_{CC}/3$ 时，V_o 从高电平转换为低电平；当 V_i 下降到 $V_{CC}/3$ 时，V_o 又从低电平转换为高电平。

回差电压：

$$\Delta V=\frac{2}{3}V_{CC}-\frac{1}{3}V_{CC}=\frac{1}{3}V_{CC}$$

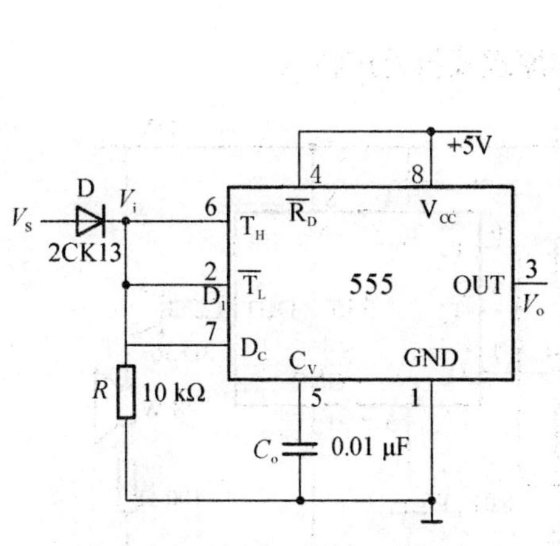

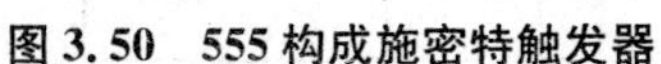

图3.50 555构成施密特触发器

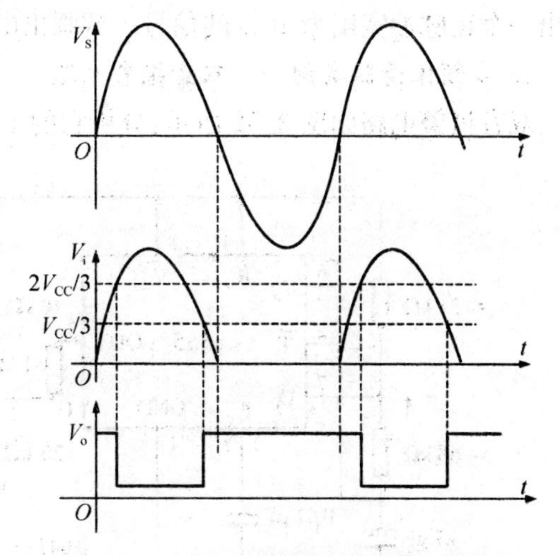

图3.51 555构成施密特触发器的波形图

【实验设备与器材】

(1) 实验模块:DIP拓展电路。

(2) 仪器:数字万用表、双踪示波器、脉冲信号源。

(3) 器件:NE555定时器1个,2CK13(1N4148)二极管1个,3DG6(9013)三极管1个,扬声器1只,电阻、电容、电位器若干。

【实验内容与步骤】

在实验基板上正确插好DIP拓展电路实验模块。(备注:若实验基板不带供电,则需在+5 V与GND间接入+5 V电源。)

1. 单稳态触发器

(1) 按图3.44连线,取R=100 kΩ,C=47 μF,输出接LED电平指示器。输入信号V_i由单次脉冲源提供,用示波器观测V_i、V_c、V_o波形。测量V_i、V_c、V_o幅度与暂稳态时间。

(2) 将R改为1 kΩ,C改为0.1 μF,输入端加1 kHz的连续脉冲,观测V_i、V_c、V_o波形。测量V_i、V_c、V_o幅度与暂稳态时间。

2. 多谐振荡器

(1) 按图3.46接线,用双踪示波器观测V_C与V_o的波形,测量频率。

(2) 按图3.48接线,R_W选用10 kΩ电位器,组成占空比为50%的方波信号发生器。观测V_C、V_o波形。测量波形参数。

(3) 按图3.49接线,C_1选用0.1 μF。调节R_{W1}和R_{W2}观测输出波形的变化情况。

3. 施密特触发器

(1) 按图3.50接线,输入音频信号由正弦信号V_i模拟,预先调好V_i的频率为1 kHz,幅度为5 V。接通电源,观测输出波形,测绘电压传输特性,算出回差电压ΔU。

(2) 利用555定时器设计制作触摸式开关定时控制器,每当用手触摸一次开关,电路即输出一个正脉冲宽度为 10 s 的信号。试画出电路并测试电路功能。

4. 多频振荡器实例——双音报警电路

双音报警电路如图 3.52 所示:分析它的工作原理及报警声特点。

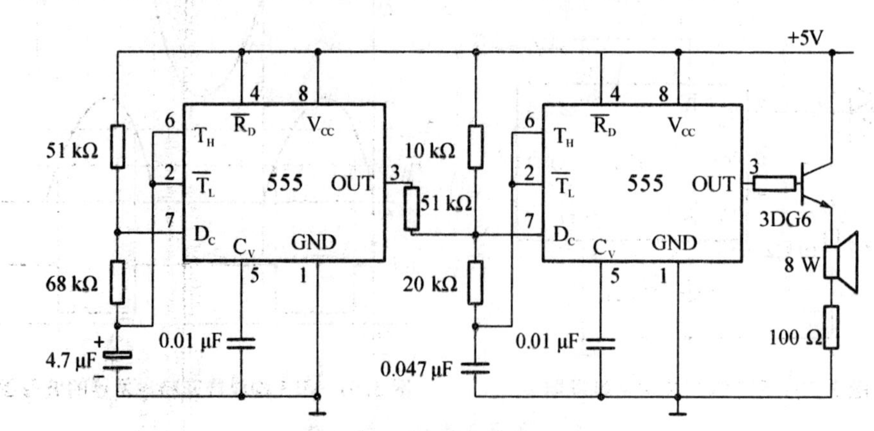

图 3.52　555 双音报警电路图

(1) 观察并记录输出波形,同时试听报警声。

(2) 若将前一级的低频信号输出加到后一级的控制电压端(第 5 脚),报警声将会如何变化? 试分析工作原理。

实验十二　D/A 转换实验

【实验目的】

(1) 了解 D/A 转换器的基本工作原理和基本结构。

(2) 掌握大规模集成 D/A 转换器的功能及其典型应用。

【相关理论】

本实验将采用大规模集成电路 DAC0832 实现 D/A 转换。DAC0832 是采用 CMOS 工艺制成的单片电流输出型八位数/模转换器。器件的核心部分采用倒 T 形电阻网络的八位 D/A 转换器。DAC0832 由倒 T 形 R-$2R$ 电阻网络、模拟开关、运算放大器和参考电压 V_{REF} 四部分组成。运算的输出电压为：

$$U_o = -\frac{V_{REF}R_F}{2^n R}(D_{n-1} \cdot 2^{n-1} + D_{n-2} \cdot 2^{n-2} + \cdots + D_0 \cdot 2^0)$$

由上式可见，输出电压 U_o 与输入的数字量成正比，使转换器可以将数字量转换为模拟量，数字量通过逻辑电平开关来输入。一个八位的 D/A 转换器有 8 个输入端，每个输入端是八位二进制数的一位，有一个模拟输出端，输入可有 $2^8=256$ 个不同的二进制组态，输出为 256 个电压之一，即输出电压不是整个电压范围内的任意值，而只能是 256 个可能值中的一个。图 3.53 所示为 DAC0832 的引脚图。

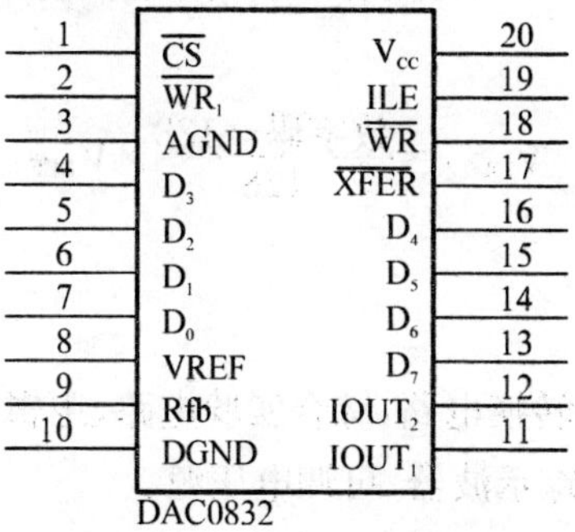

引脚	名称	名称	引脚
1	$\overline{CS}$	V_{cc}	20
2	$\overline{WR_1}$	ILE	19
3	AGND	$\overline{WR}$	18
4	D_3	$\overline{XFER}$	17
5	D_2	D_4	16
6	D_1	D_5	15
7	D_0	D_6	14
8	VREF	D_7	13
9	Rfb	$IOUT_2$	12
10	DGND	$IOUT_1$	11

DAC0832

图 3.53　DAC0832 引脚图

$D_0 \sim D_7$：数字信号输入端，我们通过 PC 机用软件来发送数字信号。

ILE：输入寄存器允许，高电平有效。

CS：片选信号，低电平有效。

WR_1：写信号 1，低电平有效。

$XFER$:传送控制信号,低电平有效。

WR:写信号,低电平有效。

I_{OUT1},I_{OUT2}:DAC 电流输出端。

R_{fb}:反馈电阻,指集成在片内的外接运放的反馈电阻。

要注意的一点是:DAC0832 的输出是电流,要转换为电压,还必须经过一个外接的运算放大器,为了使 D/A 转换器输出为双极性,我们用两个运放来实现,实验线路如图 3.54 所示。

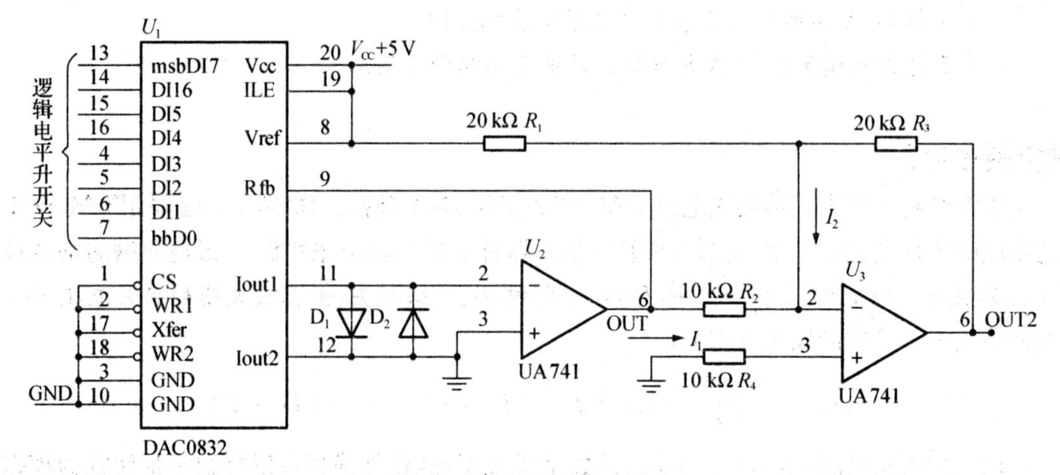

图 3.54 D/A 转换实验线路

图 3.54 所示单极性输出电压为:

$$V_{OUT1}=-(数字码/256)$$

双极性输出电压为:

$$V_{OUT2}=-((R_3/R_2)V_{OUT1}+(R_3/R_1)V_{REF})$$

化简得:

$$V_{OUT2}=\frac{数字码-128}{128}\times V_{REF}$$

【实验设备与器材】

(1) 实验模块:A/D、D/A 转换电路,综合实验电路,逻辑电平输出电路,DIP 拓展电路。

(2) 仪器:数字万用表、双踪示波器、可调电压源。

【实验内容与步骤】

DAC0832 芯片已完成了部分连线,按图 3.54 所示正确连线。打开电源开关,拨动逻辑电平开关,改变输入数字量,用电压表分别测量单极性和双极性输出电压,并与实际计算值进行比较,将数据填至表 3.16 中。

表 3.16　DAC0832 测试

输入数字量									模拟量输出	
十进制数值	D_{I7}	D_{I6}	D_{I5}	D_{I4}	D_{I3}	D_{I2}	D_{I1}	D_{I0}	单极性输出	双极性输出
0	0	0	0	0	0	0	0	0		
1	0	0	0	0	0	0	0	1		
2	0	0	0	0	0	0	1	0		
4	0	0	0	0	0	1	0	0		
8	0	0	0	0	1	0	0	0		
16	0	0	0	1	0	0	0	0		
32	0	0	1	0	0	0	0	0		
64	0	1	0	0	0	0	0	0		
128	1	0	0	0	0	0	0	0		
255	1	1	1	1	1	1	1	1		

实验十三　A/D 转换实验

【实验目的】

(1) 了解 A/D 转换器的基本工作原理和基本结构。

(2) 掌握大规模集成 A/D 转换器的功能及其典型应用。

【相关理论】

本实验将采用大规模集成电路 ADC0809 实现 A/D 转换。ADC0809 是采用 CMOS 工艺制成的单片八位八通道逐次渐近型模/数转换器,其引脚排列如图 3.55 所示。

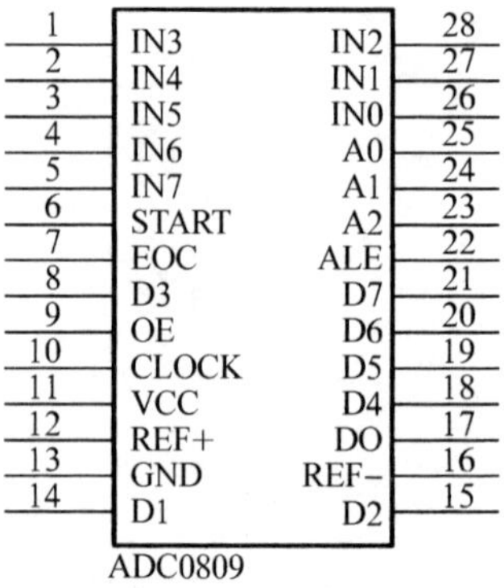

引脚	名称	名称	引脚
1	IN3	IN2	28
2	IN4	IN1	27
3	IN5	IN0	26
4	IN6	A0	25
5	IN7	A1	24
6	START	A2	23
7	EOC	ALE	22
8	D3	D7	21
9	OE	D6	20
10	CLOCK	D5	19
11	VCC	D4	18
12	REF+	DO	17
13	GND	REF-	16
14	D1	D2	15

ADC0809

图 3.55　ADC0809 引脚图

$IN_0 \sim IN_7$:8 路模拟信号输入端。

A_2、A_1、A_0:地址输入端。

ALE:地址锁存允许输入信号端,在此脚施加正脉冲,上升沿有效,此时锁存地址码,从而选通相应的模拟信号通道,以便进行 A/D 转换。

$START$:启动信号输入端,应在此脚施加正脉冲,当上升沿到达时,内部逐次逼近寄存器复位,在下降沿到达后,开始 A/D 转换过程。

EOC:输入允许信号,高电平有效。

$CLOCK$:时钟信号输入端,外接时钟频率一般为 640 kHz。

V_{REF}+接+5 V,V_{REF}-接地。

8 路模拟开关由 A_2、A_1、A_0 三地址输入端选通 8 路模拟信号中的任何一路进行 A/D 转换,地址译码与模拟输入通道的选通关系为 000→IN_0,001→IN_1,以此类推,111→IN_7。时钟信号电路如图 3.56 所示。

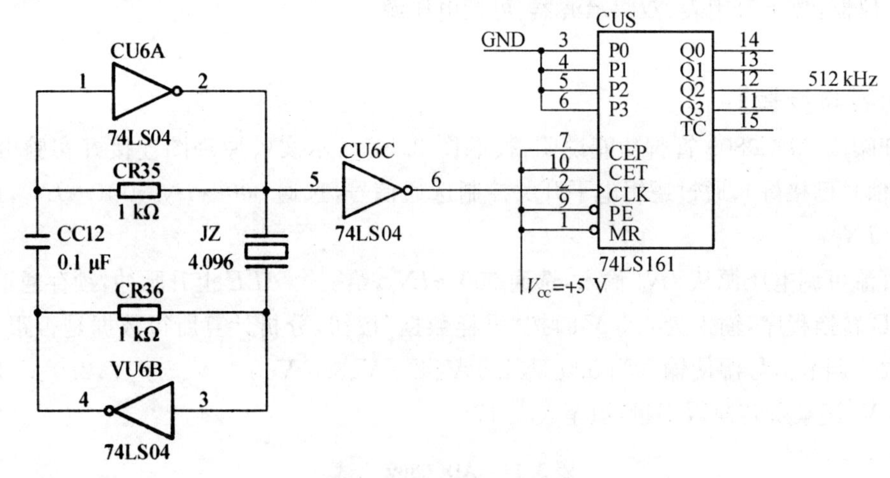

图 3.56　时钟产生电路

一旦选通通道 X(0～7 通道之一)，其转换关系为：

$$\text{数字码}=V_{\text{INX}}\times\frac{256}{V_{\text{REF}}}\text{，且 }0\leqslant V_{\text{INX}}\leqslant V_{\text{REF}}=+5\ \text{V}$$

数字电路图如图 3.57 所示：

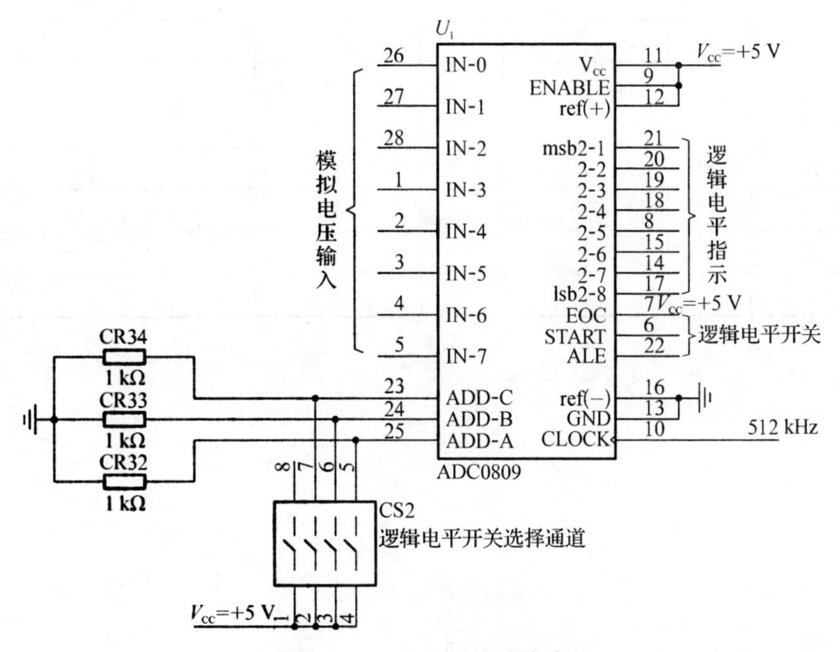

图 3.57　ADC0809 实验线路

要注意一点的是：若输入有负极性值，要经运放把电压转化到有效正电压范围内。

【实验设备与器材】

(1) 实验模块：A/D、D/A 转换电路，综合实验电路，逻辑电平输出电路，DIP 拓展电路。

(2) 仪器:数字万用表、双踪示波器、可调电压源。

【实验内容与步骤】

仔细阅读ADC0809管脚功能说明,按照图3.57所示实验原理图连接好实验电路(时钟、使能信号已接好),通过逻辑电平开关控制选通信号,选通000→IN_0,001→IN_1,以此类推,111→IN_7。

将直流可调电压源从IN_0输入,选通000→IN_0,给一个ALE上升脉冲,锁存通道地址,启动A/D转换程序,输入为4.5 V时按“采样数据”按钮,分析计算所得数据是否跟实际转换的一致。调节信号源使输入为5.0 V、4.5 V、4.0 V、3.5 V、3.0 V、2.5 V、2.0 V、1.5 V、1 V、0.5 V,记录所转换数字量,填至表3.17。

表3.17　ADC0809测试

模拟量输入	输出数字量								
通道 IN_0/V	D_{I7}	D_{I6}	D_{I5}	D_{I4}	D_{I3}	D_{I2}	D_{I1}	D_{I0}	对应十进制数值
5.0									
4.5									
3.5									
3.0									
2.5									
2.0									
1.5									
1.0									
0.5									
0									

实验十四　多功能数字钟的设计

【实验目的】

(1) 掌握常见进制计数器的设计方法。

(2) 掌握秒脉冲信号的产生方法。

(3) 复习并掌握译码显示的原理。

(4) 熟悉整个数字钟的工作原理。

【相关理论】

数字钟一般由晶振、分频器、计时器、译码器、显示器和校时电路等组成，其原理框图如图 3.58 所示。

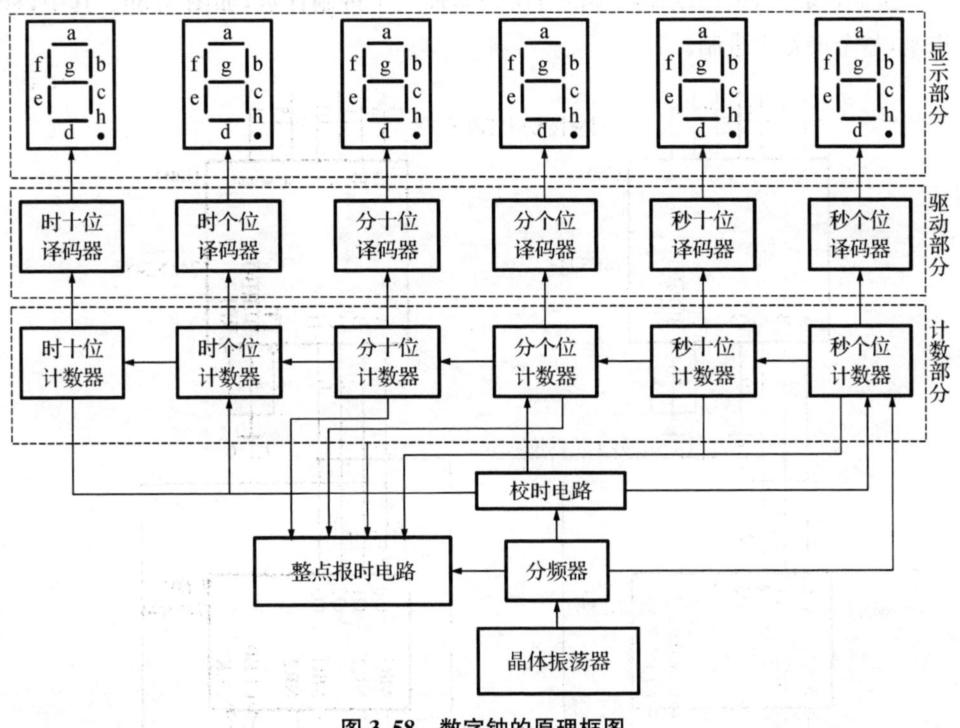

图 3.58　数字钟的原理框图

数字钟电路的工作原理为：由晶振产生稳定的高频脉冲信号，将此高频脉冲信号作为数字钟的时间基准，再由分频器输出标准秒脉冲。

秒计数器计满 60 后向分计数器进位，分计数器计满 60 后向小时计数器进位，小时计数器按照“12 翻 1”的规律计数，到小时计数器也计满后，系统自动复位重新开始计数。计数器的输出经译码电路后送到显示器显示。计时出现误差时可以用校时电路进行校时。整点报时电路在每小时的最后 10 s 开始报时(奇数秒时)直至下一小时开始，其中前 4 响为低音，最后为高音。分别为在第 51 s、53 s、55 s、57 s 时发低音，第 59 s 发高音，高音低音均持续 1 s。

1. 晶体振荡器

晶体振荡器是数字钟的核心。振荡器的稳定度和频率的精确度决定了数字钟计时的准确程度，通常采用石英晶体构成振荡器电路。一般说来，振荡器的频率越高，计时的精度也就越高。在此实验中，采用的是信号源单元提供的 1 Hz 脉冲，它同样是采用晶体分频得到的。

2. 分频器

因为石英晶体的频率很高，要得到秒信号需要用到分频电路。由晶振得到的频率经过分频器分频后，得到 1 Hz 的秒脉冲信号、500 Hz 的低音信号和 1 000 Hz 的高音信号。

3. 秒计时

由分频器来的秒脉冲信号首先被送到秒计数器进行累加计数，秒计数器应完成 1 min 之内秒数目的累加，达到 60 s 时产生一个进位信号，因此选用一片 74LS90 和一片 74LS92 组成六十进制计数器，采用反馈归零的方法来实现六十进制计数，如图 3.59。其中，秒十位是六进制，秒个位是十进制。

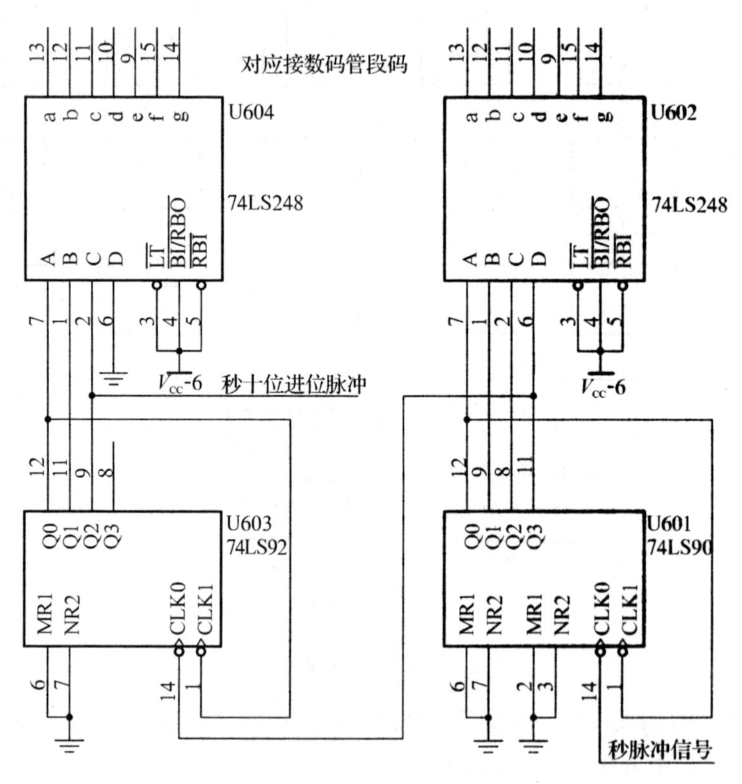

图 3.59　秒计时电路图

4. 分计时电路

分计数器电路也是六十进制，可采用与秒计数器完全相同的结构，用一片 74LS90 和一片 74LS92 构成。

5. 小时计时电路

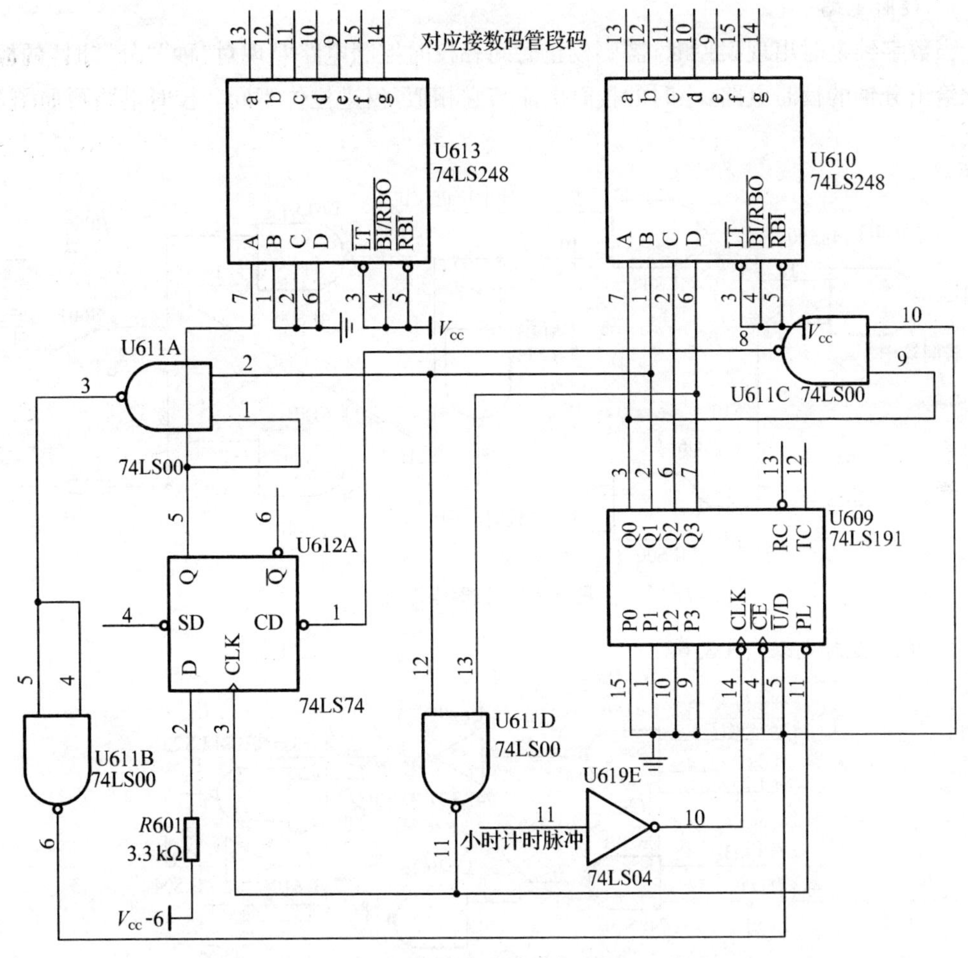

图 3.60　小时计时电路图

“12 翻 1”小时计数器是按照“01—02—03—…—11—12—01—02—…”规律计数的，这与日常生活中的计时规律相同。在此实验中，小时的个位计数器由四位二进制同步可逆计数器 74LS191 构成，十位计数器由 D 触发器 74LS74 构成，将它们级联组成“12 翻 1”小时计数器。小时计时电路图如图 3.60 所示。

计数器的状态要发生两次跳跃：一是计数器计到 9，即个位计数器的状态为 $Q_{03}Q_{02}Q_{01}Q_{00}=1001$，在下一脉冲作用下计数器进入暂态 1010，利用暂态的两个 1(即 Q_{03}，Q_{01})使个位异步置 0，同时向十位计数器进位使 $Q_{10}=1$；二是计数器计到 12 后，在第 13 个脉冲作用下个位计数器的状态应为 $Q_{03}Q_{02}Q_{01}Q_{00}=0001$，十位计数器的 $Q_{10}=0$。第二次跳跃的十位清 0 和个位置 1 信号可由暂态为 1 的输出端 Q_{10}，Q_{01}，Q_{00} 来产生。

6. 译码显示电路

译码电路的功能是将秒、分、时计数器中每个计数器的输出状态(8421 码)翻译成七段数码管能显示的十进制数电信号,然后再由数码管把相应的数字显示出来。

译码器采用 74LS248 译码/驱动器,显示器采用七段共阴极数码管。

7. 校时电路

当数字钟走时出现误差时,需要校正时间。校时控制电路实现对“秒”“分”“时”的校准。在此给出分钟的校时电路,小时的校时电路与它相似,仅进位位不同。校时电路图如图 3.61 所示。

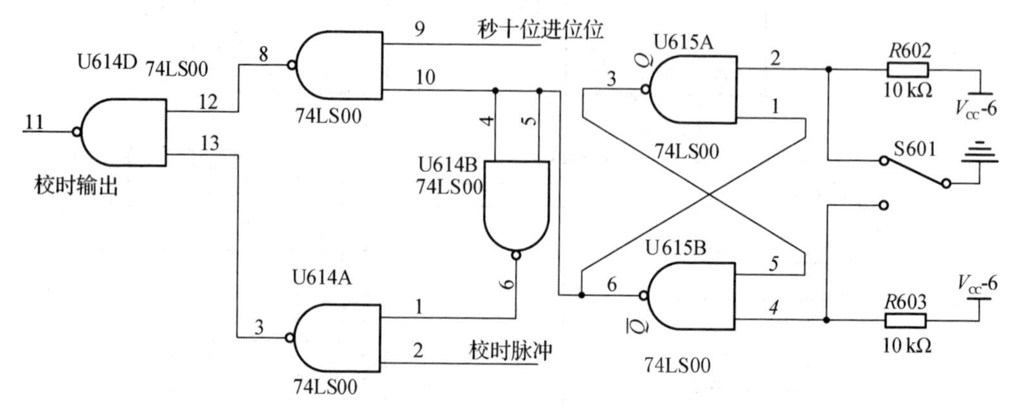

图 3.61　校时电路图

8. 整点报时电路(图 3.62)

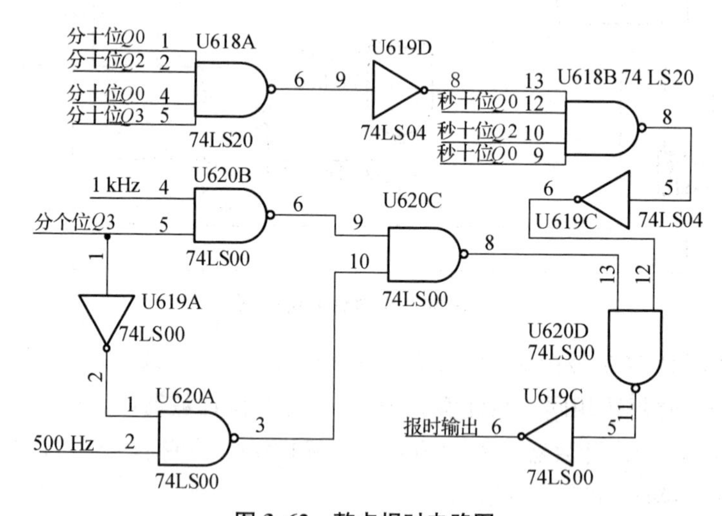

图 3.62　整点报时电路图

9. 报时音响电路

报时音响电路采用专用功率放大芯片来推动喇叭。报时所需的 500 Hz 和 1 000 Hz 音频信号,分别取自信号源模块的 500 Hz 输出端和 1 000 Hz 输出端。

【实验设备与器材】

(1) 双踪示波器,脉冲源。

(2) 数字电路实验箱。

(3) 万用表等实验室常备工具。

【实验内容与步骤】

(1) 设计实验所需的时钟电路,自己连线并调试。

(2) 设计实验所需的分频电路,自己连线并调试,用示波器观察结果。

(3) 设计实验所需的计数电路部分,自己连线并调试,将实验结果填入自制的表中。

(4) 设计实验所需的校时电路和报时电路,自己连线并调试,记下实验结果。

(5) 根据数字钟电路系统的组成框图,按照信号的流向分级安装、逐级级联,调试整个电路,测试数字钟系统的逻辑功能并记录实验结果。

实验十五　数码动态显示

【实验目的】

（1）熟悉多位数码动态显示的原理及双 2-4 线译码器的功能。

（2）熟悉共阴、共阳数码管的驱动特点。

【相关理论】

数码动态显示的原理是利用 *CP* 控制计数器，根据脉冲的高低电平顺序选通数码管控制端，由四路 4 选 1 开关切换不同的显示数据，随着 *CP* 脉冲的输入，2 位 7 段显示器按顺序显示数码，当 *CP* 频率升高到一定程度时，由于视觉暂停现象，4 位数码看起来是同时显示。

【实验设备与器材】

（1）直流稳压电源 1 台。

（2）数字电路实验箱 1 个。

（3）共阴、共阳数码管各 1 个，74LS248 1 片，74LS160 1 片，74LS153 2 片。

【实验内容与步骤】

1. 根据原理图搭建实验电路，如图 3.63 所示。

（1）计数部分：采用 74LS160 进行计数，由于只用显示四路数码，故将 74LS160 改为四位计数器，选用置数法。将输出 Q_0、Q_1 作为数据选择部分的地址。

（2）译码选通部分（显示器控制部分）：将 74LS160 的 Q_0 端作为共阴、共阳数码管的分时选通控制端。

（3）数据选择部分：由于两个数码管需要依次显示不同数字，选用两片 74LS153，用计数器输出 Q_0、Q_1 端接地址端 S_0、S_1，通过逻辑开关对输入进行置数。

（4）译码显示部分：选用七段译码器 74LS248，将两片 74LS153 的四个输出作为 *ABCD* 四个输入，实现译码显示（实际工作）。

在 *CP* 脉冲的作用下，四个数码显示器依次显示逻辑开关对应的置数。通过实验可知，当 *CP* 的频率达到 150 Hz 左右时，人们在视觉上已经分辨不出数码管依次显示的动态效果。

2. 在实验箱上搭建电路，观察结果。

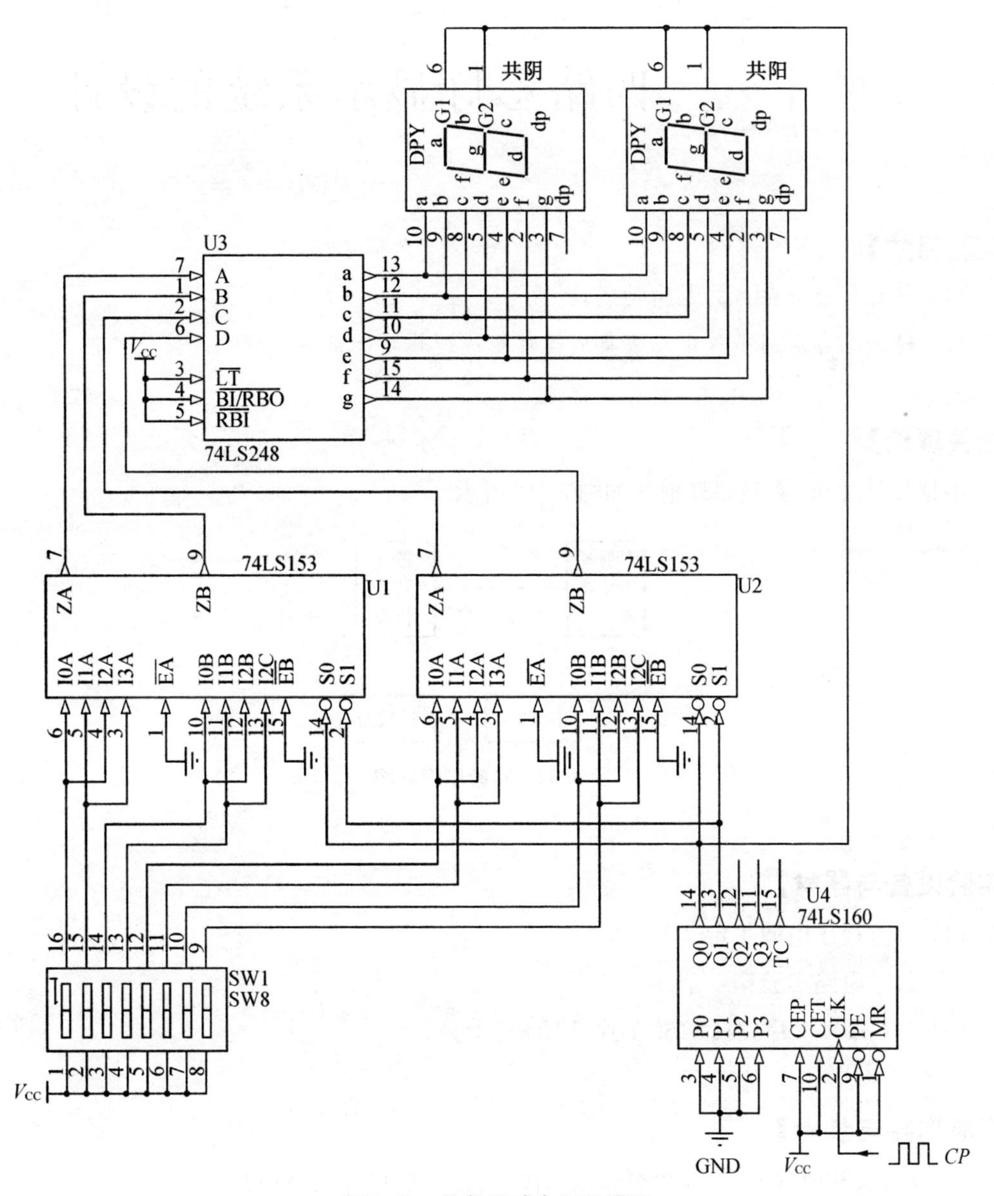

图 3.63　位数码动态显示原理

实验十六　四路彩灯显示系统的设计

【实验目的】

(1) 熟悉移位寄存器的逻辑功能。

(2) 提升综合运用多种中规模集成器件组成逻辑功能部件的能力及实验技能。

【相关理论】

根据设计要求,实验原理框图如图 3.64 所示。

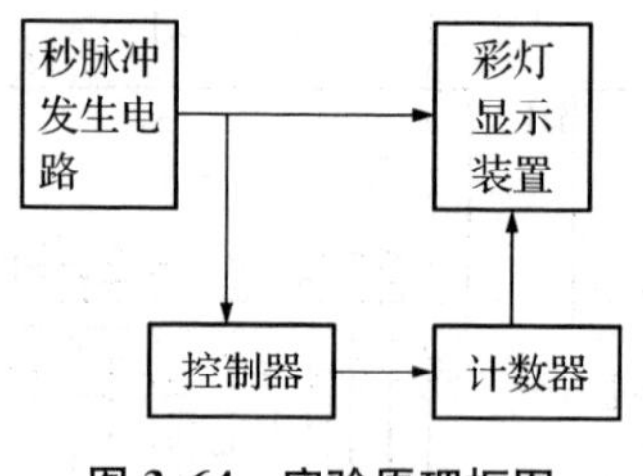

图 3.64　实验原理框图

【实验设备与器材】

(1) 直流稳压电源 1 台。

(2) 数字电路实验箱 1 个。

(3) 74LS194 1 片、74LS160 1 片、LED 若干。

【实验内容与步骤】

1. 分析实验原理框图,画出逻辑电路图,有条件的可以进行仿真。
2. 根据仿真结果完善电路,接线进行试验调试。
3. 分析逻辑电路,简述工作原理,记录实验结果。
4. 发现问题,分析问题。

具体设计思路:

表 3.18　输出逻辑图

说明	输出				所用时间
	Q_d	Q_c	Q_b	Q_a	
开机初态	0	0	0	0	
第一节拍 逐次渐亮	1	0	0	0	1 s
	1	1	0	0	1 s
	1	1	1	0	1 s
	1	1	1	1	1 s
第二节拍 逐序渐灭	1	1	1	0	1 s
	1	1	0	0	1 s
	1	0	0	0	1 s
	0	0	0	0	1 s
第三节拍 同时亮 0.5 s， 然后同时灭 0.5 s， 进行四次	1	1	1	1	0.5 s
	0	0	0	0	0.5 s
	1	1	1	1	0.5 s
	0	0	0	0	0.5 s
	1	1	1	1	0.5 s
	0	0	0	0	0.5 s
	1	1	1	1	0.5 s
	0	0	0	0	0.5 s

四路彩灯输出结果如表 3.18 所示，由该表可知，需要用一个节拍控制器每 4 s 一个节拍，3 个节拍共 12 s 后反复循环。一个节拍结束后应产生一个信号到节拍程序执行器，完成彩灯渐亮、渐灭、同时亮、同时灭等功能。分频及节拍控制可以选用一个模 12 计数器来完成；彩灯渐亮、渐灭选用移位寄存器 74LS194 的左移、右移功能来实现。同时亮 0.5 s、同时灭 0.5 s 可考虑通过把 1 Hz 的秒脉冲信号直接加到输出显示端来完成。

记第一、第二、第三节拍分别为 Y_0、Y_1、Y_2。有效时间应为 4 s，Y_0 结束 Y_1 马上开始，Y_1 结束 Y_2 马上开始，如此循环不断。对于节拍一，74LS194 的输出端初态均为零，在开机瞬间，移位控制端 S_0S_1 的状态被确定下来，即 Y_0 时，$S_0S_1=01$，右移串行数据输入端 SR 脉冲信号经四分频电路并通过或门组成的节拍电路，使四路彩灯从右到左依次亮共 4 s；当 Y_1 时，$S_0S_1=10$，左移串行数据输入端 SL 脉冲信号经四分频电路并通过或门组成的节拍电路，使四路彩灯从左到右依次灭共 4 s；Y_2 时，$S_0S_1=11$，并行数据输入端 A、B、C、D 脉冲信号经四分频电路并通过或门组成的节拍电路，使四路彩灯同时为“1”并保持 0.5 s、同时为“0”并保持 0.5 s，重复 4 遍共 4 s，完成一个循环共需 12 s、12 个 CP 脉冲。

(1) 各单元电路的设计

模 12 计数器(分频和节拍控制作用)选用 74LS160，每 4 s 一个节拍，3 个节拍共 12 s 后反复循环。采用置数法，通过一个三输入与非门实现，当输出端 $Q_dQ_cQ_bQ_a$ 为 1011 时，$LD'=(Q_dQ_bQ_a)'$ 结果为低电平 0，此时 74LS160 输出端就重新回到了 0000 状态。电路如图 3.65

所示。

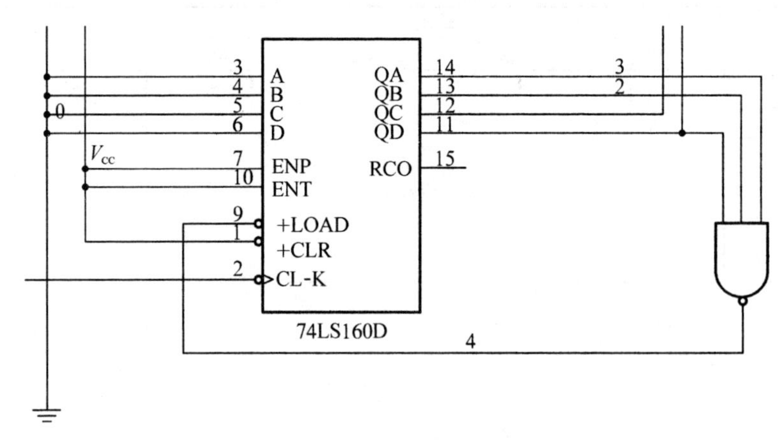

图 3.65　返回初始状态控制

(2) 彩灯显示控制装置

通用移位寄存器 74LS194 控制四个彩灯。在第一节拍中，$S_1S_0=01$，74LS194 实现右移功能，即在时钟脉冲作用下，把 D_{SR1} 逐次移进；在第二节拍中，$S_1S_0=10$，74LS194 实现左移功能，即在时钟脉冲作用下，把 D_{SR0} 逐次反方向移。

在前两个节拍中，74LS194 的输出对应于四个灯，灯的亮灭与其输出一致。在第三节拍中，实际上 74LS194 并不能控制灯的亮灭。灯其实是由脉冲信号来控制的。此时计数器的计数状态为 1000—1011，故将 Q_d 与输入脉冲接二输入与门来控制灯的亮灭。

综上所述，系统启动后四路彩灯的工作过程如下：第一节拍时，四路彩灯从左向右逐次渐亮；第二节拍时，四路彩灯从右向左逐次渐灭；第三节拍时，四路彩灯同时亮，然后同时变暗。

实验十七　十字路口交通灯的设计

【实验目的】

(1) 掌握常见进制计数器的设计方法。

(2) 掌握时钟脉冲信号的产生方法。

【相关理论】

(1) 本次设计采用红、黄、绿三种颜色的LED模拟交通灯。

(2) 主道路绿、黄、红灯亮的时间预置为60 s、5 s、25 s；次道路绿、黄、红灯亮的时间预置分别为20 s、5 s、65 s；

(3) 主、次道路时间指示采用减计数器定时，用二位数码管显示。

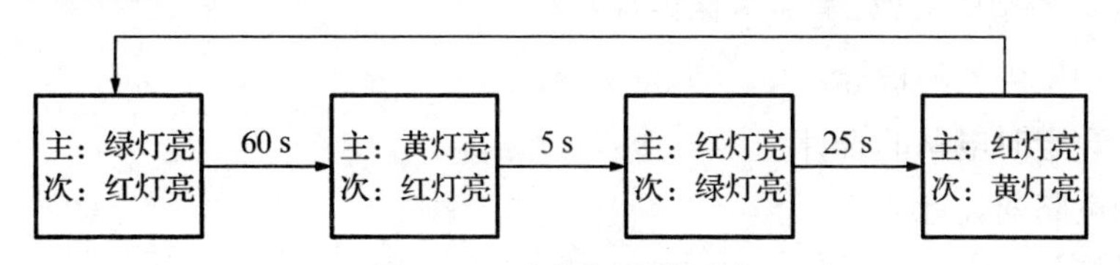

图3.66　交通灯设计要求

根据设计要求，主道路绿、红、黄灯亮的时间分别为60 s、25 s、5 s，次道路绿、红、黄灯亮的时间分别为20 s、65 s、5 s(图3.66)。设主干道方向红、绿、黄灯分别为R、G、Y，次道路方向红、绿、黄灯分别为R、G、Y。用十进制减数计数器控制三种状态的保持和切换，主干道和次干道共用同步的脉冲信号，主干道方向绿灯先由60 s减数到0 s，之后切换为黄灯并开始5 s倒计时，到第二次减数到0 s时切换为红灯并开始25 s倒计时，待减数到0 s时再切换为绿灯，为一个循环(周期为90 s)。同理，次干道方向红、绿、黄三灯保持亮的时间分别为65 s、20 s、5 s，一个循环也是90 s。图3.67为交通灯工作流程图。

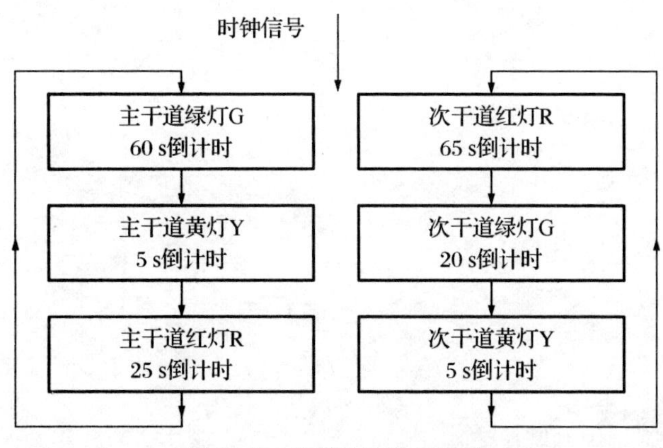

图3.67　交通灯工作流程图

电路组成：设计要求中交通指示灯定时亮灭，时间指示采用倒计时显示，则需要由定时系统、计数器、时钟电路等来实现，状态控制器主要用于记录十字路口交通灯的工作状态，译码器用于点亮相应状态的信号灯。秒信号发生器产生整个定时系统的时基脉冲，减法计数器对秒脉冲计数，以控制每一种工作状态的持续时间。减法计数器的回零脉冲时状态控制器完成状态转换。电路由秒脉冲发生器、减计数定时器和译码显示电路、主控制电路、信号灯显示电路四部分组成。

【实验设备与器材】

(1) 脉冲发生器 1 个。

(2) 减计数定时器和译码显示电路各 4 片。

(3) 主控制电路 1 个。

(4) 信号灯显示电路 4 个。

【实验内容与步骤】

根据设计要求拟定电路，完成下述设计：

(1) 秒脉冲发生器的设计。

(2) 减计数定时电路的设计。

(3) 控制电路的设计。

(4) 信号灯显示电路的设计。

(5) 绘制原理图，拟定清单，完成电路搭建，验证实验。

实验十八　电子密码锁设计

【实验目的】

（1）掌握 3－8 线译码器逻辑功能和使用方法。

（2）掌握基于 74LS85 数值比较器的电子密码锁设计方法。

【相关理论】

密码输入及设定密码：分别采用 4 个密码拨动开关进行密码输入和密码预设，另外增加一路开关作为钥匙开关信号，当密码输入正确后，按下此开关密码箱即打开。

单路密码判定电路：采用异或门来判断密码正确与否，只有密码相同时才输出有效信号，当然也可使用数值比较器判定密码，其判定结果是一致的。

四路密码判定电路：将采用双 3－8 译码器级联为 4－16 线译码器，只有 4 个输入密码与设定密码相同，译码器最高位才有输出，我们可以将输出信号引入密码控制电路，用来打开密码箱，这里的密码箱指的是 LED 指示灯。

密码错误报警电路：若密码输入错误，4－16 线译码器的另外 15 个输出至少会有 1 路是错误信号，这里通过 2 个八输入与非门将错误信号取出，用来驱动报警指示。电子密码锁设计框图如图 3.68 所示。

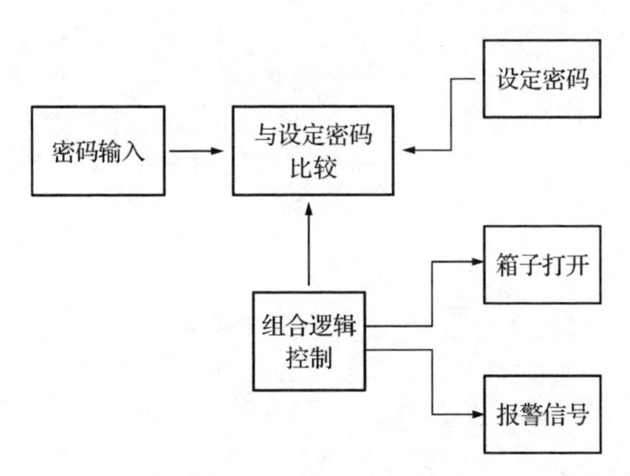

图 3.68　电子密码锁设计框图

【实验设备与器材】

(1) 3-8线译码器74LS138若干。

(2) 74LS85数值比较器若干。

【实验内容与步骤】

根据设计要求,请读者自己拟定电路完成上述设计功能:绘制原理图,拟定清单,完成电路搭建,验证实验。

实验十九　多路智力竞赛抢答器

【实验目的】

(1) 进一步掌握优先编码器的工作原理。

(2) 进一步掌握译码显示的原理。

(3) 熟悉多路抢答器的工作原理。

(4) 了解简单数字系统实验的调试及故障排除方法。

【相关理论】

一般说来，多路智力竞赛抢答器的组成框图如图 3.69 所示。

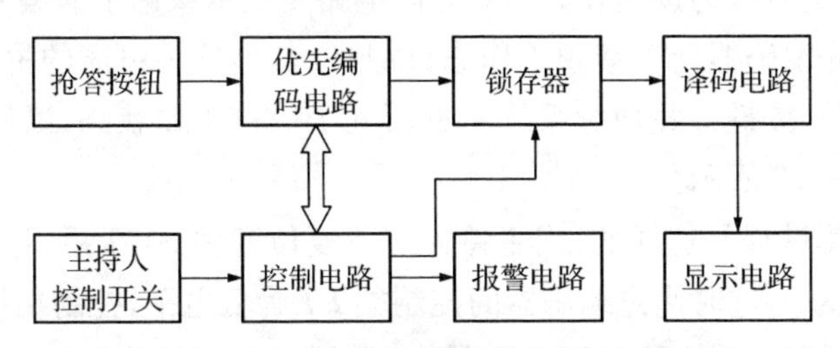

图 3.69　多路智力竞赛抢答器的组成框图

多路智力竞赛抢答器工作过程：接通电源后，节目主持人将开关置于清除位置，抢答器处于禁止工作状态，编号显示器灭灯，节目主持人宣布抢答开始并将开关置于开始位置，此时抢答器处于工作状态，当选手按键抢答时，优先编码器立即分辨出抢答器的编号，锁存器锁存该编号，然后编码显示电路显示该编号，同时，控制电路对输入编码进行封锁，避免其他选手再次进行抢答。当选手将问题回答完毕，主持人操作控制开关，使系统恢复到禁止工作状态，以便进行下一轮的抢答。

1. 抢答电路

抢答电路的功能主要有两个：一是分辨出选手按键的先后，并锁存优先抢答者的编号，供译码显示电路用；二是要使其他选手的按键操作无效。其工作框图为如图 3.70 所示。当抢答电路处于工作状态时，有选手抢答后，按键信号被送至优先编码器，经优先编码后再送至锁存器锁存，然后锁存的信号被送到译码显示电路显示，同时，控制电路将发送一个信号到优先编码器使它停止工作。抢答电路的电路示意图如图 3.71 所示。

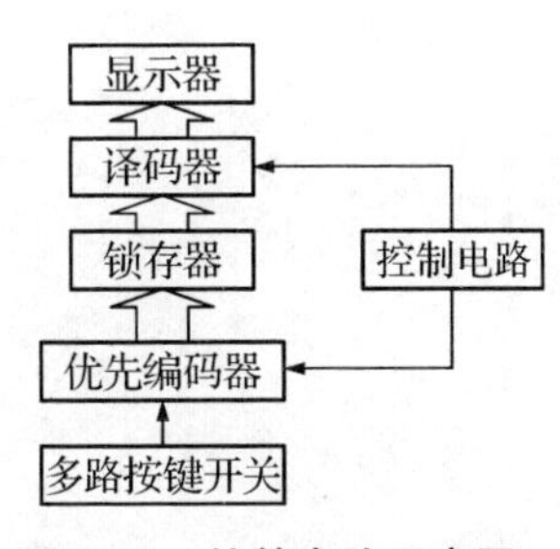

图 3.70　抢答电路示意图

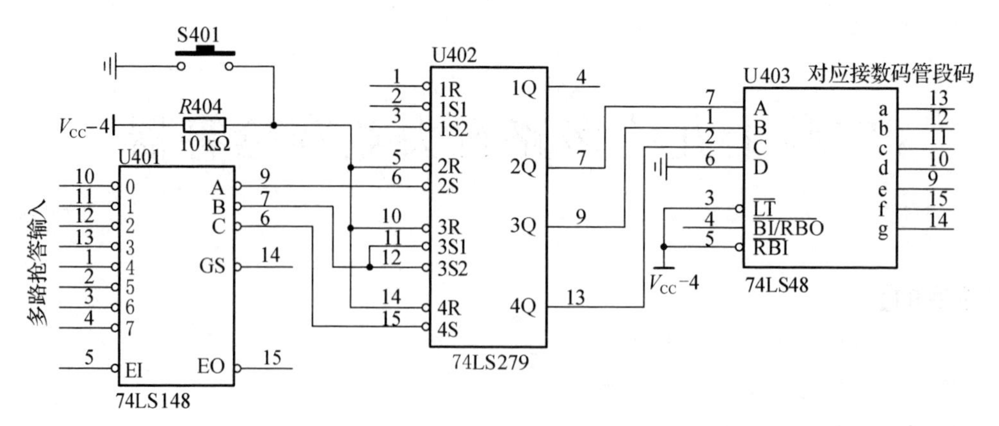

图 3.71　抢答电路图

2. 控制电路

控制电路的作用是当主持人将控制开关(按键开关)按下时,使优先编码器处于工作状态,同时使译码电路处于消隐状态,即不显示任何数字,此时整个系统处于等待工作状态。当有选手抢答后(按下对应的按键开关),一方面电路要显示该选手的编号,同时还要发出一个锁存信号使得优先编码器处于禁止工作态,以封锁其他选手可能的抢答。当主持人再次按下主持人控制开关(按键开关)时,系统又重新处于等待工作状态,以便进行下一轮抢答。其具体电路图如图 3.72 所示。

控制电路的工作过程是这样的:当主持人按下复位开关 S401 后,D 触发器的置位端使其置 1,它的反端即为 0,这时优先编码器的控制端 EI 为低电平,控制端打开,电路处于等待工作状态。同时译码器的消隐输入端也为低电平,不显示任何数据。当有选手按下抢答键后,优先编码器的 EO 端立即由低电平变成高电平,在上升沿脉冲的作用下,D 触发器发生翻转,反端输出变成 1,优先编码器的 EI 端为高电平,其他的抢答输入被封锁。同时译码器的消隐输入端变为 1,显示通过锁存器的抢答输入编号。这个号码一直等到主持人按下复位开关后才消失,否则始终显示,此时其他抢答输入无效。

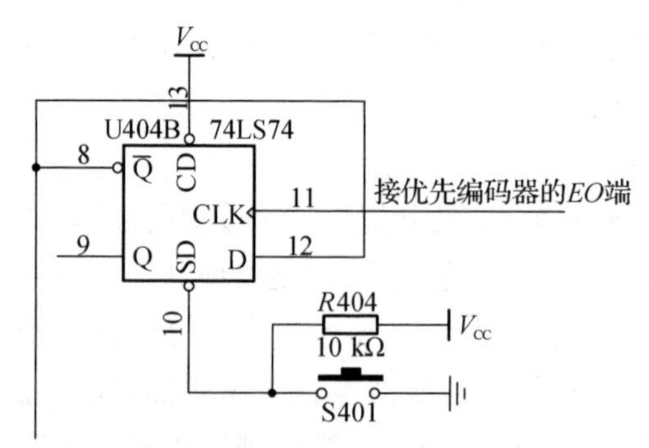

图 3.72　控制电路图

3. 报警电路

报警电路的主要作用是提示主持人有选手抢答。报警电路主要由单稳态触发器 74121 及一些外围电路组成。它的工作原理是：当没有选手抢答时，单稳态触发器 74121 的 A_1 端为高电平，此时 74121 保持稳态，即输出端 Q 为低电平，与门关闭，报警音不能通过，电路没有声响。当有选手抢答时，单稳态触发器 74121 的 A_1 端输入一个下降沿脉冲，此时 74121 处于下降沿触发状态，输出端 Q 出现一个高电平脉冲，持续时间由它所接的外围电路决定，高电平脉冲使与门短暂导通，此时扬声器将发出 1 kHz 的报警音，提示有选手抢答。使用单稳态触发器的主要目的是控制报警时的时间，报警电路的具体电路图如图 3.73 所示。

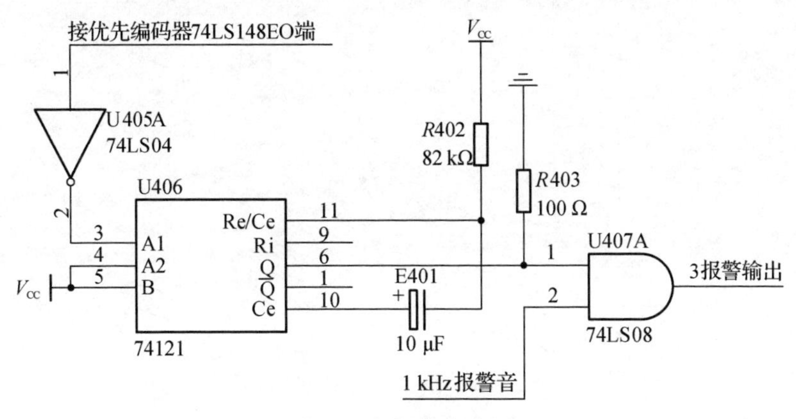

图 3.73　报警电路图

【实验设备与器材】

（1）脉冲源（可以使用外接信号源）。

（2）数字万用表等实验室常备工具。

【实验内容与步骤】

根据设计要求拟定电路，完成上述设计功能：绘制原理图、拟定清单、完成电路搭建、验证实验。

模块 4　仿真实验

本章实验采用 Multisim 进行软件仿真，Multisim 用软件的方法虚拟电子与电工元器件，以及电子与电工仪器和仪表，实现了“软件即元器件”“软件即仪器”。Multisim 是一个用于原理电路设计、电路功能测试的虚拟仿真软件。Multisim 能提供数千种电路元器件供试验选用，同时也可以新建或扩充已有的元器件库，而且建库所需的元器件参数可以从生产厂商的产品使用手册中查到，因此在工程设计中使用 Multisim 是很方便的。

Multisim 的虚拟测试仪器仪表种类齐全，有一般实验用的通用仪器，如万用表、函数信号发生器、双踪示波器、直流电源；有一般实验室少有或没有的仪器，如伯德图仪、字信号发生器、逻辑分析仪、逻辑转换器、失真仪、频谱分析仪和网络分析仪等。

Multisim 具有较为详细的电路分析功能，可以完成电路的瞬态分析和稳态分析、时域和频域分析、器件的线性和非线性分析、电路的噪声分析和失真分析、离散傅里叶分析、电路零极点分析、交直流灵敏度分析等电路分析方法，可帮助设计人员分析电路的性能。

Multisim 可以设计、测试和演示各种电子电路，包括电工学电路、模拟电路、数字电路、射频电路、微控制器和接口电路等。其可以为被仿真的电路中的元器件设置各种故障，如开路、短路和不同程度的漏电等，从而观察不同故障情况下的电路工作状况。在进行仿真的同时，软件还可以存储测试点的所有数据，列出被仿真电路的所有元器件清单，以及存储测试仪器的工作状态、显示波形和具体数据等。

利用 Multisim 可以实现计算机仿真设计与虚拟实验，与传统的电子电路设计与实验方法相比，Multisim 具有如下特点：设计与实验可以同步进行，可以边设计边实验，修改调试方便；用于设计和实验的元器件及测试仪器仪表齐全，可以完成各种类型的电路设计与实验；可方便地对电路参数进行测试和分析；可直接打印输出实验数据、测试参数、曲线和电路原理图；实验中不消耗实际的元器件，实验所需元器件的种类和数量不受限制，实验成本低，实验速度快，效率高；设计和实验成功的电路可以直接使用于产品中。

Multisim 易学易用，便于电子信息、通信工程、自动化、电气控制类等专业学生自学，便于开展综合性的设计和实验，有利于培养学生的综合分析能力、开发和创新的能力。

说明：以下模块 4 仿真实验中，实验一～实验七为电路实验仿真，实验八～实验十三为模拟电子技术实验仿真，实验十四～实验二十一为数字电子技术实验仿真。

实验一　基尔霍夫定律仿真实验

1. *仿真电路*

基尔霍夫定律仿真电路如图 4.1 所示。

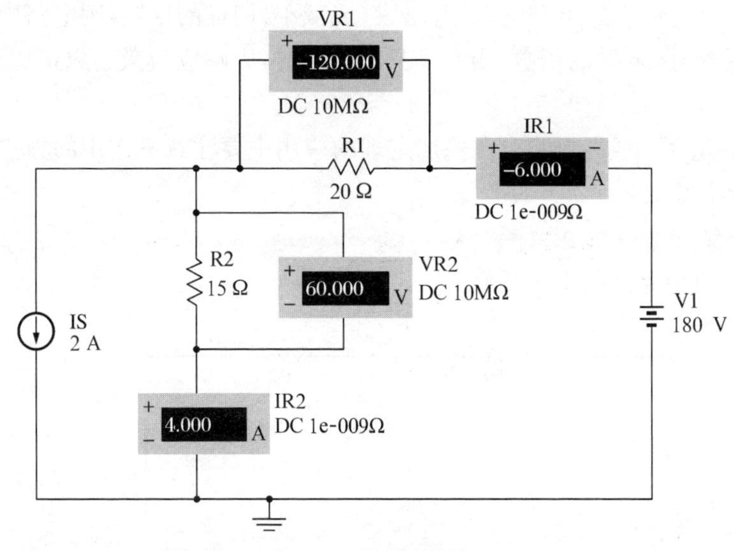

图 4.1　仿真电路图

2. *仿真步骤*

(1) 依次点击 Multisim 12 元件工具条上的"PlaceSources/PowerSources/DC_Power"放置直流电压源，点击"PlaceSources/Signal_CurrentSources/DC_Current"放置直流电流源，点击"PlaceBasic/Resister"放置电阻元件，"PlaceIndicator/Voltmeter"放置电压表，"PlaceIndicator/Ammeter"放置电流表，并按图 4.1 连接好仿真电路图。

(2) 双击元件，在弹出的元件属性对话框中更改元件参数值，具体参数值如图 4.1 所示。双击电压表和电流表，在出现的属性对话框中，将电压表标签分别更改为 VR1、VR2，电流表标签分别更改为 IR1 和 IR2。

(3) 按下仿真开关按钮进行仿真，将各直流电压表和直流电流表的读数记录至表 4.1 中。

表 4.1　基尔霍夫定律实验数据

	I_{R1}/A	I_{R2}/A	V_{R1}/V	V_{R2}/V
理论计算值				
仿真测量值				

实验二　叠加定理的验证仿真实验

在线性电阻电路中，任一支路的电流（或电压）都是电路中各个独立电源单独作用于电路时，在该支路上分别产生的电流（或电压）的叠加。

在线性电路中，所有激励（独立源）都增大（或减小）同样的倍数，则电路中响应（电压或电流）也增大（或减小）同样的倍数，当激励只有一个时，则响应与激励成正比。这就是电路的齐性定理。

叠加定理只适用于线性电路。在叠加定理的应用中要注意不作用的独立源要置零，即电压源短路，电流源开路。

1. 仿真电路

叠加定理仿真电路如图 4.2 所示。

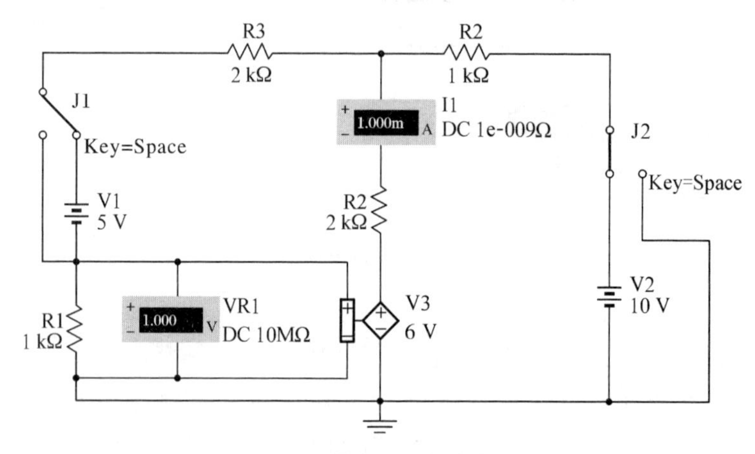

图 4.2　叠加定理仿真电路

2. 仿真步骤

(1) 依次点击 Multisim 元件工具条上的“PlaceSources/PowerSources/DC_Power”放置直流电压源，点击“PlaceBasic/Resister”放置电阻元件，点击“PlaceSources/Controlled_Voltage_Sources/Voltage_Controlled_Voltage_Source”放置 VCVS 受控电压源，点击“PlaceBasic/Switch_SPDT”放置单刀双掷开关，点击“PlaceIndicator/Voltmeter”放置电压表，点击“PlaceIndicator/Ammeter”放置电流表，并按图 4.2 连接好仿真电路图。

(2) 双击元件，在弹出的元件属性对话框中更改元件参数值，具体参数值如图 4.2 所示。按图 4.2 更改电表标签。

(3) 按下仿真开关按钮 进行仿真，将开关 J_1 打向 V_1，J_2 打向短接支路，此时电路由 V_1 单独作用，记录此时的电表读数；将开关 J_1 打向短接支路，J_2 打向 V_2，此时电路由 V_2 单独作用，记录此时电表读数；将开关 J_1 打向 V_1，J_2 打向 V_2，此时电路由 V_1 和 V_2 共同作用，记录此时的电表读数，将结果填至表 4.2 中。

表 4.2　叠加定理实验数据

	理论计算值 V_{R1}/V	仿真测量值 V_{R1}/V	理论计算值 I_1/mA	仿真测量值 I_1/mA
V_1 单独作用				
V_2 单独作用				
V_1、V_2 共同作用				

实验三　戴维南定理和诺顿定理的仿真实验

戴维南定理仿真电路如图 4.3 所示。

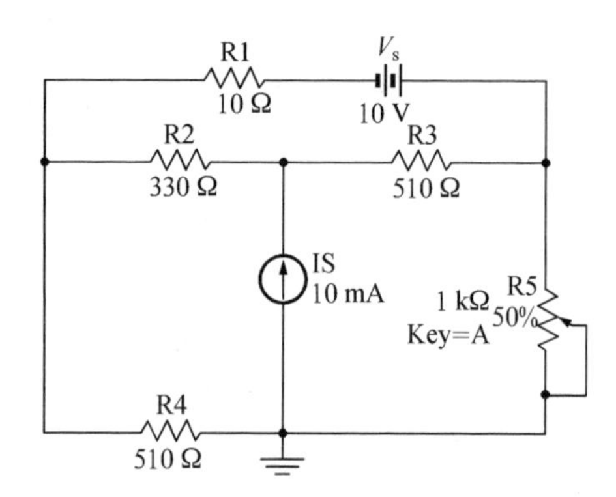

图 4.3　戴维南定理仿真电路

1. 理论分析

根据戴维南定理和诺顿定理，计算得到电路的端口开路电压为 16.998 V，短路电流为 32.69 mA，等效电阻为 519.98 Ω。

2. 戴维南定理和诺顿定理的验证

（1）搭建戴维南等效电路和诺顿等效电路，并根据前面测得的开路电压，短路电流及等效电阻更改元件相应参数值，同时更改各元件标签，如图 4.4 所示。

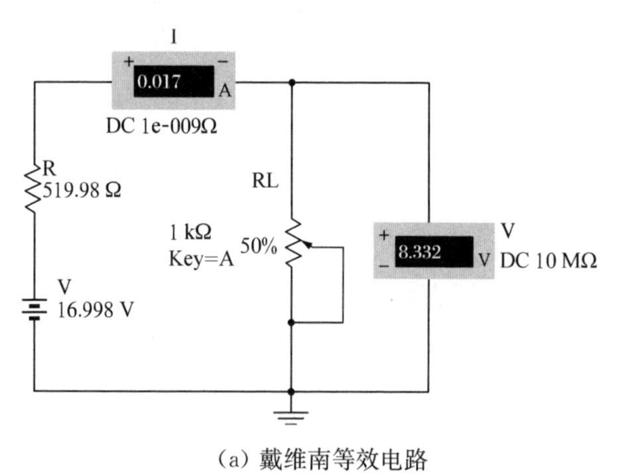

（a）戴维南等效电路

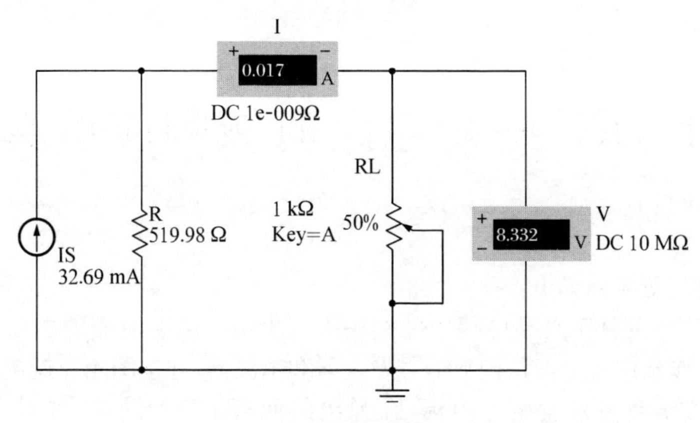

(b) 诺顿等效电路

图 4.4　戴维南及诺顿等效电路

将滑动变阻器 R_L 的步进值“Increment”更改为 10，移动变阻器滑条更改滑动变阻器的阻值，将电压表和电流表显示值记录下来。

(2) 对比表格 4.3、表格 4.4 的数据，验证戴维南定理和诺顿定理。

表 4.3　戴维南等效电路端口伏安特性

电阻百分比/%	10	20	30	40	50	60	70	80
V/V								
I/A								

表 4.4　诺顿等效电路端口伏安特性

电阻百分比/%	10	20	30	40	50	60	70	80
V/V								
I/A								

实验四　*RC* 一阶电路时域响应仿真实验

RC 一阶电路仿真步骤如下：

（1）从 Multisim 元件工具条中相应的模块中调出仿真电路所需的电阻元件和电容元件，从虚拟仪器工作条中调出虚拟函数信号发生器和示波器，并按图 4.5 连接仿真电路。

（2）双击虚拟函数信号发生器图标，在弹出的面板上选择方波，将信号频率设置为 1 kHz，幅值设置为 2 V。设置完毕，关闭函数信号发生器面板。

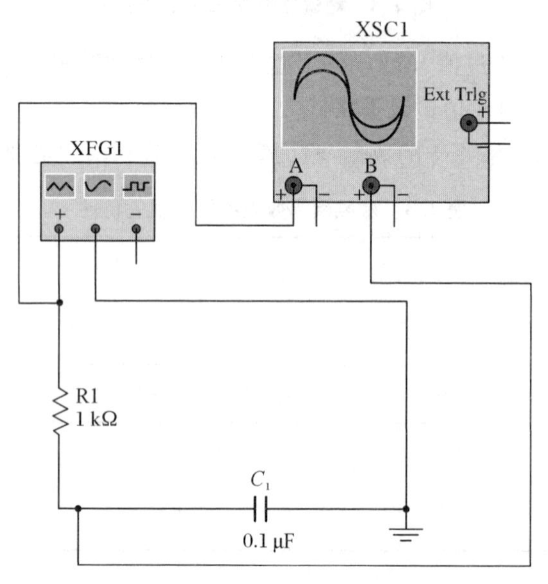

图 4.5　*RC* 一阶电路仿真电路

（3）将电容参数设置为 $C=0.1\ \mu$F，电阻参数设置为 $R=1$ kΩ，开启仿真开关。双击虚拟示波器图标，在弹出的面板上设置示波器参数。此时在示波器面板上可以看到一阶电路的电容的充、放电波形。通过示波器显示波形估测 *RC* 一阶电路的时间常数 τ。对于上述电路，理论上时间常数 $\tau=RC=0.1$ ms，$V_S=4.058$ V，$0.623V_S\approx2.528$ V。将示波器屏幕下方“Timebase”里的“Scale”更改为“100 μs/Div”。在虚拟示波器上，移动游标 1 至方波的上升沿，移动游标 2，直至屏幕下方“Channel_B”列的“T_2-T_1”最接近 2.528 V，此时屏幕下方“Time”列的“T_2-T_1”读数即为估测的时间常数 τ。估测的时间常数 $\tau=100.746\ \mu$s，与理论值相符。同理，根据电路的放电曲线，也能估测出电路的时间常数 τ。

（4）将电路参数更改为 $C=0.01\ \mu$F，$R=1$ kΩ，重复上述步骤，观察电路响应动态曲线，并记录数据。

（5）将电路参数更改为 $C=0.1\ \mu$F，$R=3$ kΩ，重复上述步骤，观察电路响应动态曲线，并记录数据。

实验五　二阶电路的时域分析仿真实验

1. 理论分析

仿真电路如图 4.6 所示，由该图可以得到电路的阻尼电阻为：

$$R_d = 2\sqrt{\frac{L}{C}} = 2\sqrt{\frac{100\times10^{-3}}{100\times10^{-9}}} = 2\times10^3\ \Omega$$

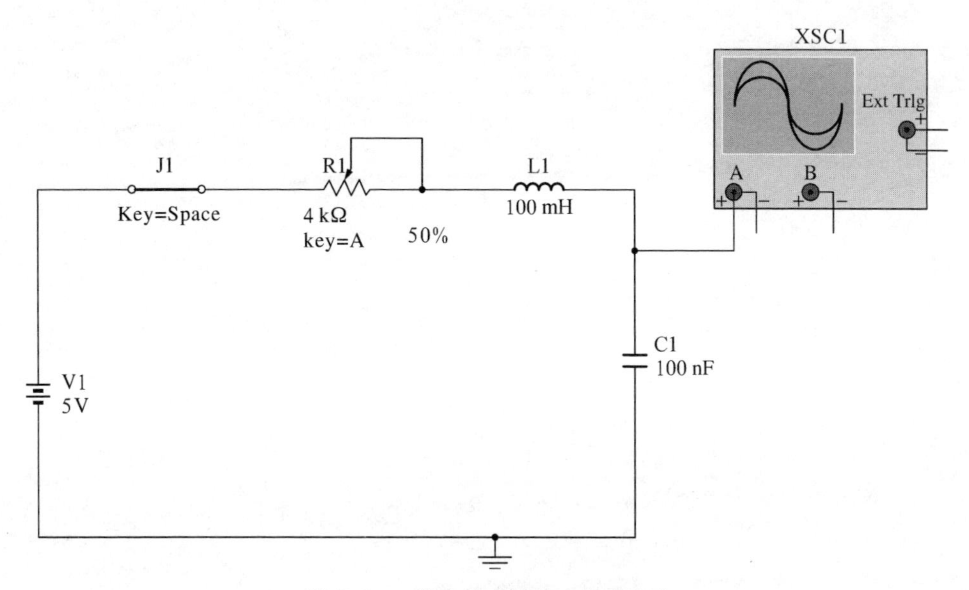

图 4.6　二阶电路时域响应仿真电路

2. 欠阻尼状态仿真步骤

(1) 从 Multisim 12 元件工具条中相应的模块中调出仿真电路所需的电阻元件和电容元件，从虚拟仪器工作条中调出虚拟示波器，并按图 4.6 连接仿真电路。

(2) 将电位器 R_1 调到 10%，此时接入电路中的电阻阻值为 400 Ω，小于 R_d，电路处于欠阻尼状态。

(3) 双击虚拟示波器图标，打开示波器面板界面，断开开关 J_1，开启仿真开关，按下键盘上"Space"键合上开关，同时按下暂停按钮，就能在示波器上观察到二阶电路欠阻尼状态下的响应曲线。

3. 临界阻尼状态仿真步骤

(1) 将图 4.6 中的电位器 R_1 调到 50%位置，此时接入电路中的电阻阻值为 2 kΩ，与 R_d 阻值相等，电路处于临界阻尼状态。

(2) 双击虚拟示波器图标，打开示波器面板界面，断开开关 J_1，开启仿真开关，按下键盘上"Space"键合上开关,同时按下暂停按钮,就能够在示波器上观察到二阶电路的临界阻尼状态下的响应曲线。

4. 过阻尼状态仿真步骤

(1) 将图 4.6 中的电位器 R_1 调到 80%位置,此时接入电路中的电阻阻值为 3.2 kΩ,大于 R_d,电路处于过阻尼状态。

(2) 双击虚拟示波器图标,打开示波器面板界面,断开开关 J_1,开启仿真开关,按下键盘上"Space"键合上开关,同时按下暂停按钮,就能够在示波器上观察到二阶电路的过阻尼状态下的响应曲线。

实验六　*RLC* 串联谐振电路仿真实验

1. *RLC* 串联谐振电路仿真理论分析

RLC 串联谐振仿真电路如图 4.7 所示：

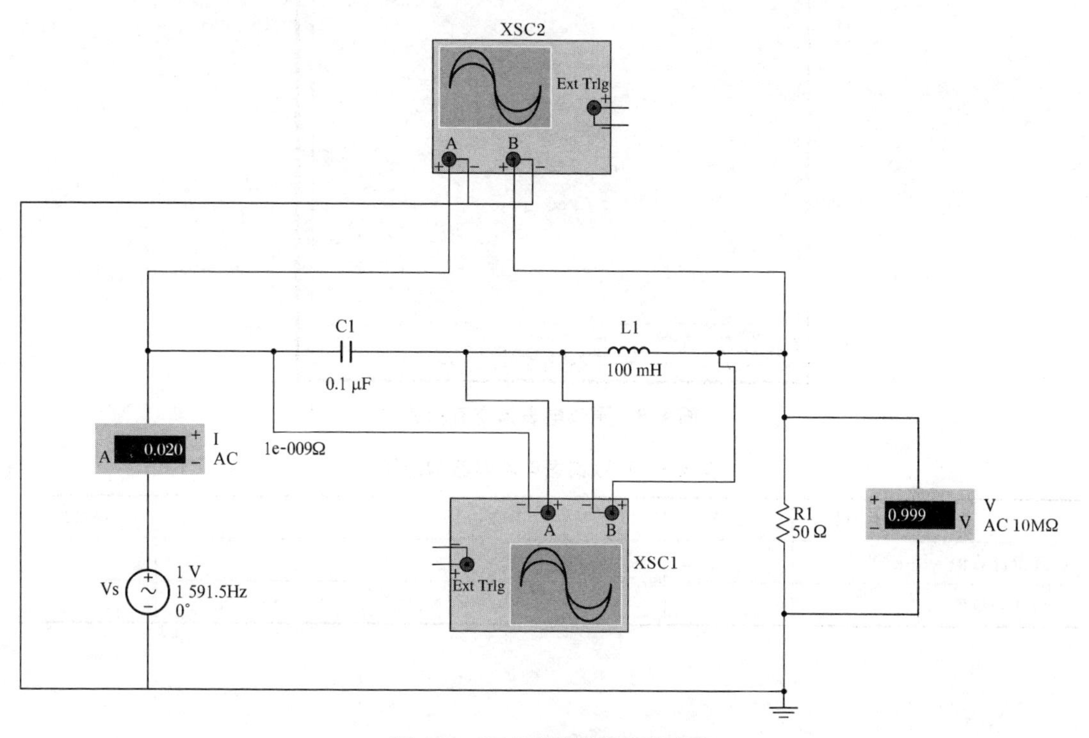

图 4.7　*RLC* 串联谐振仿真电路

2. *RLC* 串联谐振仿真步骤

(1) 从 Multisim 12 元件工具条相应的模块中调出仿真电路所需的电阻元件、电容元件、电感元件、电压表及电流表，从 Multisim 12 虚拟仪器工具条中调出虚拟示波器，并按图 4.7 连接仿真电路，同时更改各元件参数及标签。

(2) 双击电流表(电压表)，在出现的对话框中的"Value"选项下将电流表(电压表)更改为交流模式，如图 4.8 所示。

开启仿真开关，根据理论计算结果调整正弦激励源的频率，观察 XSC1 示波器中激励源和电阻电压的波形，直到两个波形重合，此时电路发生串联谐振。移动示波器上游标，测量电阻电压波形周期即可获知电路的谐振频率。观察 XSC2 示波器中电感电压波形和电容电压波形，可发现谐振时两波形大小相等，相位相差 180°。将此时电流表和电压表读数记录至

表 4.5。将电压表分别更换至电容和电感两端，测量电容和电感两端电压，并将结果记录至表 4.5。根据测量出的各元件电压值计算出电路的品质因数 Q 并记录在表 4.5 中。

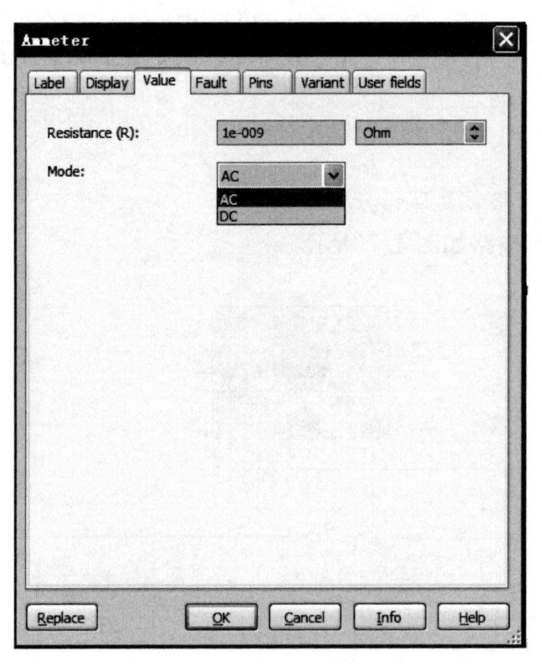

图 4.8　更改电表为交流模式

表 4.5　串联谐振电路电路和电压

	f_0/Hz	I/A	V_R/V	V_L/V	V_C/V	Q	B_W/Hz
理论计算值							
仿真测量值							

实验七　三相电路仿真实验

1. 三相四线制电路仿真步骤

(1) 从 Multisim 12 元件工具条中相应的模块中调出仿真电路所需的电阻元件、电感元件、星形连接三相负载、电压表及电流表，按图 4.9 连接仿真电路图，注意电压表及电流表都应该是交流(AC)模式。

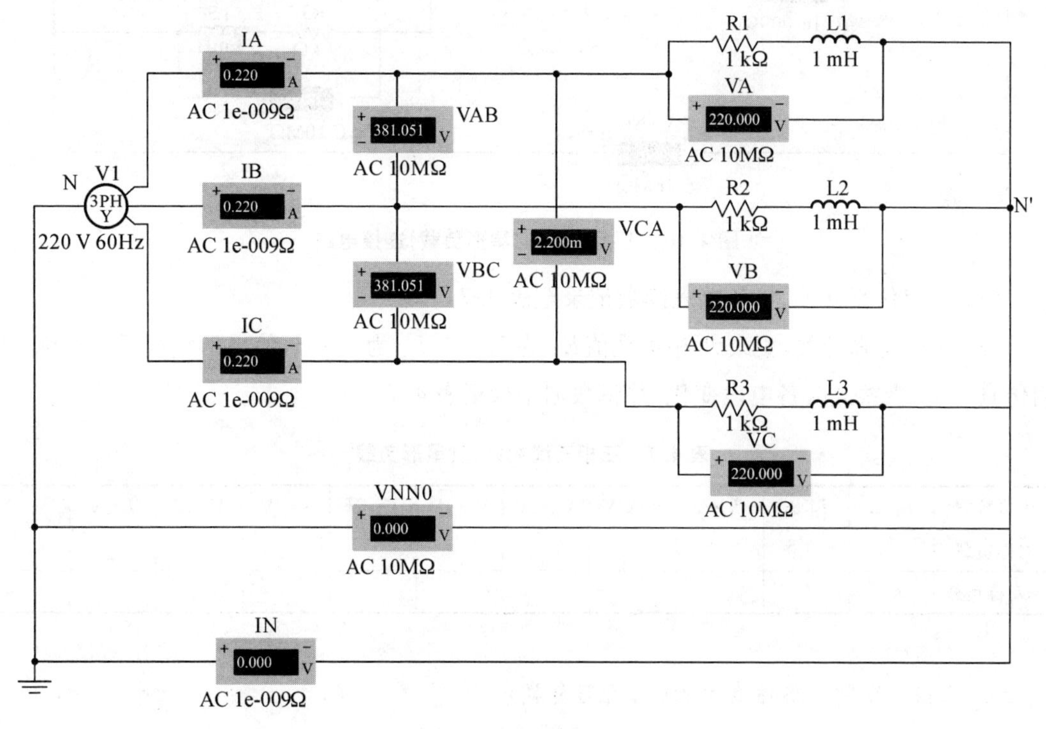

图 4.9　三相四线制电路

(2) 开启仿真开关，将各电表读数记录至表 4.6。

表 4.6　三相四线制连接

测量数据	I_A/A	I_B/A	I_C/A	V_{AB}/V	V_{BC}/V	V_{CA}/V	V_A/V	V_B/V	V_C/V	I_N/V	$V_{NN'}$/V
对称负载											
不对称负载											

(3) 关闭仿真开关，更改 A 相负载值 R_1 为 500 Ω，L_1 为 5 mH，使星形负载不再对称，开启仿真开关，观察此时各电表变化，并将数据记录至表 4.6。

2. 三相三线制电路仿真步骤(星形负载)

三相三线制(星形负载)电路图如图 4.10 所示。

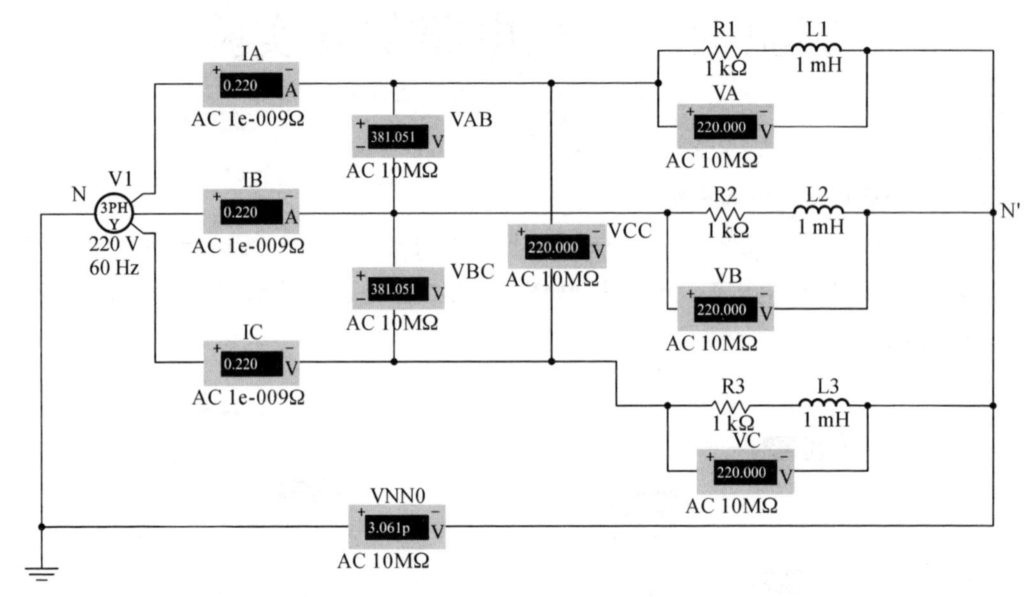

图 4.10　三相三线制(星形负载)连接电路

(1) 开启仿真开关,将各电表读数记录至表 4.7。

(2) 关闭仿真开关,更改 A 相负载值 R_1 为 500 Ω,L_1 为 5 mH,使星形负载不再对称,开启仿真开关,观察此时各电表变化,并将数据记录至表 4.7。

表 4.7　三相三线制联接(星形负载)

测量数据	I_A/A	I_B/A	I_C/A	V_{AB}/V	V_{BC}/V	V_{CA}/V	V_A/V	V_B/V	V_C/V	I_N/V	$U_{NN'}$/V
对称负载											
不对称负载											

3. 三相三线制电路仿真步骤(三角形负载)

(1) 从 Multisim 元件工具条中相应的模块中调出仿真电路所需的电阻元件、电感元件、星形连接三相负载、电压表及电流表,如图 4.11 所示连接仿真电路图,注意电压表及电流表都应该是交流(AC)模式。

(2) 开启仿真开关,将各电表读数记录至表 4.8。

(3) 关闭仿真开关,更改 AB 间负载值 R_1 为 500 Ω,L_1 为 5 mH,使三角形负载不再对称,开启仿真开关,观察此时各电表变化,并将数据记录至表 4.8。

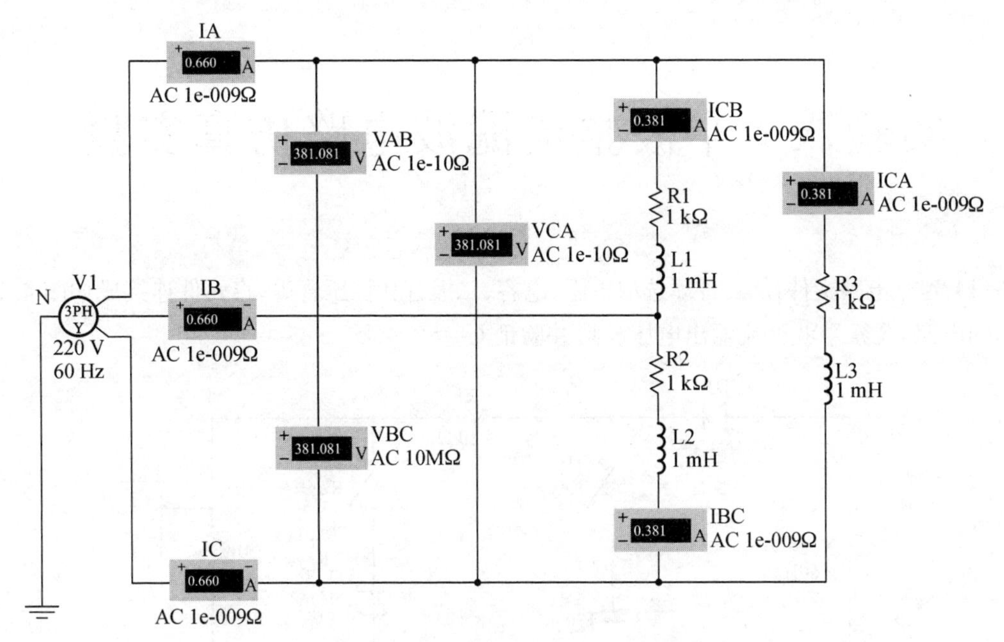

图 4.11　三相三线制(三角形负载)连接电路

表 4.8　三相三线制连接(三角形负载)

测量数据	I_A/A	I_B/A	I_C/A	I_{AB}/A	I_{BC}/A	I_{CA}/A	V_{AB}/V	V_{BC}/V	V_{CA}/V
对称负载									
不对称负载									

实验八　半波整流滤波电路仿真实验

（1）建立电路文件，从元件库选取电阻、电容、二极管和稳压管等，将元件连接成如图 4.12 所示的电路，观察半波整流输出电压波形并验证 $U_0=0.45U_2$。

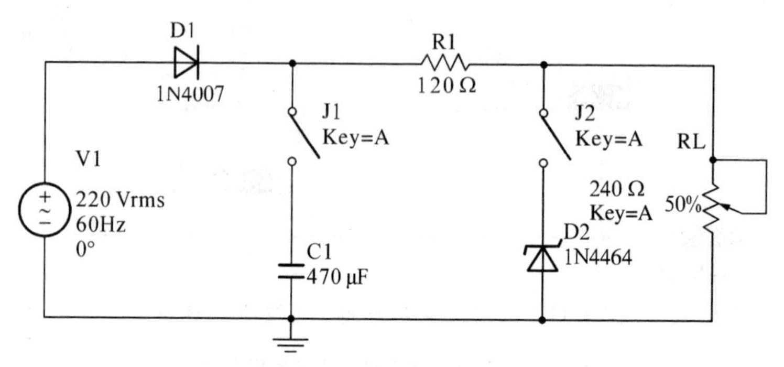

图 4.12　半波整流滤波电路

（2）闭合 J_1，断开 J_2，观察带电容滤波时电路输出电压的波形，并测量 U_0 的大小。

（3）观察带并联稳压时电路输出的波形（J_2 闭合）。

① J_1 断开，观察不带电容时 U_0 的波形。

② J_1 闭合，观察带电容时 U_0 的波形。

将以上测量波形记入表 4.9 中。

表 4.9　并联稳压后输出的波形

半波整流不带电容滤波（J_1、J_2 断开）	
半波整流带电容滤波（J_1 闭合、J_2 断开）	

实验九　全波整流滤波电路仿真实验

(1) 建立电路文件,从元件库选取电阻、电容、二极管和稳压管等,将元件连接成如图 4.13 所示的电路,观察全波整流输出电压波形并验证 $U_0=0.9U_1$。

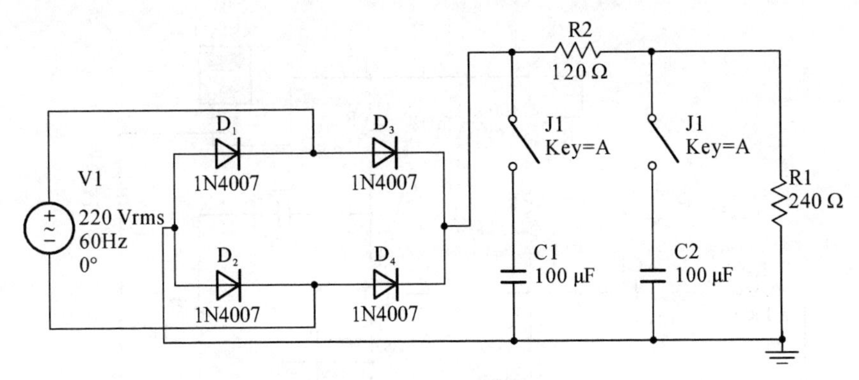

图 4.13　全波整流滤波电路

(2) 闭合 J_1,断开 J_2,观察带电容滤波时电路输出电压的波形,并测量 U_0 的大小。

(3) 观察带并联稳压时电路输出的波形(J_2 闭合)。

① J_1 断开,观察不带电容时 U_0 的波形。

② J_1 闭合,观察带电容时 U_0 的波形。

将以上测量波形记入表 4.10 中。

表 4.10　并联稳压后输出的波形

全波整流不带电容滤波(J_1、J_2 断开)	
全波整流带电容滤波(J_1 闭合、J_2 断开)	
全波整流带并联稳压(J_1 断开、J_2 闭合)	
全波整流带电容滤波及并联稳压(J_1、J_2 闭合)	

实验十　晶体管共射极单管放大电路仿真实验

建立电路文件，从元件库调用电阻、电容、可变电阻和三极管等元件，构成如图 4.14 所示的电路。在此电路基础上测量放大器静态工作点及放大器动态指标。

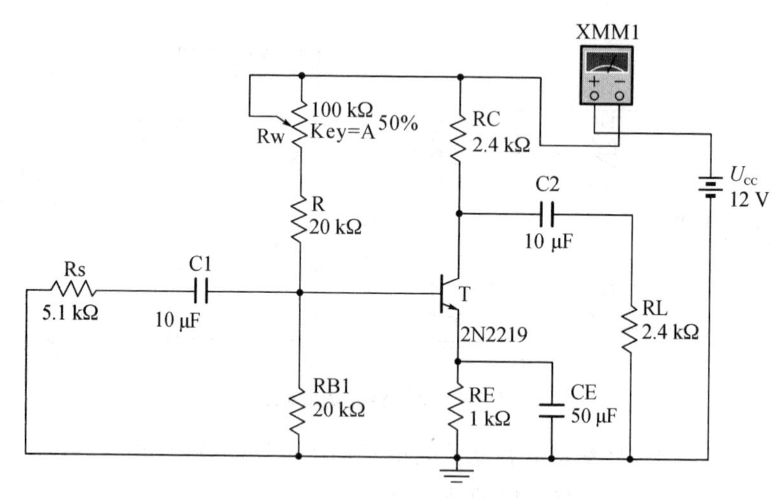

图 4.14　晶体管共射极单管放大电路

1. **调试静态工作点**

接通直流电源前，先将 R_W 调至最大，使函数信号发生器输出为零。接通＋12 V 电源，调节 R_W，使 $U_{CE}\approx 6$ V，用万用表测量 U_B、U_E、U_C 及 R_{B2} 的值。

2. **测量电压放大倍数**

在放大器输入端输入频率为 1 kHz 的正弦信号 U_S，调节函数信号发生器的输出旋钮使放大器输入电压 $U_i\approx 100$ mV，同时用示波器观察放大器输出电压 U_o 波形，在波形不失真的条件下用交流毫伏表测量 $R_L=\infty$ 和 $R_L=2.4$ kΩ 时的 U_o 值。

实验十一　负反馈放大电路仿真实验

建立电路文件，从元件库调用电容、电阻、三极管等元件，构成如图 4.15 所示的电路。测量电路的静态工作点并测试放大器的性能指标。

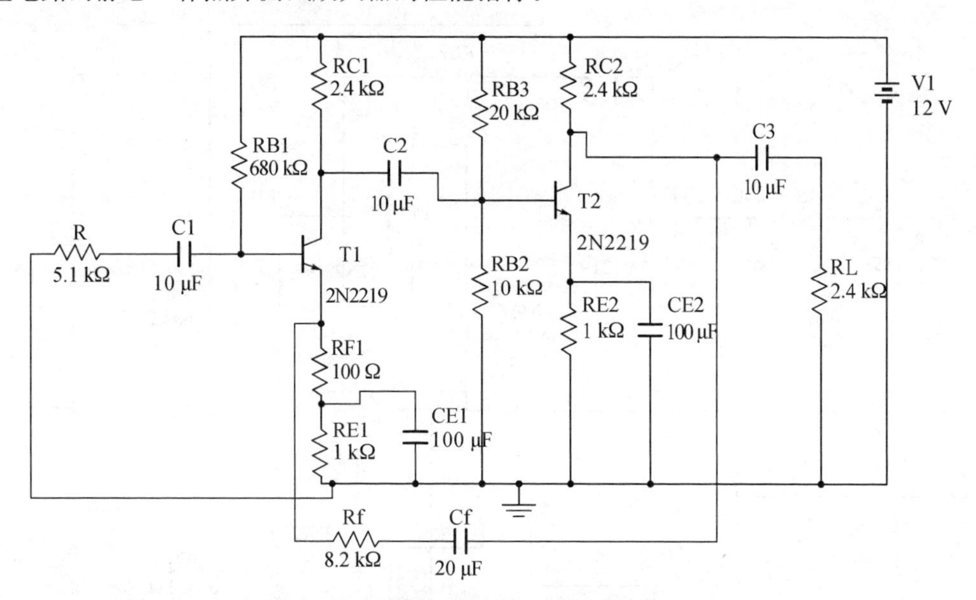

图 4.15　串联负反馈的两级阻容耦合放大器

1. 测量静态工作点

连接好实验电路后，取 $U_{CC}=12$ V，$U_i=0$，用万用表分别测量第一级、第二级的静态工作点，即测量 U_B、U_E、U_C 和 I_C 的值。

2. 测试放大器的性能指标

将原电路进行改接，电路中的 R_f 断开后分别并联在 R_{F1} 和 R_L 上。

(1) 测量中频电压放大倍数 A_u，输入电阻 R_i 和输出电阻 R_o。将 $f=1$ kHz，$U_S\approx5$ V 正弦信号输入放大器，接入负载 $R_L=2.4$ kΩ 的电阻。用示波器观察输出波形 U_o，在 U_o 不失真的情况下，用交流毫伏表测量 U_S、U_i、U_L 的值；保持 U_S 不变，断开负载电阻 R_L（不断开 R_f），测量空载时的输出电压 U_o，并记录数据。

(2) 测量同频带。接上 R_L，保持 U_S 不变，然后分别增加和减小输入信号的频率，找出上、下限频率 f_H 和 f_L，并记录数据。

实验十二　差动放大器仿真实验

建立电路文件，从元件库中调用电阻、电容、三极管、可变电阻等元器件，构成如图4.16所示电路。测量电路的静态工作点并测试差动放大电路性能指标。

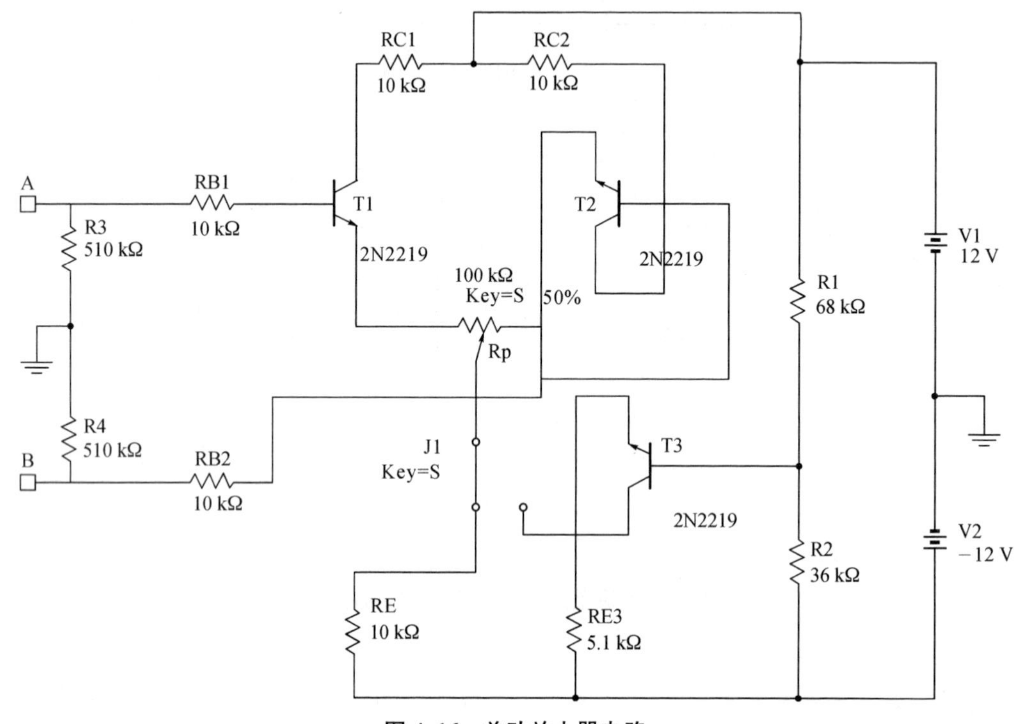

图4.16　差动放大器电路

(1) 调节放大器零点。将放大器输入端 A、B 与地短接，接通±12 V直流电源，用万用表测量输出电压 U_o，调节调零电位器 R_p，使 $U_o=0$。测量时电压挡量程应尽量小，使准确度更高。

(2) 零点调好以后，用直流电压表测量晶体管 T_1、T_2 各电极电位及射极电阻 R_E 两端电压 U_{R_E}，并记录测量数据。

(3) 断开直流电源，将放大器输入 A 端接函数信号发生器的输出端，放大器输入 B 端接地，构成单端输入方式，接通电源，调节输入的正弦信号($f=1$ kHz,$U_i=50$ mV)，在输出波形无失真的情况下，用交流毫伏表测 U_i、U_{C1}、U_{C2}，并记录数据。

(4) 将放大器输入端 A、B 短接，信号源接 A 端与地之间，构成共模输入方式，调节输入信号 $f=1$ kHz,$U_i=1$ V，在输出电压无失真的情况下，测量 U_{C1}、U_{C2} 并记录数据。

(5) 将开关 J_1 接通 T_3 的集电极，构成具有恒流源的差动放大电路。测量 U_{C1}、U_{C2} 并记录数据。

实验十三　模拟运算电路仿真实验

建立电路文件，从元件库调用集成运放 741 和电阻等元器件，构成如图 4.17 所示电路。测量电路输出电压，并观察输入电压和输出电压的波形关系。

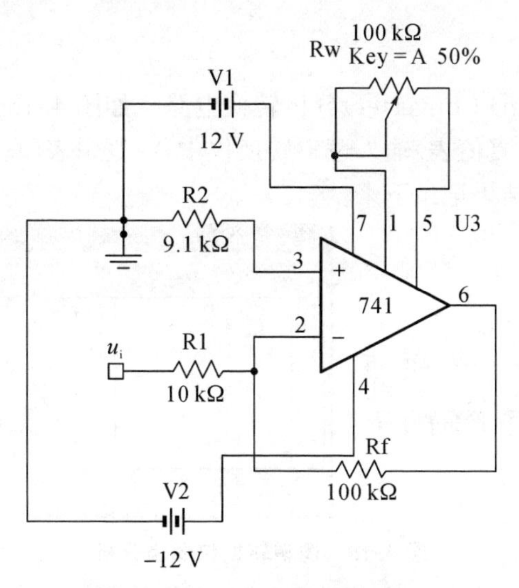

图 4.17　反相比例运算电路

(1) 按照图 4.17 连接好电路，接通±12 V 电源，输入端对地短接，进行调零和消振。

(2) 输入正弦交流信号，交流信号为 $f=100$ Hz，$U_i=0.5$ V，测量响应的 U_o，并记录数据。用示波器观察 U_o 和 U_i 的相位关系，并记录显示的波形。

实验十四　三人表决电路仿真实验

74LS00N 为四路二输入与非门，可以实现两个信号输入一个信号与非输出的功能。74LS20N 为双四输入与非门，可以实现四个信号输入一个信号与非输出的功能。它们的具体引脚见附录Ⅴ。

1. 逻辑分析

利用逻辑转换仪(Logic Converter)分析转换电路。如图 4.18 所示，从仪器仪表栏中选取逻辑转换仪，将逻辑表(真值表)输入逻辑转换仪中，将逻辑表(真值表)转换为最简表达式以及门电路连接图，并将结果记录下来。

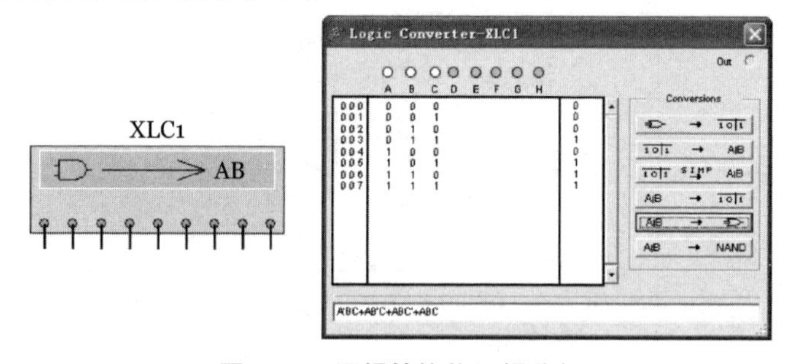

图 4.18　逻辑转换仪逻辑分析

2. 建立电路文件

逻辑电路由 TTL 门电路组成，首先从元件库中选择相应的与门、非门、与非门等，再将相应的输入端和输出端连接好，指示灯用发光二极管取代。图 4.19 所示为三人表决电路参考电路，该电路由与非门组成，根据电路选择 74LS00N、74LS20N、LED 和电阻，再用导线将它们连接好，然后依照电路图修改各元件参数。

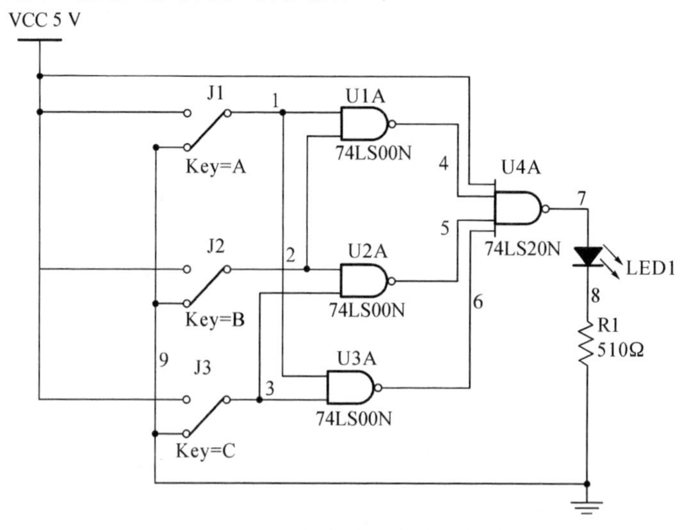

图 4.19　三人表决电路仿真电路

3. 调试电路、仿真并分析结果

根据图 4.19，用 A、B、C 表示输入，开关接高电平“1”表示赞成，接低电平“0”表示否决，用发光二极管 LED1 的亮与灭模拟表决结果。对应逻辑状态表（表 4.11 所示的真值表）进行仿真，将结果记录至表 4.11 中，对结果进行分析。

表 4.11　三人表决电路的逻辑表

A	B	C	
0	0	0	
0	0	1	
0	1	0	
0	1	1	
1	0	0	
1	0	1	
1	1	0	
1	1	1	

4. 重新设计三人表决电路

改用与门及或门重新设计三人表决电路并进行仿真。

5. 设计四人表决电路

根据三人表决电路重新设计四人表决电路，并将得到的电路图和仿真结果记录下来。

实验十五　74LS138 实现逻辑函数仿真实验

译码器是一个多输入、多输出的组合逻辑电路。比如有 3 个输入端和 8 个输出端的译码器称为 3－8 线译码器。如有 4 个输入端和 10 个输出端，称为 4－10 线译码器。74LS138 为常见的译码器芯片，下面利用该芯片进行仿真实验。

(1) 用 74LS138 译码器实现逻辑函数 $Z=\overline{A}\overline{B}\overline{C}+\overline{A}B\overline{C}+A\overline{B}\overline{C}+ABC$。建立电路文件，从元器件库中选取四输入与非门、74LS138、LED 和电阻，将元器件连接成图 4.20 所示的参考电路。

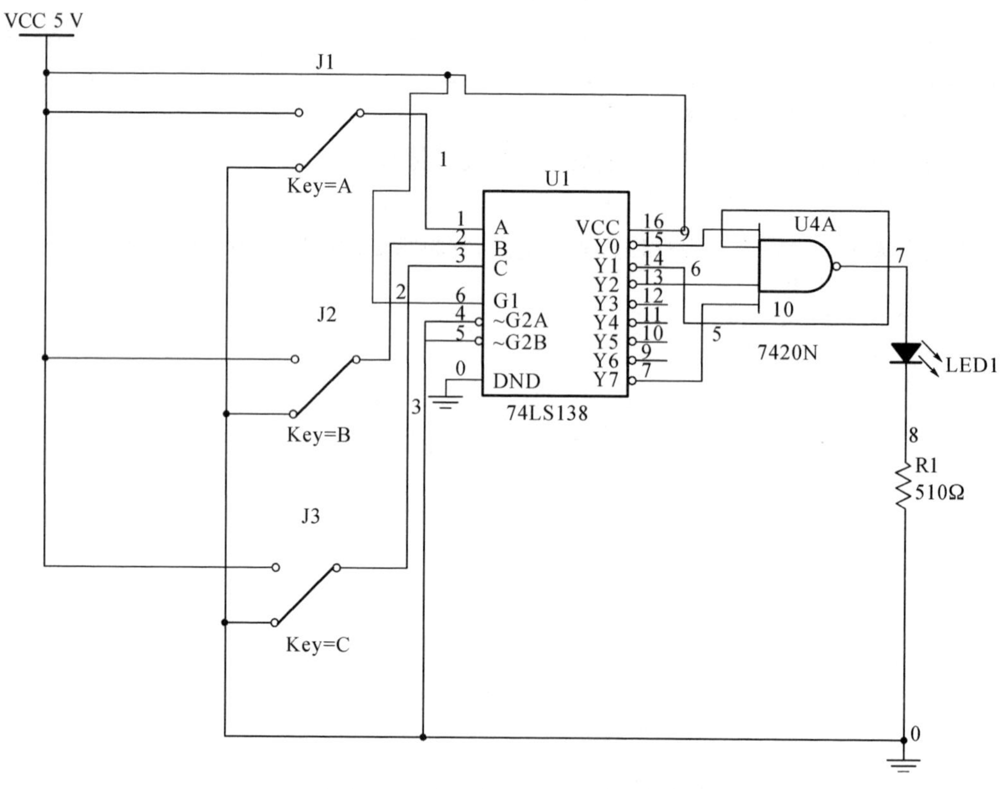

图 4.20　74LS138 实现逻辑函数仿真电路

令 ABC 从 000 变化到 111，观察 LED1 的亮灭情况，并记录下仿真结果。

(2) 将 74LS20N 的输出端接示波器，观察输出的波形并将其记录下来。

(3) 根据仿真实例，用 74LS138 实现其他的逻辑函数。将仿真电路图记录下来。

实验十六　74LS151 实现逻辑函数仿真实验

数据选择器又称为多路开关,它的功能和数据分配器正好相反,它可以从输入的多路数据中选择其中一路信号作为输出。常见的有 4 选 1 数据选择器和 8 选 1 数据选择器,本仿真实验利用芯片 74LS151 作为数据选择器。

(1) 用 74LS151 实现逻辑函数 $F=A\overline{B}+\overline{A}C+B\overline{C}$。建立电路文件,从元器件库中选取 74LS151、LED 和电阻,将元器件连接成图 4.21 所示的电路。连接好后再从开关 S_1、S_2、S_3 输入 000～111 变量,观察 LED1 的亮灭情况,并记录下仿真结果。

(2) 用 74LS153 实现逻辑函数 $F=\overline{A}BC+A\overline{B}C+AB\overline{C}+ABC$。建立电路文件。从元器件库中选取 74LS153、LED 和电阻,将元器件连接成图 4.22 所示的电路。连接好后再从开关 S_1、S_2、S_3 输入 000～111 变量,观察 LED1 的亮灭,并记录下仿真结果。

(3) 选用其他的仪器仪表接到 74LS151 和 74LS153 的输出端,观察其输出的波形并将其记录下来。

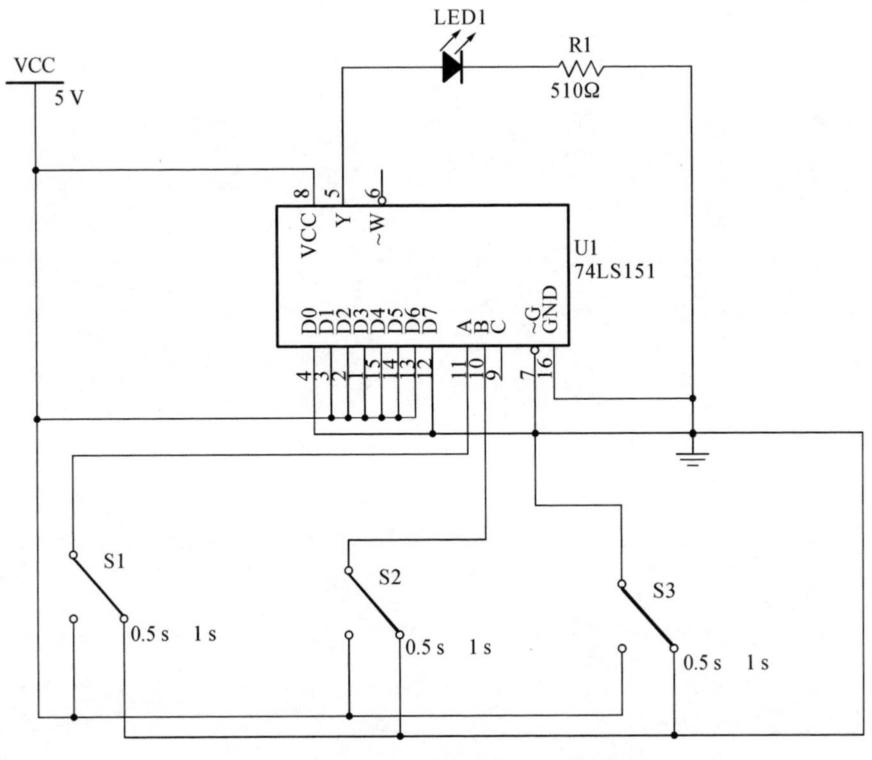

图 4.21　74LS151 实现逻辑函数仿真电路

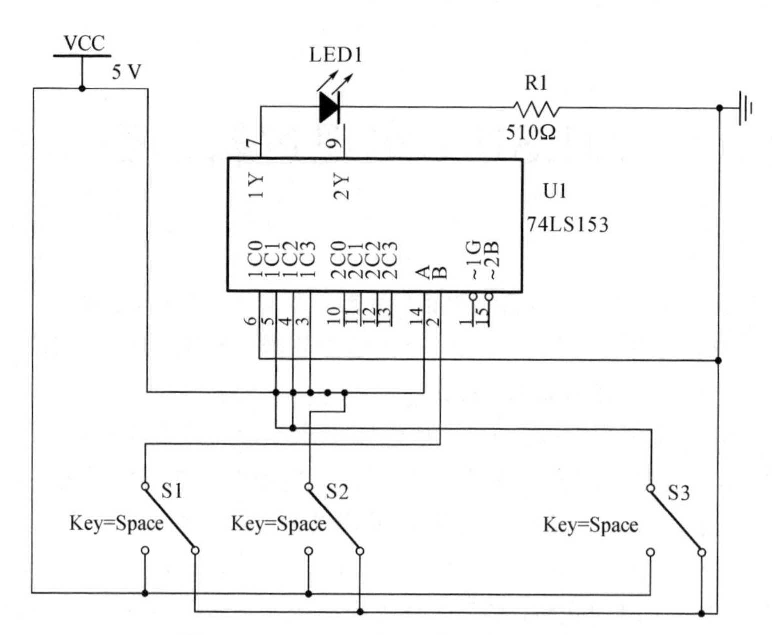

图 4.22　74LS153 实现逻辑函数仿真电路

实验十七　可自启动的环形计数器仿真实验

触发器是在输入信号和时钟的共同作用下得到输出信号的。输入信号端 1*D*、2*D*、3*D*、4*D* 和 1*Q*、2*Q*、3*Q*、4*Q* 相对应。该仿真实验选择 74LS175(四 *D* 触发器)、74LS00 连接成的可自启动的环形计数器，选择 X_1 和 X_2 作为输出显示，选用函数发生器 XFG1 提供时钟信号。仿真电路如图 4.23 所示，全部连接好后开始调试、仿真，观察指示灯 X_1 和 X_2 的亮灭情况并自制表格记录下来。

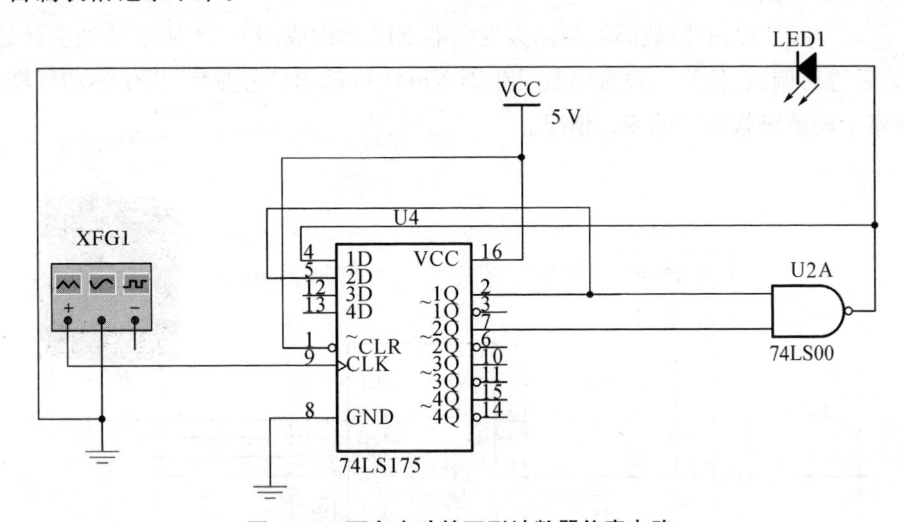

图 4.23　可自启动的环形计数器仿真电路

实验十八　74LS192 构成十进制加法计数器仿真实验

74LS192 是双时钟方式的十进制可逆计数器。CP_U 端为加计数时钟输入端，CP_D 端为减计数时钟输入端。*LD* 端为预置输入控制端，异步预置。*CR* 端为复位输入端，高电平有效，异步清除。*CO* 端为进位输出端，状态为 1001 后负脉冲输出。*BO* 端为借位输出端，状态为 0000 后负脉冲输出。

1. 选取 74LS192、七段数码管和函数发生器 XFG1 构成图 4.24 所示的加法计数器，电路连接好后进行调试、仿真。设置函数发生器 XFG1 的输出信号频率，提供不同周期的时钟脉冲，观察七段数码管数字的变化情况。

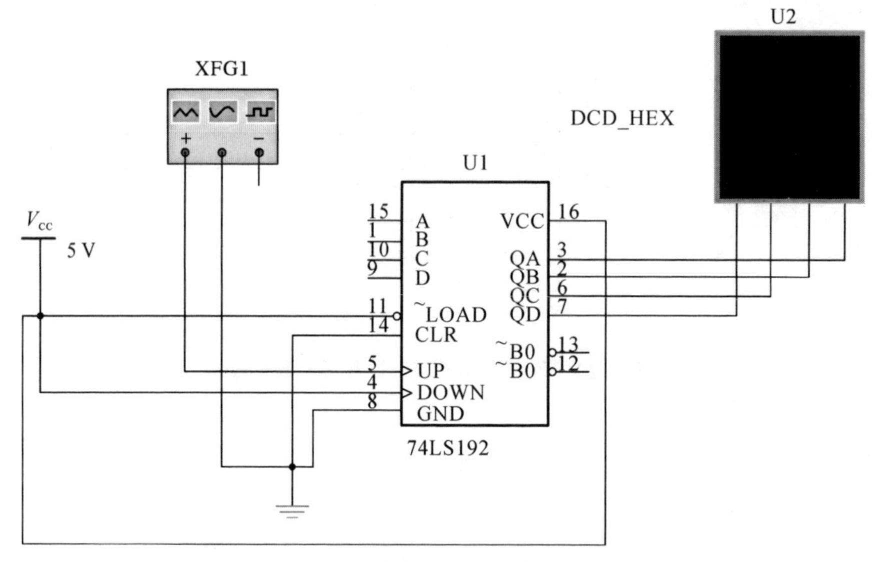

图 4.24　74LS192 构成十进制加法计数器仿真电路

2. 设计 74LS192 构成十进制减法计数器的仿真电路。按照上述方法观察七段数码管的变化情况。

实验十九　向右移位寄存器仿真实验

CC40194 构成的四位双向移位寄存器既可以右移，也可以左移；既可以串行输入输出，也可以并行输入输出。在控制信号的作用下，其分别有置数、右移、左移和保持四种功能。此实验也可以用 74LS194 代替 CC40194。

(1) 选取 CC40194、函数发生器 XFG1 构成图 4.25 所示的向右移位的移位寄存器，并选用 X_1、X_2、X_3 和 X_4 作为指示灯图形符号连接到输出端以显示移位方向。

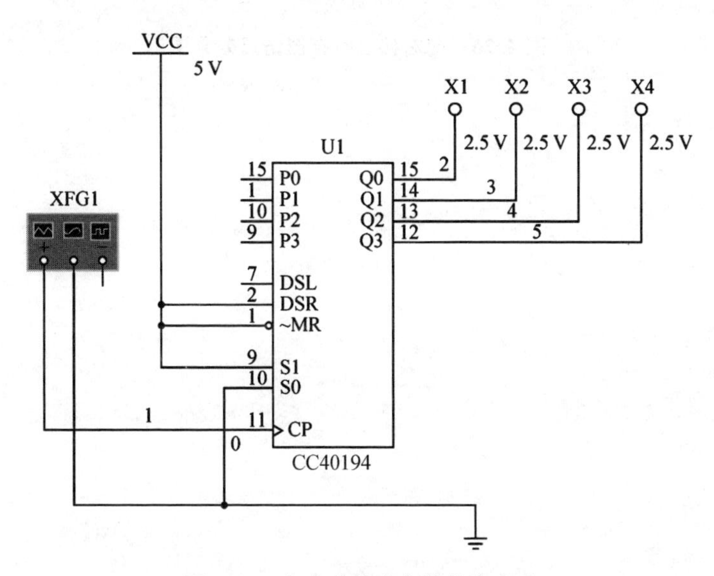

图 4.25　向右移位寄存器仿真电路

(2) 连接好电路后进行调试、仿真，函数发生器 XFG1 给出时钟脉冲后可以观察到 X_1～X_4 依次点亮，如图 4.26 所示。

(3) 选用 CC40194 设计出向左移位寄存器仿真电路，并进行调试、仿真。

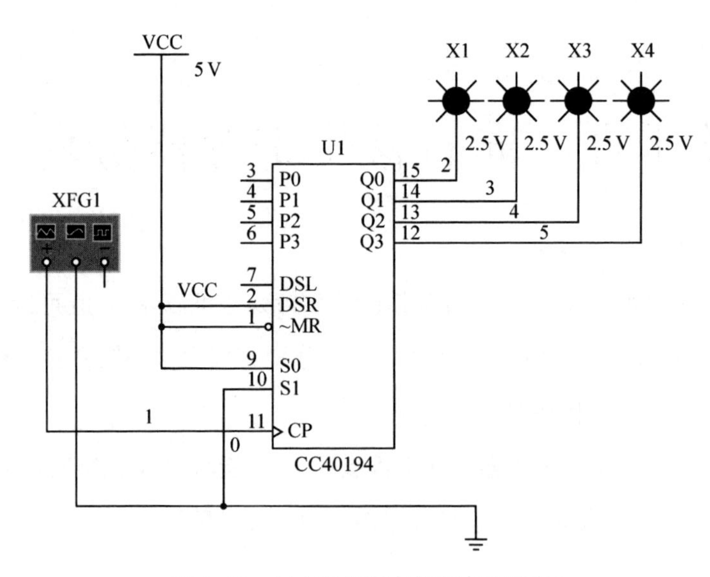

图 4.26　向右移位寄存器仿真效果图

实验二十　施密特触发器波形整形仿真实验

CC40106 由六个斯密特触发器电路组成。每个电路均为在两输入端具有斯密特触发器功能的反相器。芯片引脚 2、4、6、8、10 和 12 脚为数据输出端，引脚 1、3、5、9、11 和 13 脚为数据输入端，14 脚为电源输入端，7 脚为接地端。触发器在信号的上升沿和下降沿的不同点开、关。上升电压(U_T+)和下降沿(U_T-)之差定义为滞后电压。

(1) 选取 CC40106、函数发生器、示波器、C_1、R_1、R_2 和 R_3 构成图 4.27 所示的施密特触发器波形整形的仿真电路。用函数发生器 XFG1 给出正弦波，用施密特触发器整形后，在示波器 XSC1 中观察，得到图 4.28 所示波形。

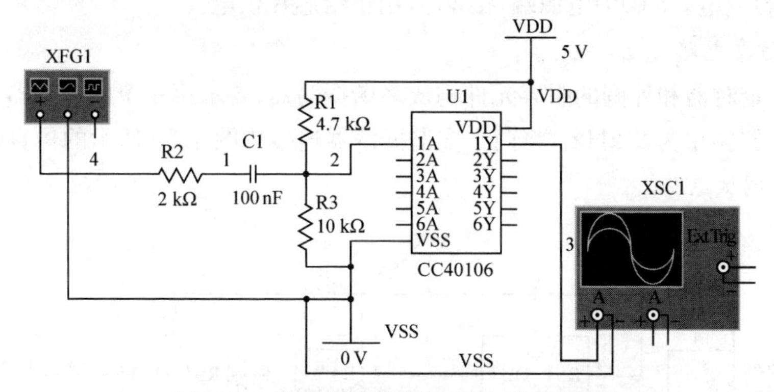

图 4.27　施密特触发器波形整形仿真电路

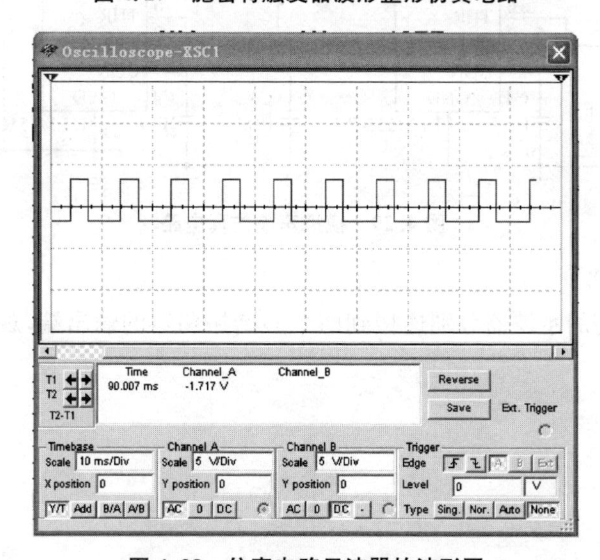

图 4.28　仿真电路示波器的波形图

(2) 改变函数发生器 XFG1 产生的正弦波的频率，通过示波器观察由施密特触发器整形后的波形，并记录下来。

实验二十一　模拟声响仿真实验

555 定时器的 1 脚接地端 GND。2 脚为触发端 *TRI*，当此引脚电压降低至 $V_{CC}/3$（或由控制端决定的阈值电压）时，输出端输出高电平。3 脚为信号输出端 *OUT*，此端输出高电平或低电平。4 脚为信号复位端 *RST*，当此引脚接高电平时，定时器工作；当此引脚接地时，芯片复位输出低电平。5 脚为控制信号端 *CON*，此端用于控制芯片的阈值电压。6 脚为阈值端 *THR*，当此引脚电压升至 $2V_{CC}/3$ 时，输出端输出低电平。7 脚为放电端 *DIS*，内接 *OC* 门，用于给电容放电。8 脚为电源端，接 V_{CC}，用于给芯片供电。

1. 建立仿真电路

选取 555 定时器和外围的阻容元件构成多谐振荡器，要求第一个的振荡器频率为 1 Hz，第二个的振荡器频率为 2 kHz。将两个多谐振荡器连接成图 4.29 所示的仿真电路。

2. 仿真、调试电路

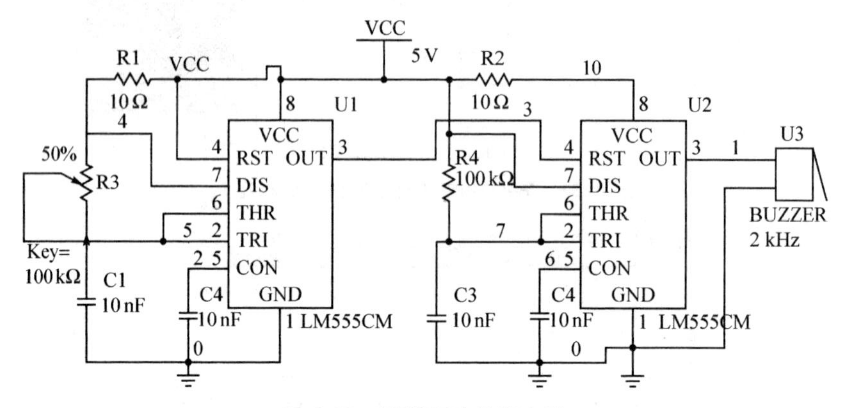

图 4.29　模拟声响仿真电路

3. 观察输出波形

使用一个两通道的示波器分别连接到两个多谐振荡器的输出端，观察振荡器的输出波形，并记录下来。

模块 5　附录

附录Ⅰ　示波器原理及使用

1. 示波器的基本结构

示波器的种类很多，但它们都包含下列基本组成部分，如附图Ⅰ.1所示。

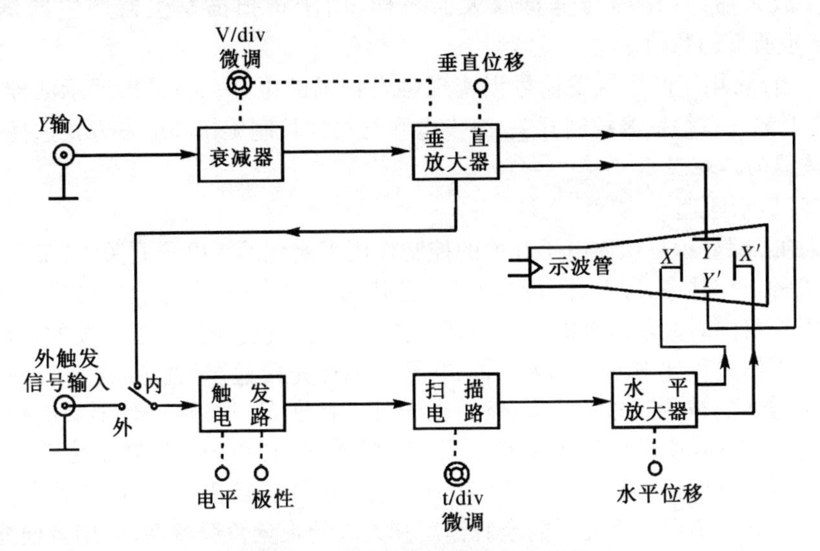

附图Ⅰ.1　示波器的基本结构框图

(1) 主机

示波器主机包括示波管及所需的各种直流供电电路，主机面板上的控制旋钮有：辉度、聚焦、水平移位、垂直移位等旋钮。

(2) 垂直通道

垂直通道主要用来控制电子束按被测信号的幅值大小在垂直方向上偏移。它包括Y轴衰减器、Y轴放大器和配用的高频探头。通常示波管的偏转灵敏度比较低，因此在一般情况下，被测信号往往需要通过Y轴放大器放大后加到垂直偏转板上，才能在屏幕上显示出具有一定幅度的波形。Y轴放大器提高了示波管Y轴偏转灵敏度。为了保证Y轴放大不失真，加到Y轴放大器的信号不宜太大，但是实际的被测信号幅度往往会在很大范围内变化，此Y轴放大器前还必须加一Y轴衰减器，以方便观察不同幅度的被测信号。示波器面板上设有“Y轴衰减器”(通常称“Y轴灵敏度选择”开关)和“Y轴增益微调”旋钮，分别用来调节Y轴衰减器的衰减量和Y轴放大器的增益。

对Y轴放大器的要求是：增益大、频响好、输入阻抗高。

为了避免杂散信号的干扰，被测信号一般都通过同轴电缆或带有探头的同轴电缆加到示波器Y轴输入端。但必须注意，被测信号通过探头时幅值将衰减(或不衰减)，其衰减比为

10∶1(或1∶1)。

(3) 水平通道

水平通道主要用来控制电子束按时间值在水平方向上的偏移,其主要由扫描发生器、水平放大器、触发电路组成。

① 扫描发生器:扫描发生器又叫作锯齿波发生器,用来产生频率调节范围宽的锯齿波,该锯齿波可作为 X 轴偏转板的扫描电压。锯齿波的频率(或周期)调节是由"扫描速率选择"开关和"扫速微调"旋钮控制的。使用时,调节"扫速选择"开关和"扫速微调"旋钮,使其扫描周期为被测信号周期的整数倍,保证屏幕上显示出稳定的波形。

② 水平放大器:其作用与垂直放大器一样,用于将扫描发生器产生的锯齿波放大到 X 轴偏转板所需的数值。

③ 触发电路:用于产生触发信号以实现触发扫描的电路。为了扩展示波器应用范围,一般示波器上都设有触发源控制开关、触发电平与极性控制旋钮和触发方式选择开关等。

2. 示波器的二踪显示

(1) 二踪显示原理

示波器的二踪显示是依靠电子开关的控制作用来实现的。电子开关由"显示方式"开关控制,共有五种工作状态,即 Y_1、Y_2、Y_1+Y_2、交替、断续。当开关置于"交替"或"断续"位置时,荧光屏上便可同时显示两个波形。当开关置于"交替"位置时,电子开关的转换频率受扫描系统控制,工作过程如附图Ⅰ.2所示。电子开关首先接通 Y_2 通道,进行第一次扫描,显示由 Y_2 通道送入的被测信号的波形;然后电子开关接通 Y_1 通道,进行第二次扫描,显示由 Y_1 通道送入的被测信号的波形;接着电子开关再接通 Y_2 通道……这样便轮流地对 Y_2 和 Y_1 两通道送入的信号进行扫描、显示,由于电子开关转换速度较快,每次扫描的回扫线在荧光屏上又不显示出来,借助于荧光屏的余辉作用和人眼的视觉暂留特性,使用者便能在荧光屏上同时观察到两个清晰的波形。这种工作方式适宜于观察频率较高的输入信号。

当开关置于"断续"位置时,相当于将一次扫描分成许多个相等的时间间隔。在第一次扫描的第一个时间间隔内显示 Y_2 信号波形的某一段,在第二个时间时隔内显示 Y_1 信号波形的某一段,以后各个时间间隔轮流地显示 Y_2、Y_1 两信号波形的其余段,经过若干次断续转换,荧光屏上显示出两个由光点组成的完整波形如附图Ⅰ.3(a)所示。由于转换的频率很高,光点靠得很近,其间隙用肉眼几乎分辨不出,再利用消隐的方法使两通道间转换过程的过渡线不显示出来,见附图Ⅰ.3(b),同样可达到同时清晰地显示两个波形的目的。这种工作方式适合于在输入信号频率较低时使用。

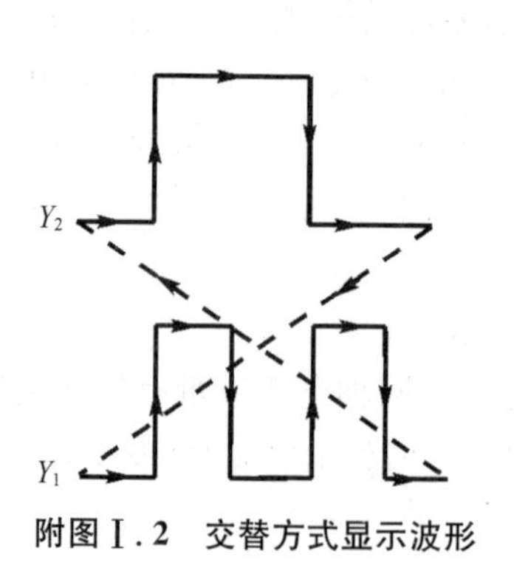

附图Ⅰ.2　交替方式显示波形

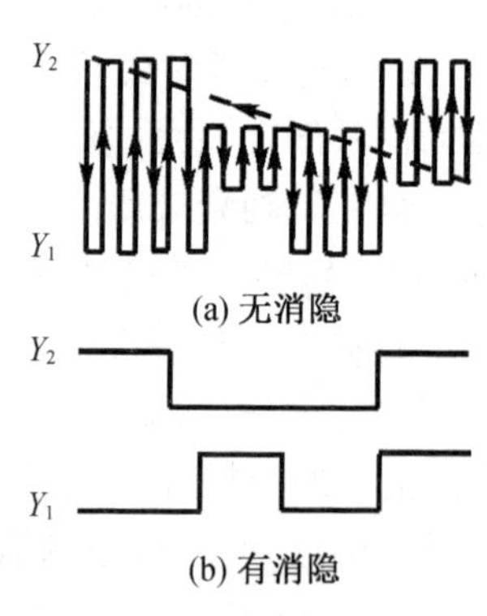

附图Ⅰ.3　断续方式显示波形

(2) 触发扫描

在普通示波器中,X 轴的扫描总是连续进行的,称为“连续扫描”。为了能更好地观测各种脉冲波形,脉冲示波器通常采用“触发扫描”的方式。采用这种扫描方式时,扫描发生器将工作在待触发状态,它仅在外加触发信号作用下,才开始扫描,否则便不扫描。这个外加触发信号通过触发选择开关可取自“内触发”(Y 轴的输入信号经由内触发放大器,放大器输出触发信号),也可取自“外触发”输入端的外接同步信号。其基本原理是利用这些触发脉冲信号的上升沿或下降沿来触发扫描发生器,产生锯齿波扫描电压,然后该电压经 X 轴放大后送 X 轴偏转板进行光点扫描。适当调节“扫描速率”开关和“电平”调节旋钮,能在荧光屏上显示具有合适宽度的被测信号波形。下面将结合实际使用来介绍电子技术实验中常用的 CA8020 型双踪示波器。

3. CA8020 型双踪示波器

(1) 概述

CA8020 型示波器为便携式双通道示波器。本机垂直系统具有 0～20 MHz 的频带宽度和 5 mV/div～5 V/div 的偏转灵敏度,配以 10∶1 探极,灵敏度可达 5 V/div。本机在全频带范围内可获得稳定触发,触发方式设有常态、自动、TV 和峰值自动,尤其峰值自动给使用带来了极大的方便。内触设置了交替触发,可以稳定地显示两个频率不相关的信号。本机水平系统具有 0.5 s/div～0.2 μs/div 的扫描速度,并设有扩展×10,可将最快扫速度提高到 20 ns/div。

(2) 面板控制件介绍

CA8020 面板图如附图Ⅰ.4 所示。其功能表如附表Ⅰ.1 所示。

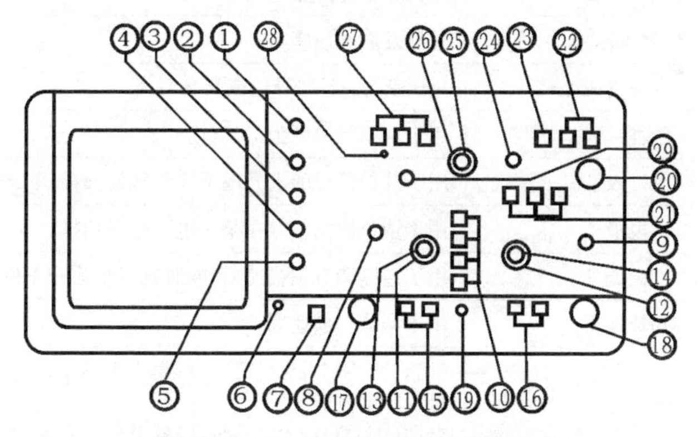

附图Ⅰ.4　CA8020 型双踪示波器面板图

附表Ⅰ.1　CA8020 面板功能表

序号	控制件名称	功能
①	亮度	调节光迹的亮度
②	辅助聚焦	与聚焦配合,调节光迹的清晰度
③	聚焦	调节光迹的清晰度
④	迹线旋转	调节光迹与水平刻度线平行

续表

序号	控制件名称	功能
⑤	校正信号	提供幅度为 0.5 V,频率为 1 kHz 的方波信号,用于校正 10∶1 探极的补偿电容器和检测示波器垂直与水平的偏转因数
⑥	电源指示	电源接通时,灯亮
⑦	电源开关	电源接通或关闭
⑧	CH_1 移位 PULL　CH_1—X　CH_2—Y	调节通道 1 光迹在屏幕上的垂直位置,用作 X—Y 显示
⑨	CH_2 移位 PULL　INVERT	调节通道 2 光迹在屏幕上的垂直位置,在 ADD 方式时使 CH_1+CH_2 或 CH_1-CH_2
⑩	垂直方式	CH_1 或 CH_2:通道 1 或通道 2 单独显示 ALT:两个通道交替显示 CHOP:两个通道断续显示,用于扫速较慢时的双踪显示 ADD:用于两个通道的代数和或差
⑪	垂直衰减器	调节 CH_1 垂直偏转灵敏度
⑫	垂直衰减器	调节 CH_2 垂直偏转灵敏度
⑬	微调	用于连续调节 CH_1 垂直偏转灵敏度,顺时针旋足为校正位置
⑭	微调	用于连续调节 CH_2 垂直偏转灵敏度,顺时针旋足为校正位置
⑮	耦合方式 (AC—DC—GND)	用于选择被测信号输入垂直通道的耦合方式
⑯	耦合方式 (DC—AC—GND)	用于选择被测信号输入水平通道的耦合方式
⑰	CH_1　OR　X	被测信号的输入插座
⑱	CH_2　OR　Y	被测信号的输入插座
⑲	接地(GND)	与机壳相连的接地端
⑳	外触发输入	外触发输入插座
㉑	内触发源	用于选择 CH_1、CH_2 或交替触发
㉒	触发源选择	用于选择触发源为 INT(内),EXT(外)或 LINE(电源)
㉓	触发极性	用于选择信号的上升或下降沿触发扫描
㉔	电平	用于调节被测信号在某一电平触发扫描
㉕	微调	用于连续调节扫描速度,顺时针旋足为校正位置
㉖	扫描速率	用于调节扫描速度
㉗	触发方式	常态(NORM):无信号时,屏幕上无显示;有信号时,与电平控制配合显示稳定波形。 自动(AUTO):无信号时,屏幕上显示光迹;有信号时,与电平控制配合显示稳定波形。 电视场(TV):用于显示电视场信号。 峰值自动(P—P　AUTO):无信号时,屏幕上显示光迹;有信号时,无须调节电平即能获得稳定波形显示
㉘	触发指示	在触发扫描时,指示灯亮
㉙	水平移位 PULL×10	调节迹线在屏幕上的水平位置,拉出时扫描速度被扩展 10 倍

(3) 操作方法

① 电源检查：CA8020 双踪示波器电源电压为 220 V±10%。接通电源前，检查当地电源电压，如果不满足 220 V±10%，则严格禁止使用！

② 面板一般功能检查

A. 将有关控制件按附表Ⅰ.2 所示设置好。

附表Ⅰ.2　有关控制件

控制件名称	作用位置	控制件名称	作用位置
亮度	居中	触发方式	峰值自动
聚焦	居中	扫描速率	0.5 ms/div
位移	居中	极性	正
垂直方式	CH_1	触发源	INT
灵敏度选择	10 mV/div	内触发源	CH_1
微调	校正位置	输入耦合	AC

B. 接通电源，电源指示灯亮，稍预热后，屏幕上出现扫描光迹，分别调节亮度、聚焦、辅助聚焦、迹线旋转、垂直、水平移位等控制件，使光迹清晰并与水平刻度平行。

C. 用 10∶1 探极将校正信号输入至 CH_1 输入插座。

D. 调节示波器有关控制件，使荧光屏上显示稳定且易观察的方波波形。

E. 将探极换至 CH_2 输入插座，垂直方式置于"CH_2"，内触发源置于"CH_2"，重复进一步操作。

③ 垂直系统的操作

A. 垂直方式的选择

当只需观察一路信号时，将"垂直方式"开关置"CH_1"或"CH_2"，此时被选中的通道有效，被测信号可从通道端口输入。当需要同时观察两路信号时，将"垂直方式"开关置"交替"，该方式使两个通道的信号交替显示，交替显示的频率受扫描周期控制。当扫速低于一定频率时，交替显示时会出现闪烁，此时应将开关置于"断续"位置。当需要观察两路信号代数和时，将"垂直方式"开关置于"代数和"位置，在选择这种方式时，两个通道的衰减设置必须一致，CH_2 移位处于常态时为 CH_1+CH_2，CH_2 移位拉出时为 CH_1-CH_2。

B. 输入耦合方式的选择

直流(DC)耦合：适用于观察包含直流成分的被测信号，如信号的逻辑电平和静态信号的直流电平，当被测信号的频率很低时，也必须采用这种方式。

交流(AC)耦合：信号中的直流分量被隔断，用于观察信号的交流分量，如观察较高直流电平上的小信号。

接地(GND)：通道输入端接地(输入信号断开)，用于确定输入为零时光迹所处位置。

C. 灵敏度选择(V/div)的设定

按被测信号幅值的大小选择合适挡级。"灵敏度选择"开关外旋钮为粗调，中心旋钮为细调(微调)，微调旋钮按顺时针方向旋足至校正位置时，可根据粗调旋钮的示值(V/div)和波形在垂直轴方向上的格数读出被测信号幅值。

④ 触发源的选择

A. 触发源选择

当触发源开关置于“电源”触发时：机内 50 Hz 信号输入到触发电路。当触发源开关置于“常态”触发时，有两种选择，一种是“外触发”，由面板上外触发输入插座输入触发信号；另一种是“内触发”，由内触发源选择开关控制。

B. 内触发源选择

“CH_1”触发：触发源取自通道 1。

“CH_2”触发：触发源取自通道 2。

“交替触发”：触发源受垂直方式开关控制，当垂直方式开关置于“CH_1”时，触发源自动切换到通道 1；当垂直方式开关置于“CH_2”时，触发源自动切换到通道 2；当垂直方式开关置于“交替”时，触发源与通道 1、通道 2 同步切换，在这种状态使用时，两个不相关的信号的频率不应相差很大，同时垂直输入耦合应置于“AC”，触发方式应置于“自动”或“常态”。当垂直方式开关置于“断续”和“代数和”时，内触发源选择应置于“CH_1”或”CH_2”。

⑤ 水平系统的操作

A. 扫描速度选择(t/div)的设定

按被测信号频率高低选择合适挡级，“扫描速率”开关外旋钮为粗调，中心旋钮为细调(微调)，微调旋钮按顺时针方向旋足至校正位置时，可根据粗调旋钮的示值(t/div)和波形在水平轴方向上的格数读出被测信号的时间参数。当需要观察波形某一个细节时，可进行水平扩展×10，此时原波形在水平轴方向上被扩展 10 倍。

B. 触发方式的选择

“常态”：无信号输入时，屏幕上无光迹显示；有信号输入时，触发电平调节在合适位置上，电路被触发扫描。当被测信号频率低于 20 Hz 时，必须选择这种方式。

“自动”：无信号输入时，屏幕上有光迹显示；一旦有信号输入时，电平调节在合适位置上，电路自动转换到触发扫描状态，显示稳定的波形，当被测信号频率高于 20 Hz 时，最常用这一种方式。

“电视场”：对电视信号中的场信号进行同步，如果信号是正极性，则可以由 CH_2 输入，借助于 CH_2 移位拉出，把正极性转变为负极性后测量。

“峰值自动”：这种方式与自动方式相似，但无须调节电平即能同步，它一般适用于正弦波、对称方波或占空比相差不大的脉冲波。对于频率较高的测试信号，有时也要借助于电平调节，它的触发同步灵敏度要比“常态”或“自动”稍低一些。

C. “极性”的选择

用于选择被测试信号的上升沿或下降沿从而触发扫描。

D. “电平”的位置

用于调节被测信号在某一合适的电平上启动扫描，当产生触发扫描后，触发指示灯亮。

（4）测量电参数

① 电压的测量

示波器的电压测量实际上是对所显示波形的幅度进行测量，测量时应使被测波形稳定地显示在荧光屏中央，幅度一般不宜超过 6 div，以避免非线性失真造成的测量误差。

② 交流电压的测量

A. 将信号输入至 CH_1 或 CH_2 插座，将垂直方式置于被选用的通道。

B. 将 Y 轴“灵敏度微调”旋钮置校准位置，调整示波器有关控制件，使荧光屏上显示稳定、易观察的波形，则交流电压幅值

$$V_{p\text{-}p}=\text{垂直方向格数(div)}\times\text{垂直偏转因数(V/div)}$$

③ 直流电平的测量

A. 设置面板控制件，使屏幕显示扫描基线。

B. 设置被选用通道的输入耦合方式为“GND”。

C. 调节垂直移位，将扫描基线调至合适位置，作为零电平基准线。

D. 将“灵敏度微调”旋钮置校准位置，输入耦合方式置“DC”，被测电平由相应 Y 输入端输入，这时扫描基线将偏移，读出扫描基线在垂直方向偏移的格数(div)，则被测电平

$$V=\text{垂直方向偏移格数(div)}\times\text{垂直偏转因数(V/div)}\times\text{偏转方向(+或-)}$$

式中，基线向上偏移取正号，基线向下偏移取负号。

④ 时间测量

时间测量是指对脉冲波形的宽度、周期、边沿时间及两个信号波形间的时间间隔（相位差）等参数的测量。一般要求被测部分在荧光屏 X 轴方向应占(4～6)div。

⑤ 时间间隔的测量

对于一个波形中两点间的时间间隔的测量，测量时先将“扫描微调”旋钮置校准位置，调整示波器有关控制件，使荧光屏上波形在 X 轴方向大小适中，读出波形中需测量两点间水平方向格数，则：

$$\text{时间间隔}=\text{两点之间水平方向格数(div)}\times\text{扫描时间因数(t/div)}$$

⑥ 脉冲边沿时间的测量

上升（或下降）时间的测量方法和时间间隔的测量方法一样，只不过测量的是被测波形满幅度的 10%和 90%两点之间的水平方向距离，如附图Ⅰ.5 所示。

用示波器观察脉冲波形的上升边沿、下降边沿时，必须合理选择示波器的触发极性（用触发极性开关控制）。显示波形的上升边沿用“＋”极性触发，显示波形下降边沿用“－”极性触发。如波形的上升沿或下降沿变化较快则可将水平扩展×10，使波形在水平方向上扩展10 倍，则：

$$\text{上升(或下降)时间}=\frac{\text{水平方向格数(div)}\times\text{扫描时间因数(t/div)}}{\text{水平扩展倍数}}$$

⑦ 相位差的测量

A. 将参考信号和一个待比较信号分别馈入“CH_1”和“CH_2”输入插座。

B. 根据信号频率，将垂直方式置于“交替”或“断续”。

C. 设置内触发源至参考信号那个通道。

D. 将 CH_1 和 CH_2 输入耦合方式置“DC”，调节 CH_1、CH_2 移位旋钮，使两条扫描基线重合。

E. 将 CH_1、CH_2 耦合方式开关置“AC”，调整有关控制件，使荧光屏显示大小适中、便于观察两路信号，如附图Ⅰ.6 所示。读出两波形水平方向差距格数 D 及信号周期所占格数 T，则相位差：

$$\theta=\frac{D}{T}\times 360°$$

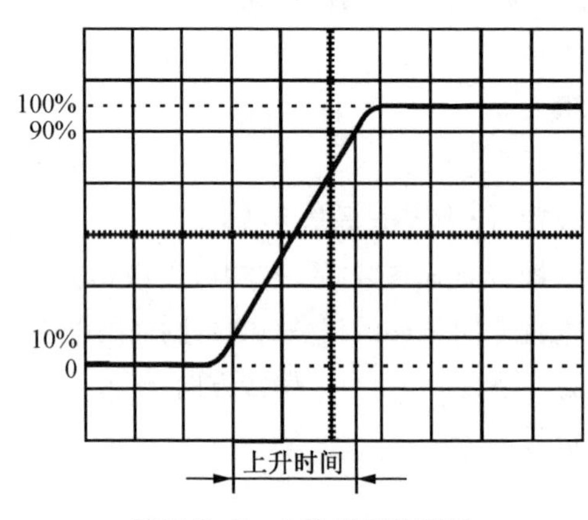

附图Ⅰ.5　上升时间的测量

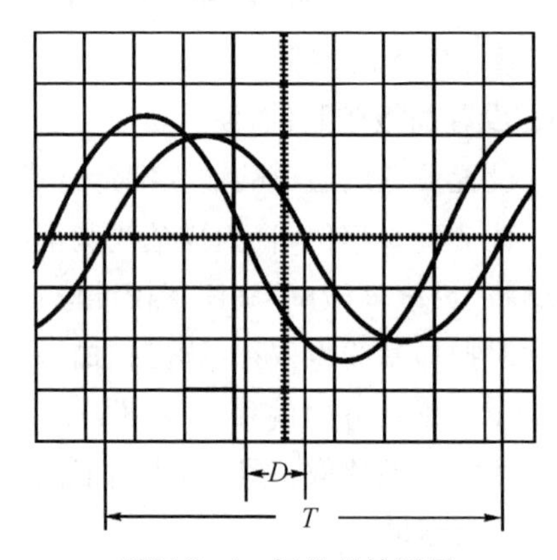

附图Ⅰ.6　相位差的测量

附录Ⅱ　用万用电表检测常用电子元器件

用万用表可以对晶体二极管、三极管、电阻、电容等进行粗测。万用表电阻挡等值电路如附图Ⅱ.1所示，其中的R_o为等效电阻，E_o为表内电池，当万用表处于$R\times1$、$R\times100$、$R\times1$ k挡时，一般，$E_o=1.5$ V，而处于$R\times10$ k挡时，$E_o=15$ V。测试电阻时要记住，红表笔接在表内电池负端(表笔插孔标“+”号)，而黑表笔接在正端(表笔插孔标以“−”号)。

1. 管脚极性判别

将万用表拨到$R\times100$(或$R\times1$ k)的欧姆挡，把二极管的两只管脚分别接到万用表的两根测试笔上，如附图Ⅱ.2所示。如果测出的电阻较小(约几百欧)，则与万用表黑表笔相接的一端是正极，另一端就是负极。相反，如果测出的电阻较大(约百千欧)，那么与万用表黑表笔相连接的一端是负极，另一端就是正极。

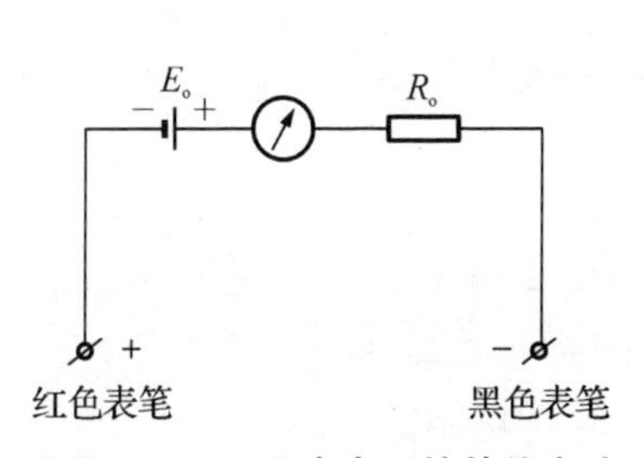

附图Ⅱ.1　万用表电阻挡等值电路

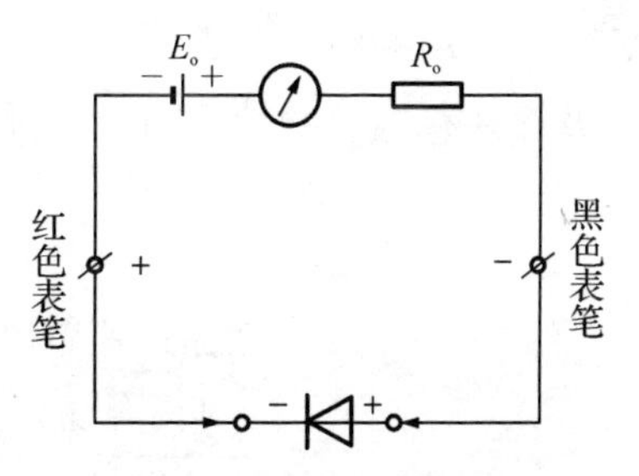

附图Ⅱ.2　判断二极管极性

2. 判别二极管质量的好坏

一个二极管的正、反向电阻差别越大，其性能就越好。如果双向电值都较小，说明二极管质量差，不能使用；如果双向阻值都为无穷大，则说明该二极管已经断路。如双向阻值均为零，说明二极管已被击穿。利用数字万用表的二极管挡也可判别正、负极，此时红表笔(插在“V・Ω”插孔)带正电，黑表笔(插在“COM”插孔)带负电。用两支表笔分别接触二极管两个电极，若显示值在1 V以下，说明管子处于正向导通状态，红表笔接的是正极，黑表笔接的是负极。若显示溢出符号“1”，表明管子处于反向截止状态，黑表笔接的是正极，红表笔接的是负极。

3. 晶体三极管管脚、质量判别

可以把晶体三极管的结构看作是两个背靠背的PN结，对NPN型管来说基极是两个PN结的公共阳极，对PNP型管来说基极是两个PN结的公共阴极，分别如附图Ⅱ.3所示。

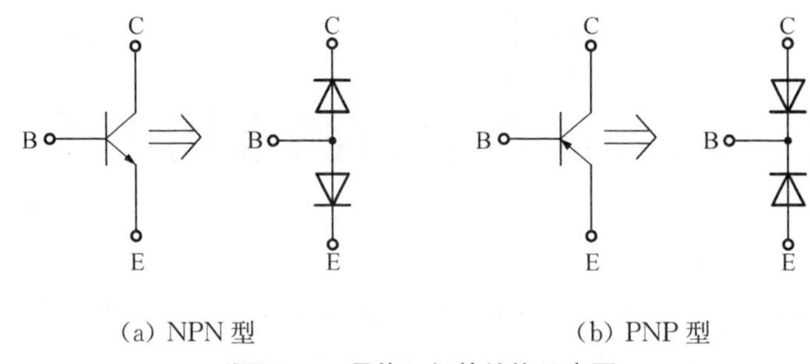

(a) NPN 型　　　　(b) PNP 型

附图Ⅱ.3　晶体三极管结构示意图

(1) 管型与基极的判别

万用表置电阻挡,量程选 1 k 挡(或 $R\times100$),将万用表任一表笔先接触某一个电极——假定的公共极,另一表笔分别接触其他两个电极,当两次测得的电阻均很小(或均很大),则前者所接电极就是基极,如两次测得的阻值相差很多,则前者假定的基极有错,应更换其他电极重测。

根据上述方法,可以找出三极管公共极,该公共极就是基极 B,若公共极是阳极,则该管属 NPN 型管,反之则是 PNP 型管。

(2) 发射极与集电极的判别

为使三极管具有电流放大作用,发射结需加正偏置,集电结加反偏置。如附图Ⅱ.4 所示。

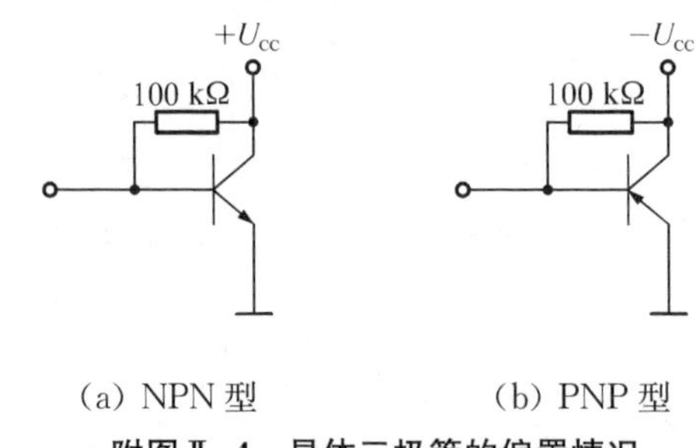

(a) NPN 型　　　　(b) PNP 型

附图Ⅱ.4　晶体三极管的偏置情况

当三极管基极 B 确定后,便可判别集电极 C 和发射极 E,同时还可以大致了解穿透电流 I_{CEO}和电流放大系数 β 的大小。以 PNP 型管为例,若用红表笔(对应表内电池的负极)接集电极 C,黑表笔接 E 极,即 C、E 间电源极性正接,如附图Ⅱ.5 所示,万用表指针摆动会很小,它所指示的电阻值反映管子穿透电流 I_{CEO}的大小(电阻值大,表示 I_{CEO}小)。如果在 C、B 间跨接一只 $R_B=100$ kΩ 电阻,此时万用表指针将有较大摆动,它指示的电阻值较小,反映了集电极电流 $I_C=I_{CEO}+\beta I_B$ 的大小。电阻值减小愈多表示 β 愈大。如果 C、E 极接反(相当于 C、E 间电源极性反接)则三极管处于倒置工作状态,此时电流放大系数很小(一般小于 1),则万用表指针摆动很小。因此,比较 C、E 极两种不同电源极性接法,便可判断 C 极和 E 极。同时还可大致了解穿透电流 I_{CEO}和电流放大系数 β 的大小,如万用表上有 h_{FE}插孔,可利用 h_{FE}来测量电流放大系数 β。

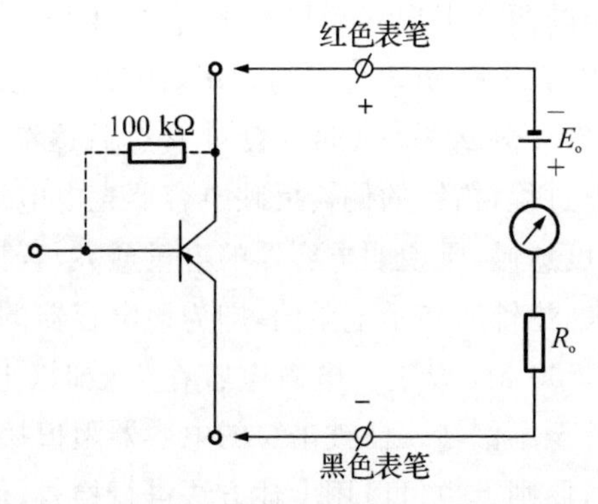

附图Ⅱ.5　晶体三极管集电极C、发射极E的判别

4. 检查整流桥堆的质量

整流桥堆是把四只硅整流二极管接成桥式电路，再用环氧树脂(或绝缘塑料)封装而成的半导体器件。桥堆有交流输入端(A、B)和直流输出端(C、D)，如附图Ⅱ.6所示。采用判定二极管的方法可以检查桥堆的质量。从图中可看出，交流输入端A、B之间总会有一只二极管处于截止状态使A、B间总电阻趋向于无穷大。直流输出端D、C间的正向压降则等于两只硅二极管的压降之和。因此，用数字万用表的二极管挡测A、B的正、反向电压时均显示溢出，而测D、C时显示大约1 V，即可证明桥堆内部无短路现象。如果有一只二极管已经击穿短路，那么测A、B间的正、反向电压时，必定有一次显示0.5 V左右。

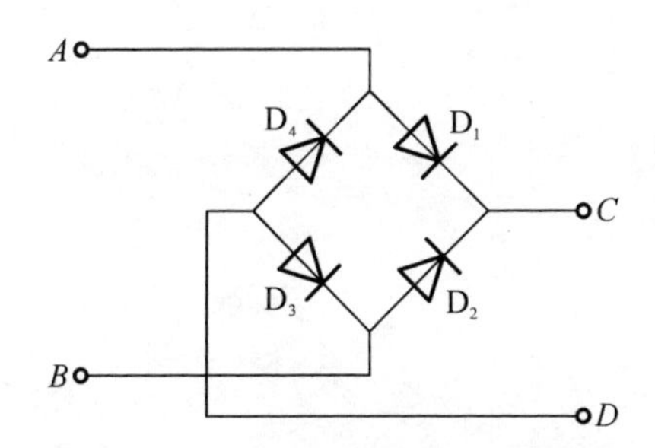

附图Ⅱ.6　整流桥堆管脚及质量判别

5. 电容的测量

电容的测量，一般应借助于专门的测试仪器，通常采用电桥。用万用表仅能粗略地检查一下电解电容是否失效或漏电。测量电路如附图Ⅱ.7所示。

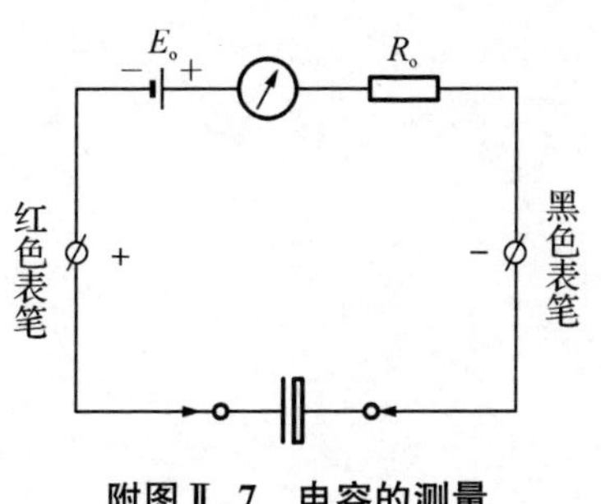

附图Ⅱ.7　电容的测量

测量前应先将电解电容的两个引出线短接一下，使其上所充的电荷释放。然后将万用表置于 1 kΩ 挡，并将电解电容的正、负极分别与万用表的黑表笔、红表笔接触。在正常情况下，可以看到表头指针先是产生较大偏转(向 0 Ω 处)，然后逐渐向起始零位(高阻值处)返回。这反映了电容器的充电过程，指针的偏转反映电容器充电电流的变化情况。一般说来，表头指针偏转愈大，返回速度愈慢，则说明电容器的容量愈大，若指针返回到接近零位(高阻值)，说明电容器漏电阻很大，指针所指示电阻值，即为该电容器的漏电阻。对于合格的电解电容器而言，该阻值通常在 500 kΩ 以上。电解电容在失效时(电解液干涸，容量大幅度下降)表头指针就偏转很小，甚至不偏转。已被击穿的电容器阻值接近于零。对于容量较小的电容器(云母、瓷质电容等)，原则上也可以用上述方法进行检查，但由于其电容量较小，万用表表头指针偏转很小，返回速度又很快，实际上用万用表难以对它们的电容量和性能进行鉴别，仅能检查它们是否短路或断路(这时应选用 $R\times10$ k 挡测量)。

附录Ⅲ　电阻器的标称值及精度色环标志法

色环标志法是指采用不同颜色的色环表示电阻器标称阻值和允许偏差。

1. 采用两位有效数字的色环标志法

普通电阻器用四条色环表示标称阻值和允许偏差，其中三条表示阻值，一条表示偏差，如附图Ⅲ.1所示。

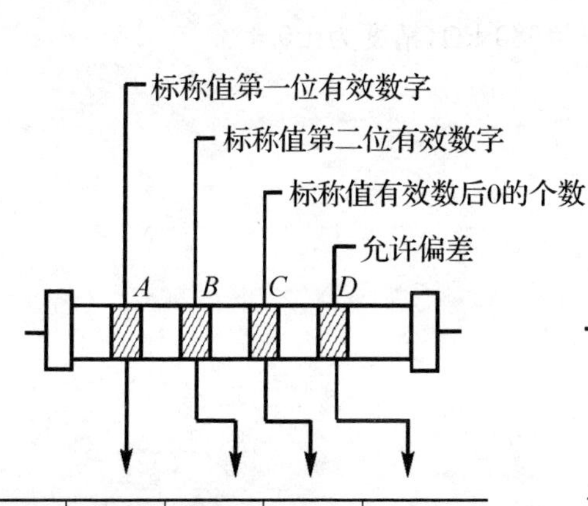

颜色	第一有效数	第二有效数	倍率	允许偏差
黑	0	0	10^0	
棕	1	1	10^1	
红	2	2	10^2	
橙	3	3	10^3	
黄	4	4	10^4	
绿	5	5	10^5	
蓝	6	6	10^6	
紫	7	7	10^7	
灰	8	8	10^8	
白	9	9	10^9	+50% −20%
金			10^{-1}	±5%
银			10^{-2}	±10%
无色				±20%

附图Ⅲ.1　采用两位有效数字的阻值色环标志法

标称值第一位有效数字
标称值第二位有效数字
标称值第三位有效数字
标称值有效数后0的个数
允许偏差
A　B　C　D　E

颜色	第一有效数	第二有效数	第三有效数	倍率	允许偏差
黑	0	0	0	10^0	
棕	1	1	1	10^1	±1%
红	2	2	2	10^2	±2%
橙	3	3	3	10^3	
黄	4	4	4	10^4	
绿	5	5	5	10^5	±0.5%
蓝	6	6	6	10^6	±0.25%
紫	7	7	7	10^7	±0.1%
灰	8	8	8	10^8	
白	9	9	9	10^9	
金				10^{-1}	
银				10^{-2}	

附图Ⅲ.2　采用三位有效数字的阻值色环标志法

2. 采用三位有效数字的色环标志法。

采用三位有效数字的阻值色环标志法如附图Ⅲ.2 所示。精密电阻器用五条色环表示标称阻值和允许偏差，如附图Ⅲ.3 所示。

示例：

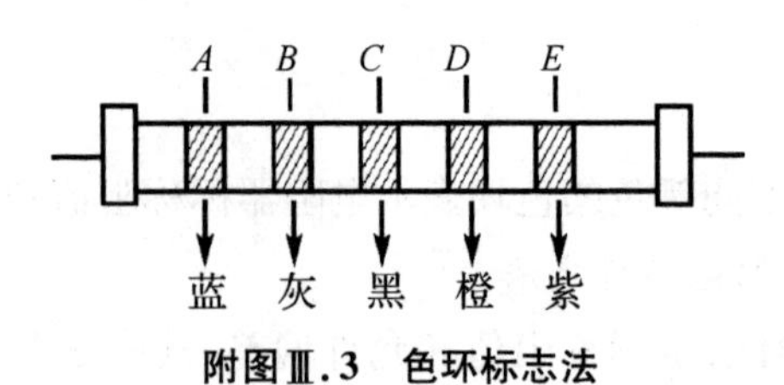

附图Ⅲ.3　色环标志法

注：A—蓝色；B—灰色；C—黑色；D—橙色；E—紫色

则该电阻标称值为：$680\times10^3=680\ \text{k}\Omega$，精度为±0.1%

附录Ⅳ　放大器干扰、噪声抑制和自激振荡的消除

放大器的调试一般包括调整和测量静态工作点，调整和测量放大器的性能指标，包括放大倍数、输入电阻、输出电阻和通频带等。由于放大电路是一种弱电系统，具有很高的灵敏度，因此很容易受到外界和电路内部一些无规则信号的影响。因此在放大器的输入端短路时，输出端仍有杂乱无规则的电压输出，这就是放大器的噪声和干扰电压。另外，由于安装、布线不合理，负反馈太深以及各级放大器共用一个直流电源造成级间耦合等，也能使放大器在没有输入信号时，有一定幅度和频率的电压输出，例如收音机发出的尖叫声或“突突……”的汽船声，这就是因为放大器发生了自激振荡。噪声、干扰和自激振荡的存在都会影响放大器的性能，严重时放大器将不能正常工作。所以必须抑制干扰、噪声，消除自激振荡，才能进行正常的调试和测量。

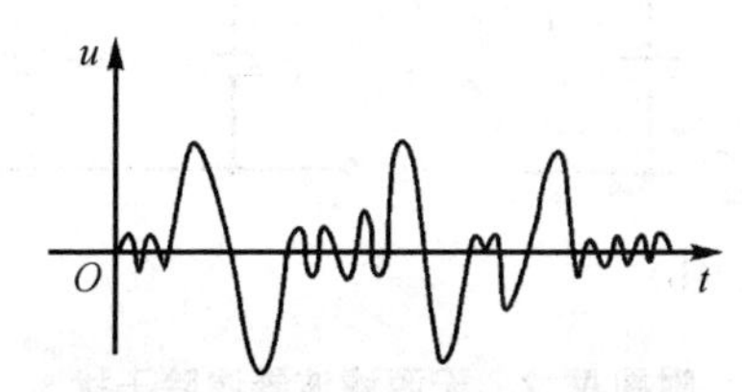

附图Ⅳ.1　干扰和噪声的抑制图形

1. 干扰和噪声的抑制

把放大器输入端短路，在放大器输出端仍可测量到一定的噪声和干扰电压。其频率如果是 50 Hz(或 100 Hz)，一般称其为 50 Hz(或 100 Hz)交流声，交流声有时是非周期性的，没有一定规律，我们可以用示波器观察到如附图Ⅳ.1 所示波形。50 Hz 交流声大都来自电源变压器或交流电源线，100 Hz 交流声往往是整流滤波不良所造成的。另外，由电路周围的电磁波干扰信号引起的干扰电压也很常见。由于放大器(特别是多级放大器)的放大倍数很高，只要在它的前级引进一点微弱的干扰，经过几级放大，在输出端就可以产生一个很大的干扰电压。此外，若电路中的地线接得不合理，也会引起干扰。

抑制干扰和噪声的措施一般有以下几种：

(1) 选用低噪声的元器件

可选用噪声小的集成运放和金属膜电阻等。另外，还可在电路中加低噪声的前置差动放大电路。由于集成运放内部电路复杂，因此它的噪声较大。即使是“极低噪声”的集成运放，噪声也比某些噪声小的场效应对管或双极型超 β 对管大，所以在要求噪声系数极低的场合，可挑选噪声小的对管组成的前置差动放大电路，也可在电路中加有源滤波器。

(2) 合理布线

放大器输入回路的导线和输出回路、交流电源的导线要分开，不要平行铺设或捆扎在一

起，以免相互感应。

(3) 屏蔽

小信号的输入线可以采用具有金属丝外套的屏蔽线，并将外套接地。整个输入级用单独金属盒罩起来，外罩接地。电源变压器的初、次级之间加屏蔽层。电源变压器要远离放大器前级，必要时可以把变压器也用金属盒罩起来，以利隔离。

(4) 滤波

为防止电源串入干扰信号，可在交(直)流电源线的进线处加滤波电路。附图Ⅳ.2(a)、(b)、(c)所示的无源滤波器可以滤除天电干扰(雷电等引起)和工业干扰(电机、电磁铁等设备起、制动时引起)等干扰信号，而不影响 50 Hz 电源的引入。图中电感元件一般为几到几十毫亨，电容元件一般为几千微微法。附图Ⅳ.(d)中阻容串联电路对电源电压的突变有吸收作用，R 和 C 的数值可选 100 Ω 左右和 2 μF 左右。

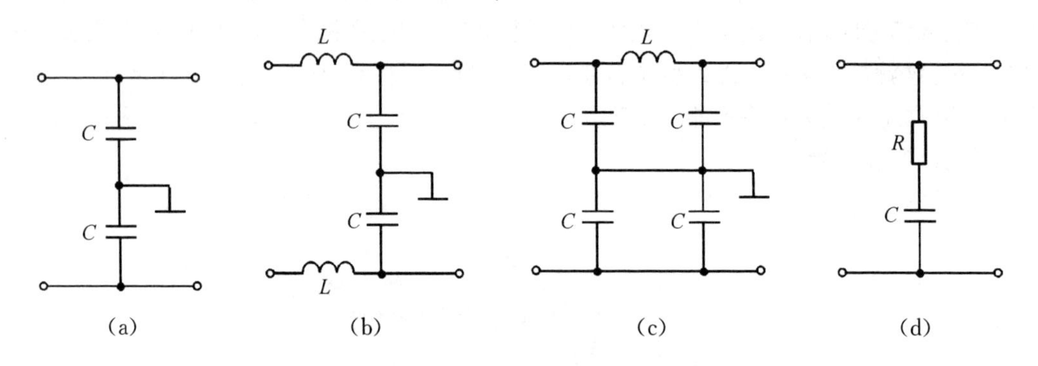

附图Ⅳ.2　无源滤波器滤除干扰

(5) 选择合理的接地点

在各级放大电路中，如果接地点安排不当，也会造成严重的干扰。例如，在附图Ⅳ.3中，同一台电子设备的放大器由前置放大级和功率放大级组成。当接地点如附图中实线所示时，功率级的输出电流是比较大的，此电流通过导线产生压降，电流与电源电压一起，作用于前置级，引起扰动，甚至会产生振荡。负载电流流回电源时，会造成机壳(地)与电源负端之间电压波动，而前置放大级的输入端接到这个不稳定的"地"上，会引起更为严重的干扰。如将接地点改成图中虚线所示，则可克服上述弊端。

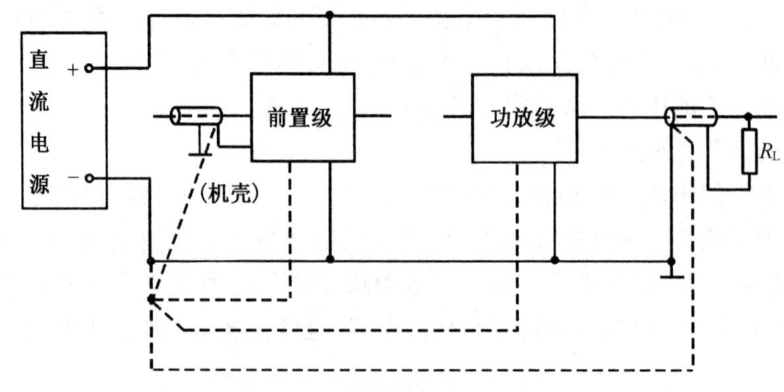

附图Ⅳ.3　选择合理的接地点

2. 自激振荡的消除

检查放大器是否发生自激振荡，可以把输入端短路，将示波器（或毫伏表）接在放大器的输出端进行观察，波形如附图Ⅳ.4所示。自激振荡和噪声的区别是，自激振荡的频率一般为比较高或极低的数值，而且频率随着放大器元件参数不同而改变（甚至拨动一下放大器内部导线的位置，频率也会改变），振荡波形一般是比较规则的，幅度也较大，往往使三极管处于饱和和截止状态。

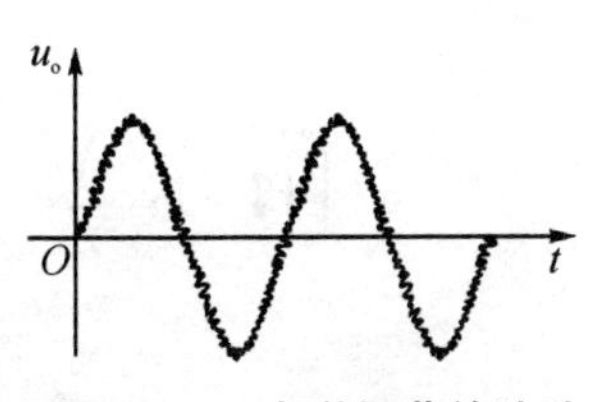

附图Ⅳ.4　自激振荡的消除

高频振荡主要是由于安装、布线不合理引起的。例如输入和输出线靠得太近，电路会产生正反馈作用。对此应从安装工艺方面解决，如元件布置紧凑、接线要短等；也可以用一个小电容（例如1 000 pF左右）一端接地，另一端逐级接触管子的输入端，或接电路中合适部位。找到抑制振荡的最灵敏的一点（即电容接此点时，自激振荡消失），在此处外接一个合适的电阻电容或单一电容（一般100 pF～0.1 μF，由实验决定），进行高频滤波或负反馈，以压低放大电路对高频信号的放大倍数或移动高频电压的相位，从而抑制高频振荡（如附图Ⅳ.5所示）。

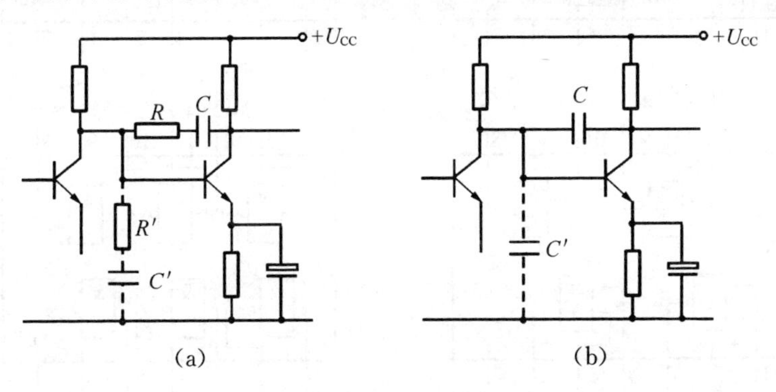

附图Ⅳ.5　高频振荡

低频振荡是由各级放大电路共用一个直流电源所引起。如附图Ⅳ.6所示，因为电源总有一定的内阻R_O，特别是电池用的时间过长或稳压电源质量不高时，内阻R_O比较大，则会引起U'_{CC}处电位的波动，U'_{CC}的波动作用到前级，使前级输出电压相应变化，经放大后，使电压波动更厉害，如此循环，就会造成振荡现象。最常用的消除振荡的办法是在放大电路各级之间加上“去耦电路”如附图Ⅳ.2中的R和C，从电源方面使前后级减小相互影响。去耦电路R的值一般为几百欧，电容C选几十微法或更大一些。

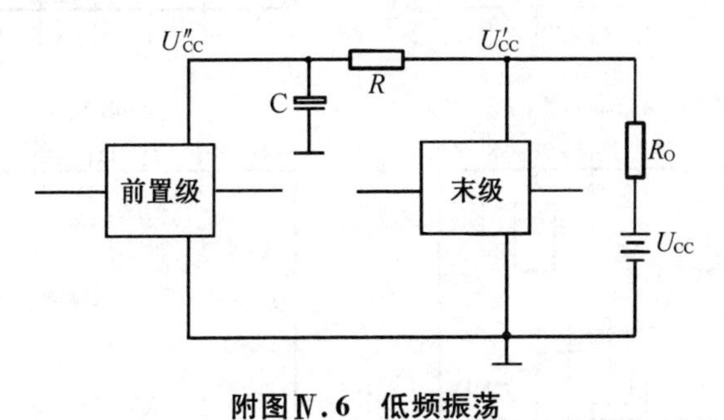

附图Ⅳ.6　低频振荡

附录Ⅴ　部分集成电路引脚排列

1. 74LS 系列

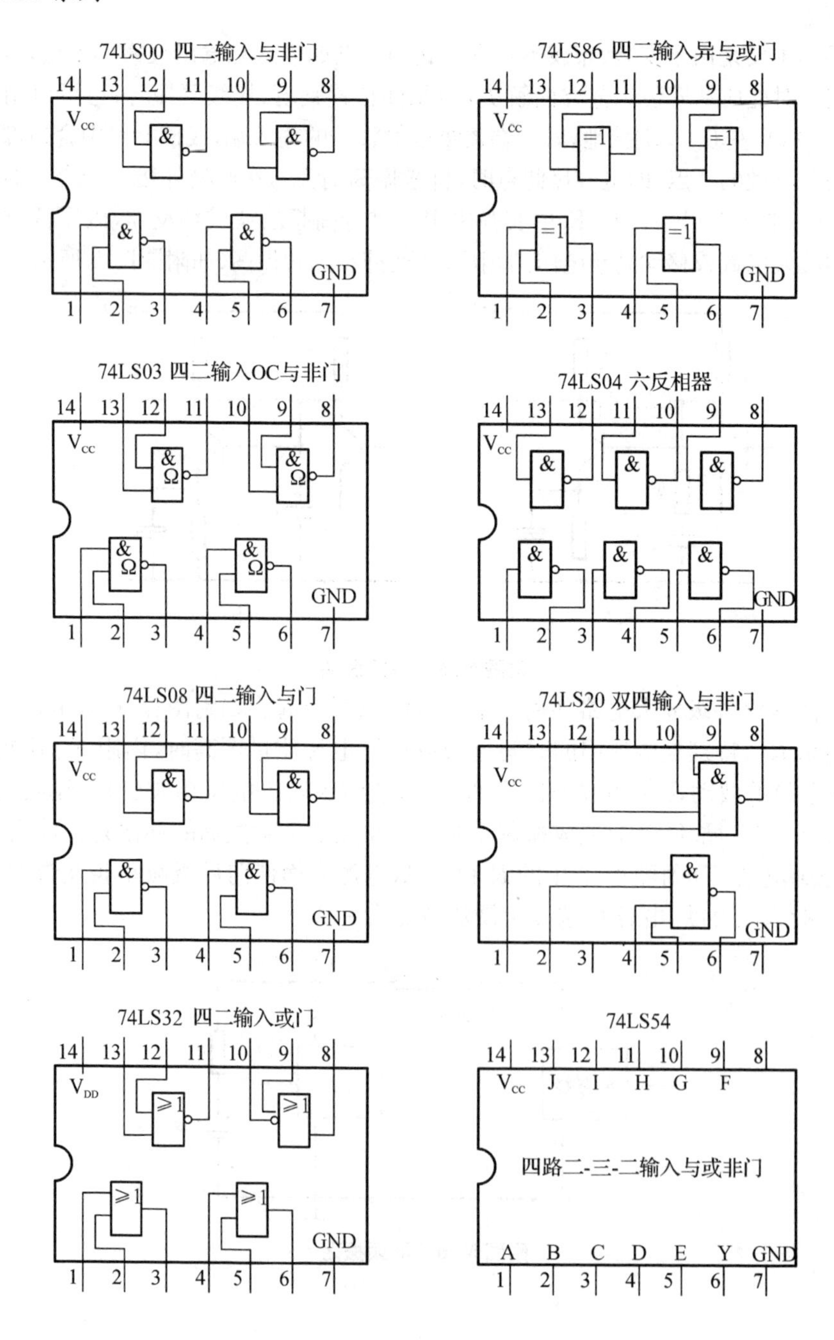

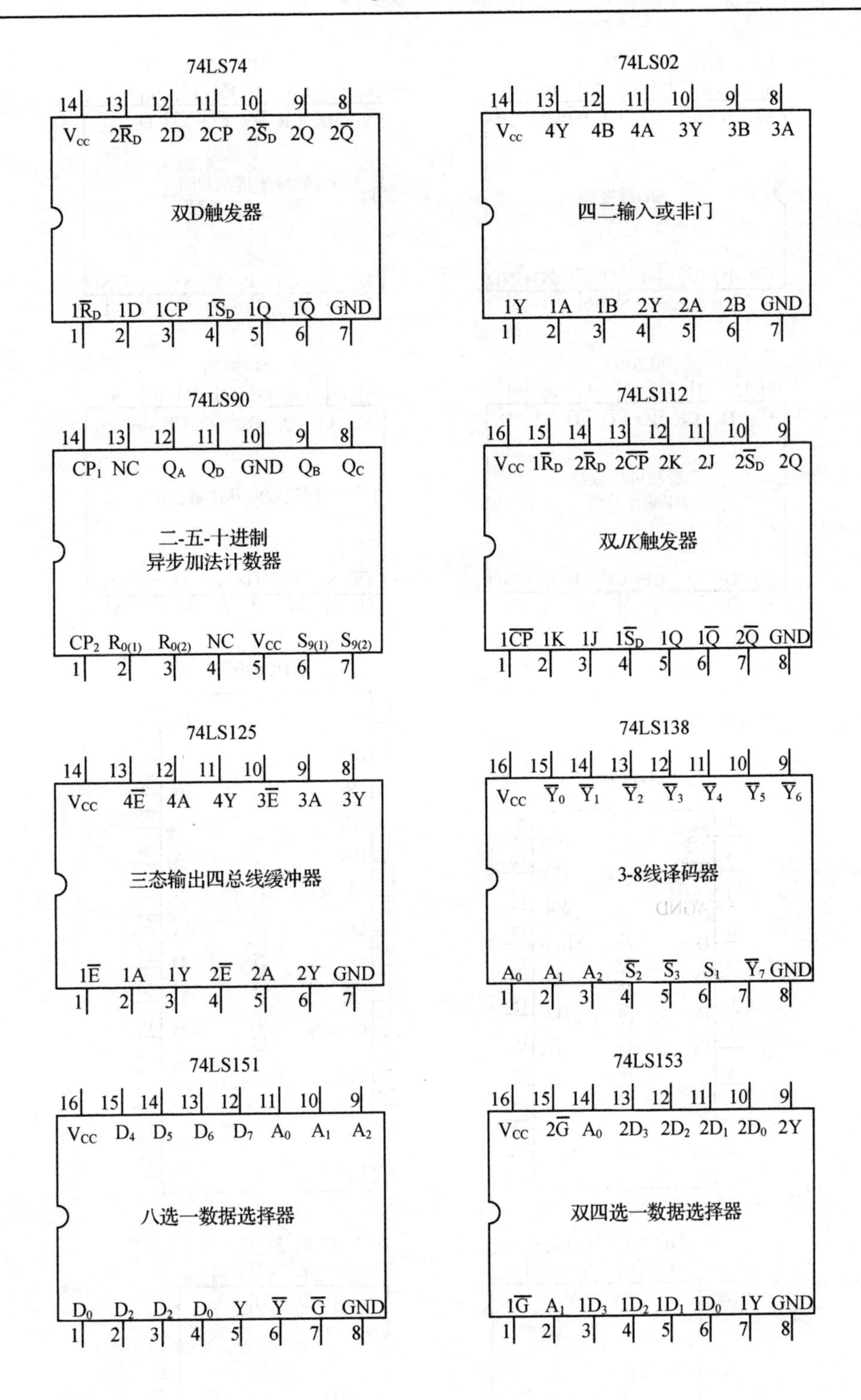

74LS74
14 13 12 11 10 9 8
Vcc 2RD 2D 2CP 2SD 2Q 2Q
双D触发器
1RD 1D 1CP 1SD 1Q 1Q GND
1 2 3 4 5 6 7
74LS02
14 13 12 11 10 9 8
Vcc 4Y 4B 4A 3Y 3B 3A
四二输入或非门
1Y 1A 1B 2Y 2A 2B GND
1 2 3 4 5 6 7
74LS90
14 13 12 11 10 9 8
CP1 NC QA QD GND QB QC
二-五-十进制
异步加法计数器
CP2 R0(1) R0(2) NC VCC S9(1) S9(2)
1 2 3 4 5 6 7
74LS112
16 15 14 13 12 11 10 9
VCC 1RD 2RD 2CP 2K 2J 2SD 2Q
双JK触发器
1CP 1K 1J 1SD 1Q 1Q 2Q GND
1 2 3 4 5 6 7 8
74LS125
14 13 12 11 10 9 8
VCC 4E 4A 4Y 3E 3A 3Y
三态输出四总线缓冲器
1E 1A 1Y 2E 2A 2Y GND
1 2 3 4 5 6 7
74LS138
16 15 14 13 12 11 10 9
VCC Y0 Y1 Y2 Y3 Y4 Y5 Y6
3-8线译码器
A0 A1 A2 S2 S3 S1 Y7 GND
1 2 3 4 5 6 7 8
74LS151
16 15 14 13 12 11 10 9
VCC D4 D5 D6 D7 A0 A1 A2
八选一数据选择器
D0 D2 D2 D0 Y Y G GND
1 2 3 4 5 6 7 8
74LS153
16 15 14 13 12 11 10 9
VCC 2G A0 2D3 2D2 2D1 2D0 2Y
双四选一数据选择器
1G A1 1D3 1D2 1D1 1D0 1Y GND
1 2 3 4 5 6 7 8

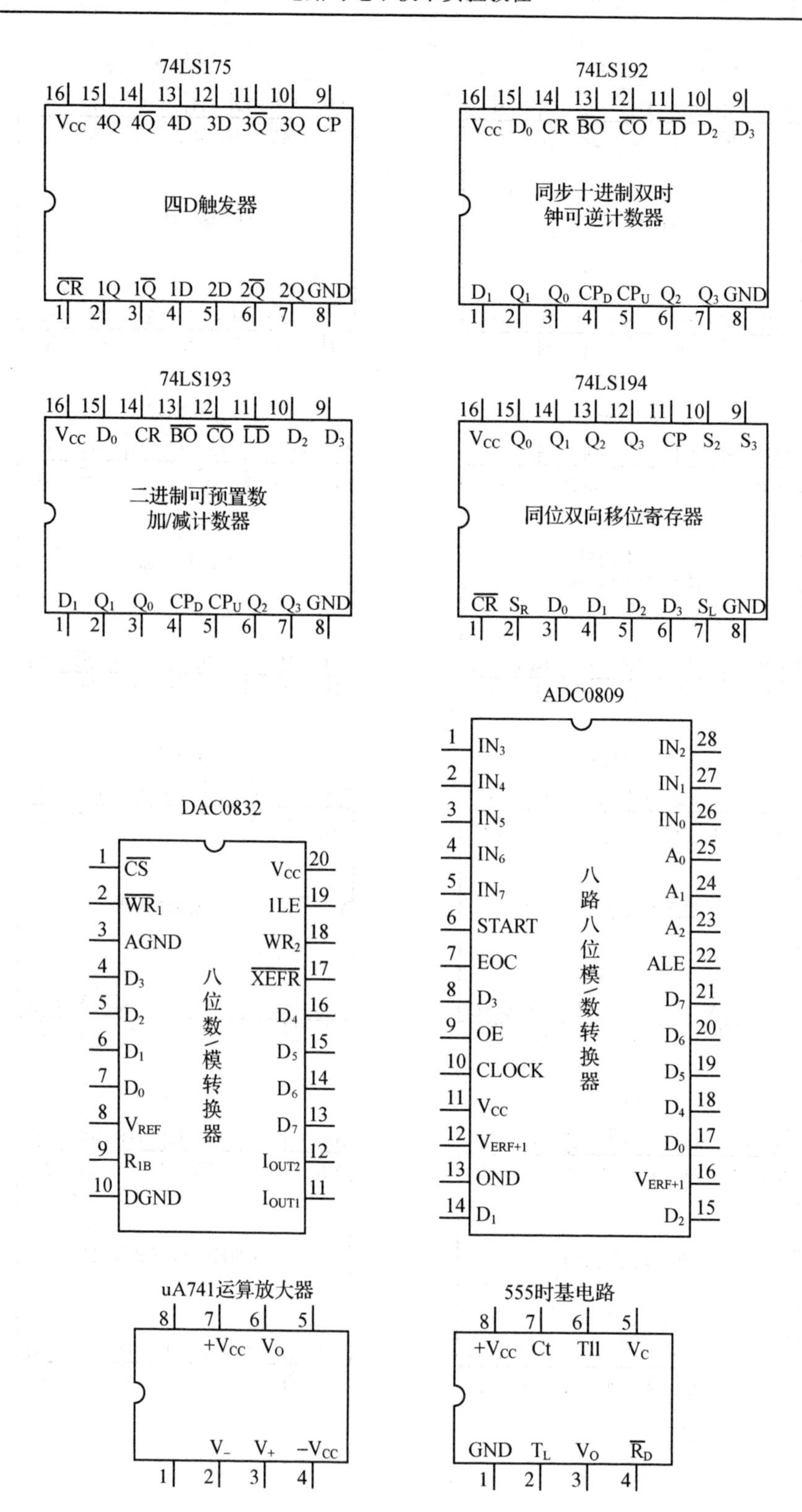
74LS175
Vcc 4Q 4Q 4D 3D 3Q 3Q CP
四D触发器
CR 1Q 1Q 1D 2D 2Q 2Q GND
74LS192
Vcc D0 CR BO CO LD D2 D3
同步十进制双时钟可逆计数器
D1 Q1 Q0 CPD CPU Q2 Q3 GND
74LS193
Vcc D0 CR BO CO LD D2 D3
二进制可预置数加/减计数器
D1 Q1 Q0 CPD CPU Q2 Q3 GND
74LS194
Vcc Q0 Q1 Q2 Q3 CP S2 S3
同位双向移位寄存器
CR SR D0 D1 D2 D3 SL GND
ADC0809
IN3 IN4 IN5 IN6 IN7 START EOC D3 OE CLOCK Vcc VERF+1 OND D1
八路八位模/数转换器
IN2 IN1 IN0 A0 A1 A2 ALE D7 D6 D5 D4 D0 VERF+1 D2
DAC0832
CS WR1 AGND D3 D2 D1 D0 VREF RIB DGND
八位数/模转换器
Vcc ILE WR2 XEFR D4 D5 D6 D7 IOUT2 IOUT1
uA741运算放大器
+Vcc Vo
V- V+ -Vcc
555时基电路
+Vcc Ct Tll Vc
GND TL Vo RD

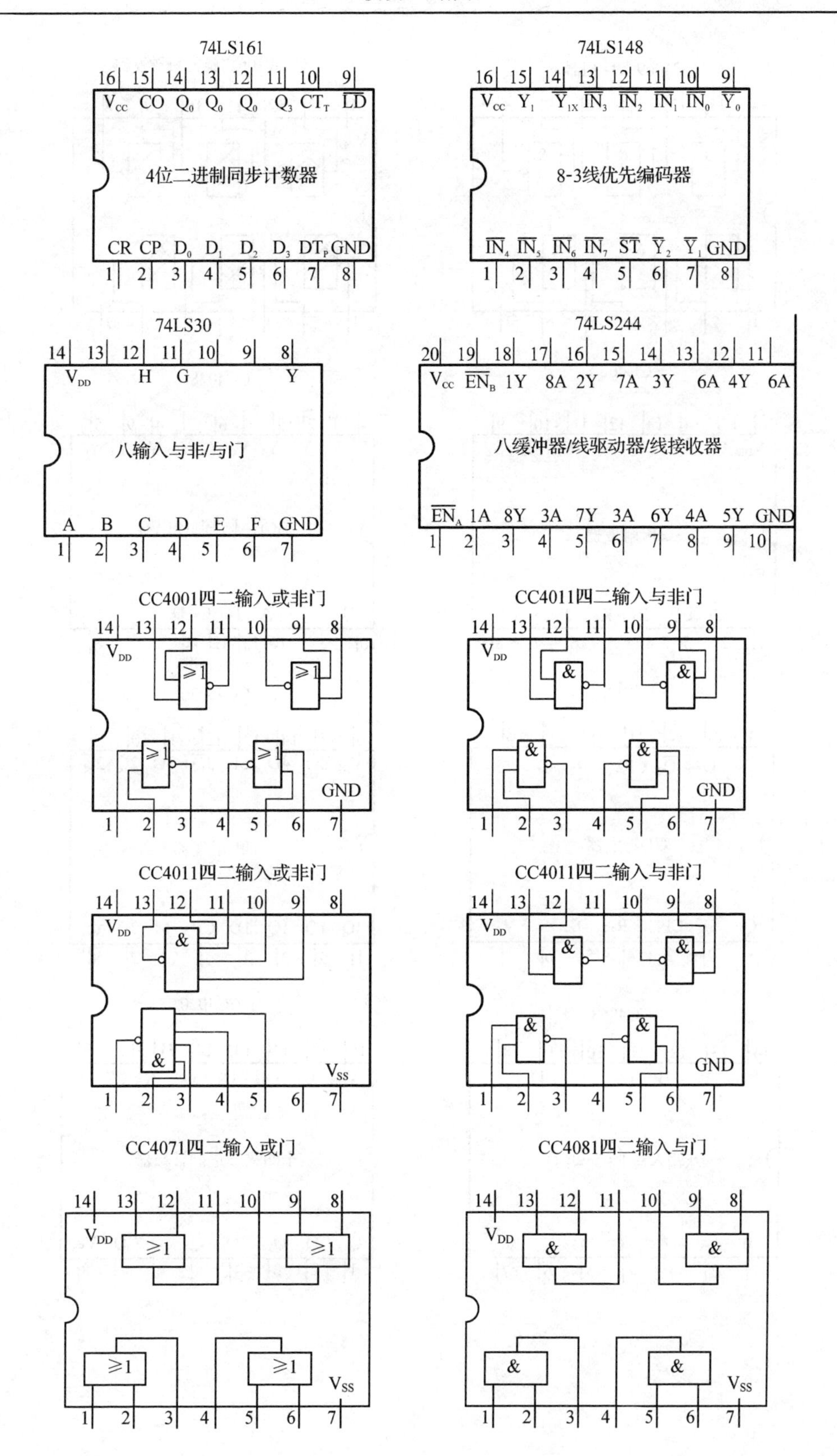
74LS161
16 15 14 13 12 11 10 9
VCC CO Q0 Q0 Q0 Q3 CTT LD
4位二进制同步计数器
CR CP D0 D1 D2 D3 DTP GND
1 2 3 4 5 6 7 8
74LS148
16 15 14 13 12 11 10 9
VCC Y1 Y1X IN3 IN2 IN1 IN0 Y0
8-3线优先编码器
IN4 IN5 IN6 IN7 ST Y2 Y1 GND
1 2 3 4 5 6 7 8
74LS30
14 13 12 11 10 9 8
VDD H G Y
八输入与非/与门
A B C D E F GND
1 2 3 4 5 6 7
74LS244
20 19 18 17 16 15 14 13 12 11
VCC ENB 1Y 8A 2Y 7A 3Y 6A 4Y 6A
八缓冲器/线驱动器/线接收器
ENA 1A 8Y 3A 7Y 3A 6Y 4A 5Y GND
1 2 3 4 5 6 7 8 9 10
CC4001四二输入或非门
14 13 12 11 10 9 8
VDD ≥1 ≥1 ≥1 ≥1 GND
1 2 3 4 5 6 7
CC4011四二输入与非门
14 13 12 11 10 9 8
VDD & & & & GND
1 2 3 4 5 6 7
CC4011四二输入或非门
14 13 12 11 10 9 8
VDD & & VSS
1 2 3 4 5 6 7
CC4011四二输入与非门
14 13 12 11 10 9 8
VDD & & & & GND
1 2 3 4 5 6 7
CC4071四二输入或门
14 13 12 11 10 9 8
VDD ≥1 ≥1 ≥1 ≥1 VSS
1 2 3 4 5 6 7
CC4081四二输入与门
14 13 12 11 10 9 8
VDD & & & & VSS
1 2 3 4 5 6 7

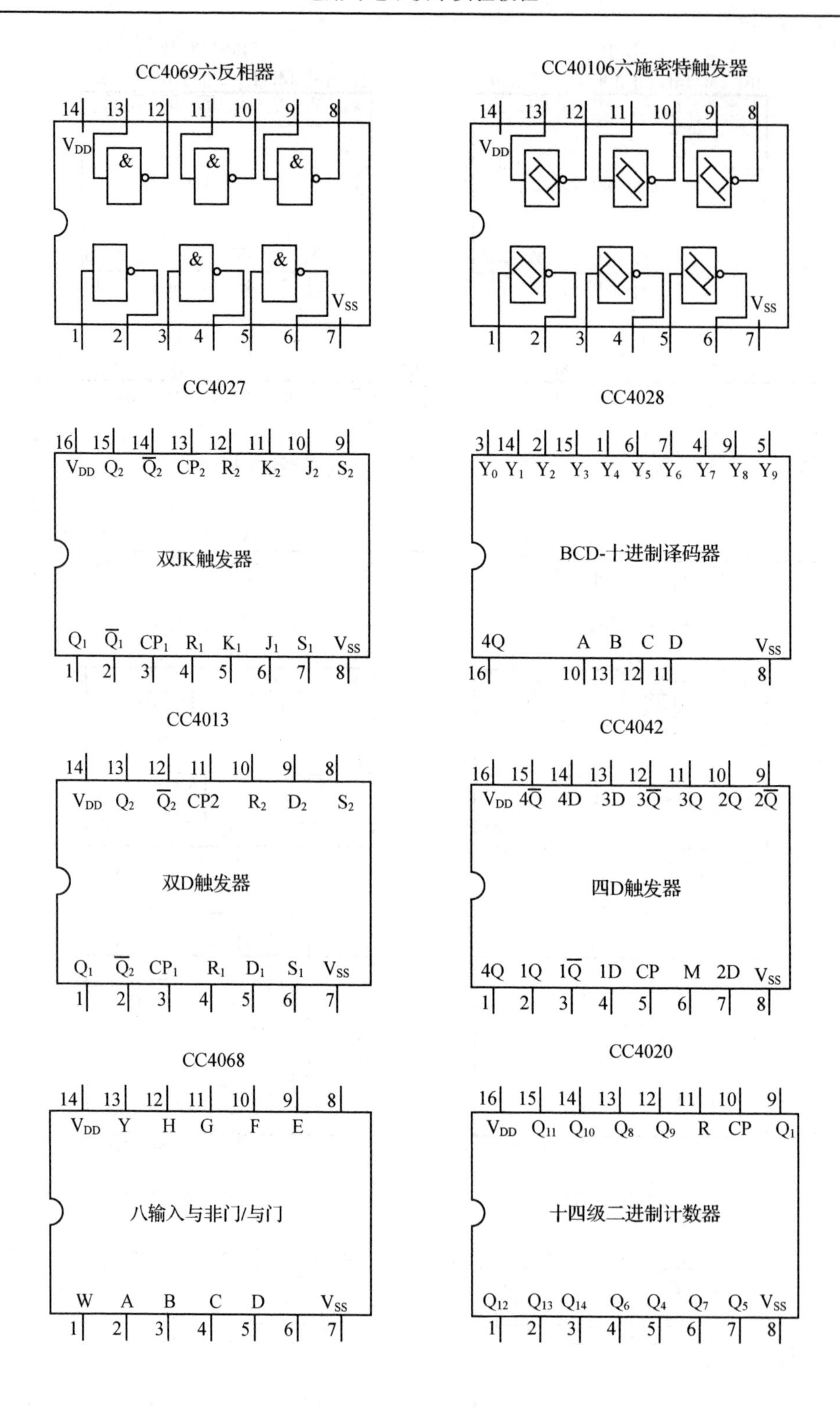
CC4069六反相器
14 13 12 11 10 9 8
VDD
&
VSS
1 2 3 4 5 6 7
CC40106六施密特触发器
14 13 12 11 10 9 8
VDD
VSS
1 2 3 4 5 6 7
CC4027
16 15 14 13 12 11 10 9
VDD Q2 Q̄2 CP2 R2 K2 J2 S2
双JK触发器
Q1 Q̄1 CP1 R1 K1 J1 S1 VSS
1 2 3 4 5 6 7 8
CC4028
3 14 2 15 1 6 7 4 9 5
Y0 Y1 Y2 Y3 Y4 Y5 Y6 Y7 Y8 Y9
BCD-十进制译码器
4Q A B C D VSS
16 10 13 12 11 8
CC4013
14 13 12 11 10 9 8
VDD Q2 Q̄2 CP2 R2 D2 S2
双D触发器
Q1 Q̄2 CP1 R1 D1 S1 VSS
1 2 3 4 5 6 7
CC4042
16 15 14 13 12 11 10 9
VDD 4Q̄ 4D 3D 3Q̄ 3Q 2Q 2Q̄
四D触发器
4Q 1Q 1Q̄ 1D CP M 2D VSS
1 2 3 4 5 6 7 8
CC4068
14 13 12 11 10 9 8
VDD Y H G F E
八输入与非门/与门
W A B C D VSS
1 2 3 4 5 6 7
CC4020
16 15 14 13 12 11 10 9
VDD Q11 Q10 Q8 Q9 R CP Q1
十四级二进制计数器
Q12 Q13 Q14 Q6 Q4 Q7 Q5 VSS
1 2 3 4 5 6 7 8

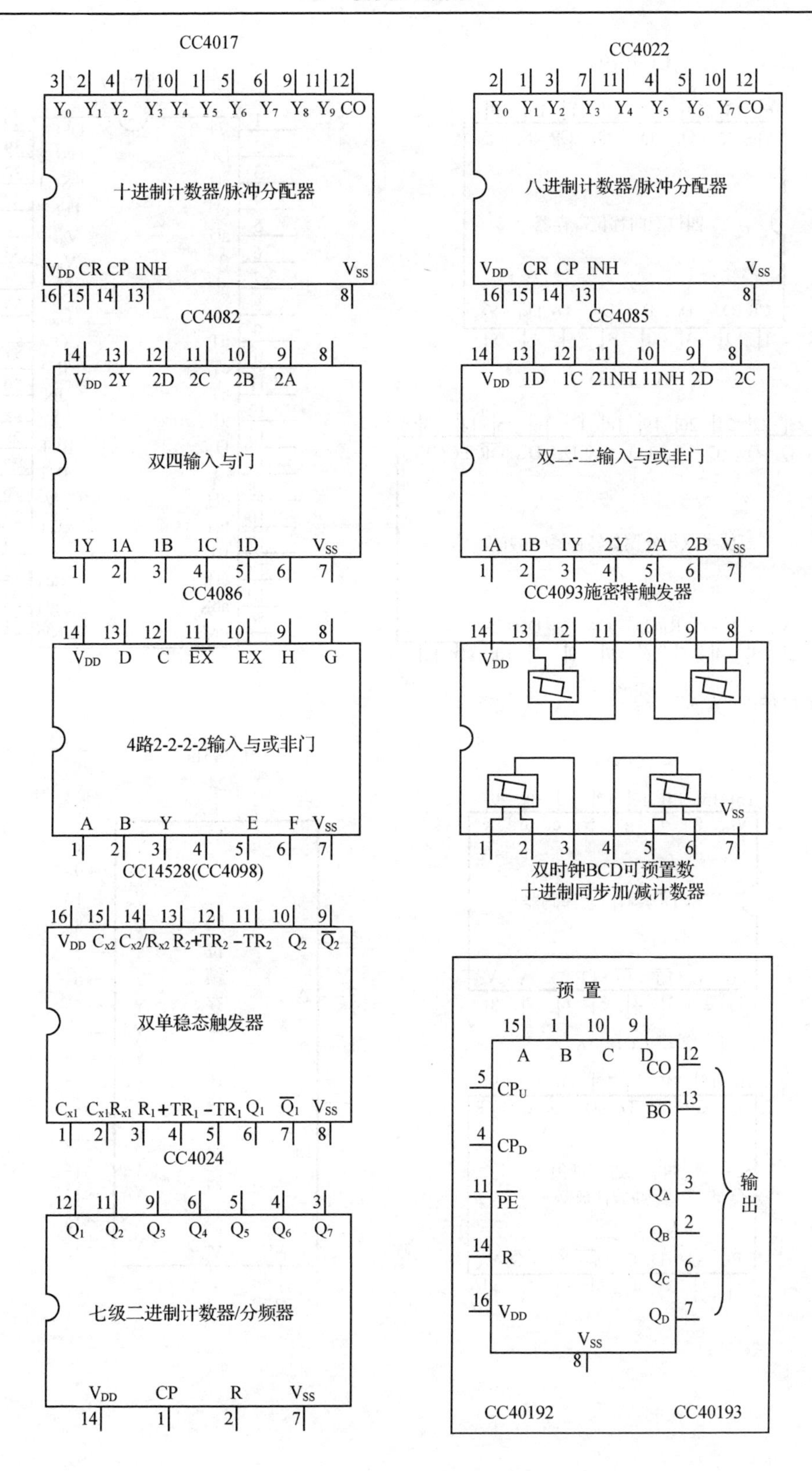
CC4017
3 2 4 7 10 1 5 6 9 11 12
Y0 Y1 Y2 Y3 Y4 Y5 Y6 Y7 Y8 Y9 CO
十进制计数器/脉冲分配器
VDD CR CP INH VSS
16 15 14 13 8
CC4022
2 1 3 7 11 4 5 10 12
Y0 Y1 Y2 Y3 Y4 Y5 Y6 Y7 CO
八进制计数器/脉冲分配器
VDD CR CP INH VSS
16 15 14 13 8
CC4082
14 13 12 11 10 9 8
VDD 2Y 2D 2C 2B 2A
双四输入与门
1Y 1A 1B 1C 1D VSS
1 2 3 4 5 6 7
CC4085
14 13 12 11 10 9 8
VDD 1D 1C 21NH 11NH 2D 2C
双二-二输入与或非门
1A 1B 1Y 2Y 2A 2B VSS
1 2 3 4 5 6 7
CC4086
14 13 12 11 10 9 8
VDD D C EX EX H G
4路2-2-2-2输入与或非门
A B Y E F VSS
1 2 3 4 5 6 7
CC4093施密特触发器
14 13 12 11 10 9 8
VDD
VSS
1 2 3 4 5 6 7
CC14528(CC4098)
16 15 14 13 12 11 10 9
VDD Cx2 Cx2/Rx2 R2 +TR2 −TR2 Q2 Q2
双单稳态触发器
Cx1 Cx1Rx1 R1 +TR1 −TR1 Q1 Q1 VSS
1 2 3 4 5 6 7 8
双时钟BCD可预置数
十进制同步加/减计数器
预 置
15 1 10 9
A B C D
CO 12
BO 13
5 CPU
4 CPD
11 PE
14 R
16 VDD
QA 3
QB 2
QC 6
QD 7
输出
VSS
8
CC40192 CC40193
CC4024
12 11 9 6 5 4 3
Q1 Q2 Q3 Q4 Q5 Q6 Q7
七级二进制计数器/分频器
VDD CP R VSS
14 1 2 7

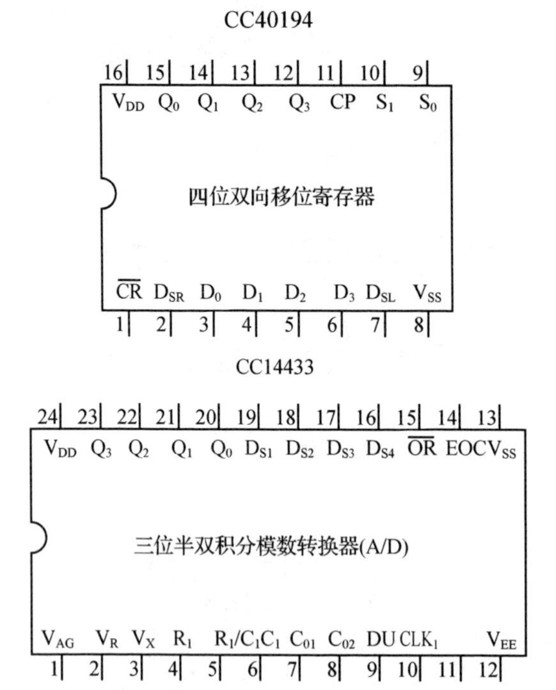
CC40194
16 15 14 13 12 11 10 9
VDD Q0 Q1 Q2 Q3 CP S1 S0
四位双向移位寄存器
CR DSR D0 D1 D2 D3 DSL VSS
1 2 3 4 5 6 7 8
CC14433
24 23 22 21 20 19 18 17 16 15 14 13
VDD Q3 Q2 Q1 Q0 DS1 DS2 DS3 DS4 OR EOC VSS
三位半双积分模数转换器(A/D)
VAG VR VX R1 R1/C1 C1 C01 C02 DU CLK1 VEE
1 2 3 4 5 6 7 8 9 10 11 12

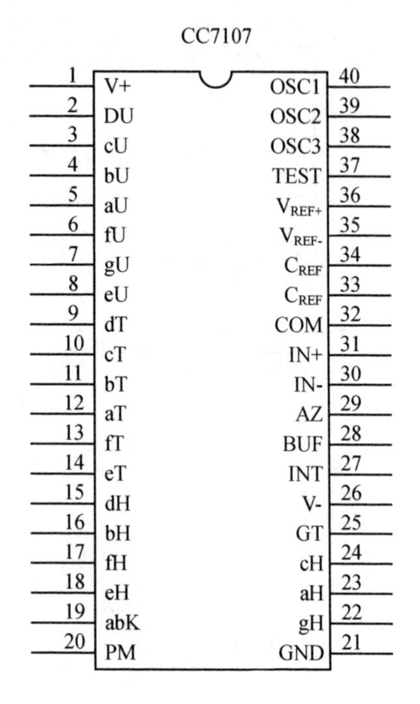
CC7107
1 V+
2 DU
3 cU
4 bU
5 aU
6 fU
7 gU
8 eU
9 dT
10 cT
11 bT
12 aT
13 fT
14 eT
15 dH
16 bH
17 fH
18 eH
19 abK
20 PM
40 OSC1
39 OSC2
38 OSC3
37 TEST
36 VREF+
35 VREF-
34 CREF
33 CREF
32 COM
31 IN+
30 IN-
29 AZ
28 BUF
27 INT
26 V-
25 GT
24 cH
23 aH
22 gH
21 GND

2. CC4500 系列

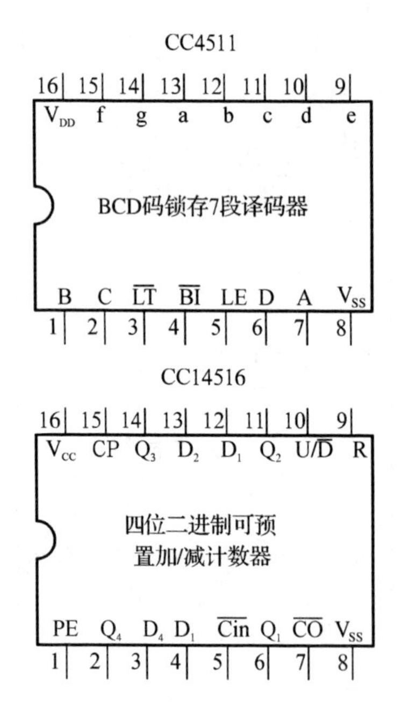
CC4511
16 15 14 13 12 11 10 9
VDD f g a b c d e
BCD码锁存7段译码器
B C LT BI LE D A VSS
1 2 3 4 5 6 7 8
CC14516
16 15 14 13 12 11 10 9
VCC CP Q3 D2 D1 Q2 U/D R
四位二进制可预
置加/减计数器
PE Q4 D4 D1 Cin Q1 CO VSS
1 2 3 4 5 6 7 8

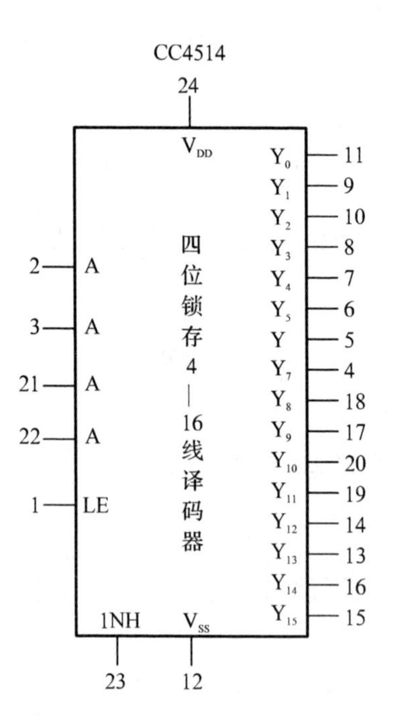
CC4514
24
VDD
2 A
3 A
21 A
22 A
1 LE
四位锁存4—16线译码器
Y0 11
Y1 9
Y2 10
Y3 8
Y4 7
Y5 6
Y 5
Y7 4
Y8 18
Y9 17
Y10 20
Y11 19
Y12 14
Y13 13
Y14 16
Y15 15
1NH VSS
23 12

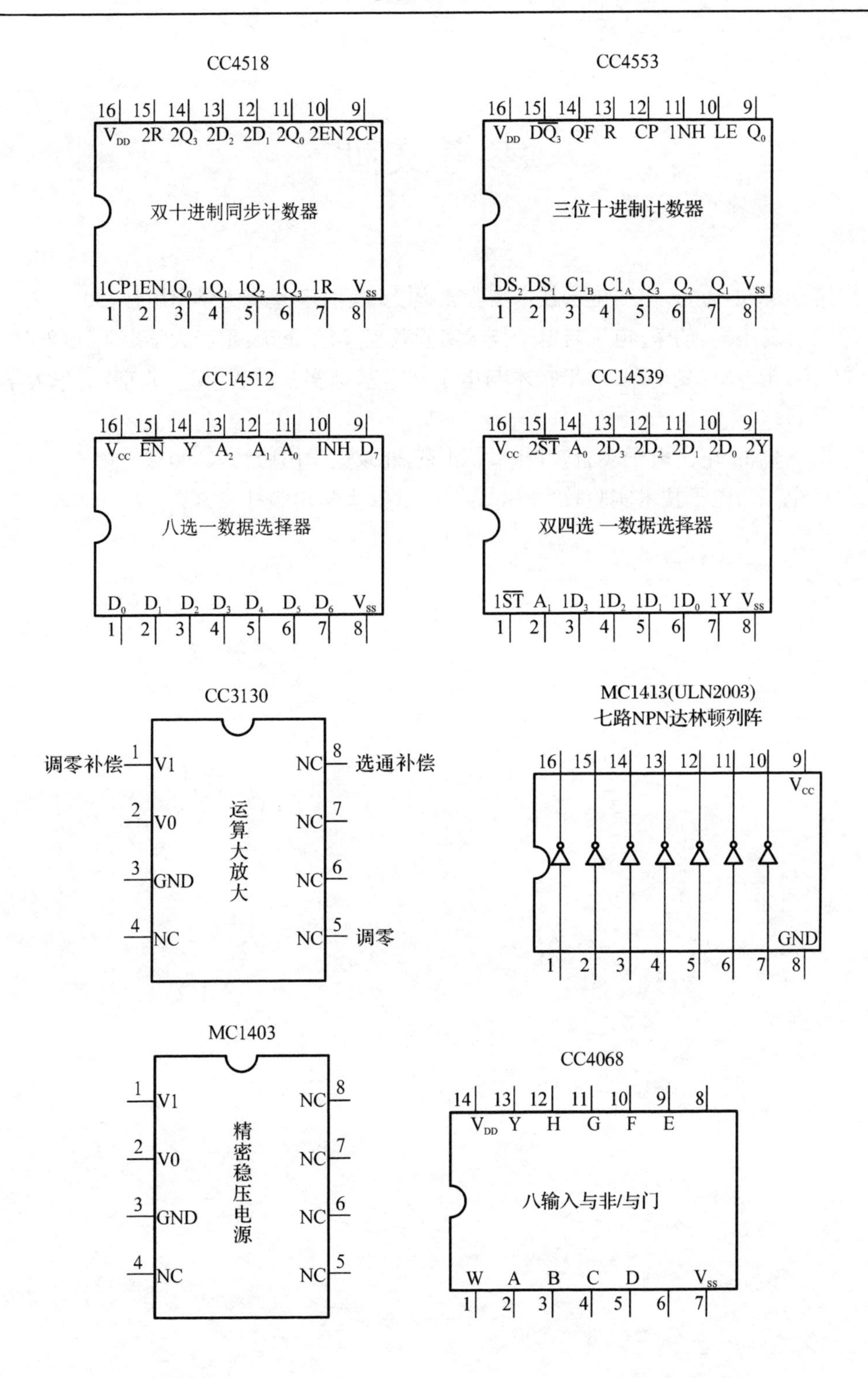

CC4518
16 15 14 13 12 11 10 9
VDD 2R 2Q3 2D2 2D1 2Q0 2EN 2CP
双十进制同步计数器
1CP 1EN 1Q0 1Q1 1Q2 1Q3 1R VSS
1 2 3 4 5 6 7 8
CC4553
VDD DQ3 QF R CP 1NH LE Q0
三位十进制计数器
DS2 DS1 C1B C1A Q3 Q2 Q1 VSS
CC14512
VCC EN Y A2 A1 A0 INH D7
八选一数据选择器
D0 D1 D2 D3 D4 D5 D6 VSS
CC14539
VCC 2ST A0 2D3 2D2 2D1 2D0 2Y
双四选一数据选择器
1ST A1 1D3 1D2 1D1 1D0 1Y VSS
CC3130
调零补偿
V1
V0
GND
NC
选通补偿
调零
运算大放大
MC1413(ULN2003)
七路NPN达林顿列阵
VCC
GND
MC1403
精密稳压电源
CC4068
VDD Y H G F E
八输入与非/与门
W A B C D VSS

参考文献

[1] 章小宝,陈巍,万彬.电工电子技术实验教程[M].重庆:重庆大学出版社,2019.
[2] 章小宝,夏小勤,胡荣.电工与电子技术实验教程[M].重庆:重庆大学出版社,2016.
[3] 章小宝,朱海宽,夏小勤.电工技术与电子技术基础实验教程[M].北京:清华大学出版社,2011.
[4] 魏伟,何仁平.电工电子实验教程[M].北京:北京大学出版社,2009.
[5] 彭瑞.电工与电子技术实验教程[M].武汉:武汉大学出版社,2011.